Math

21世纪数学教育信息化精品教材

大学数学立体化教材

微积分 下册

学习辅导与习题解答

（经管类·第四版）

⊙ 吴赣昌　主编

中国人民大学出版社

·北京·

前　言

人大版“21 世纪数学教育信息化精品教材”（吴赣昌主编）是融纸质教材、教学软件与网络服务于一体的创新型“立体化教材”。教材自出版以来，历经多次升级改版，已形成了独特的立体化与信息化的建设体系，更加适应我国大众化教育在新时代的教育改革要求，受到全国广大师生的好评，迄今已被全国600 余所大专院校广泛采用。

大学数学是自然科学的基本语言，是应用模式探索现实世界物质运动机理的主要手段。对于非数学专业的学生而言，大学数学的教育，其意义则远不仅仅是学习一种专业的工具而已。事实上，在大学生涯中，就提高学习基础、提升学习能力、培养科学素质和创新能力而言，大学数学是最有用且最值得你努力的课程。

为方便同学们使用“21 世纪数学教育信息化精品教材”学好大学数学，作者团队建设了与该系列教材同步配套的“学习辅导与习题解答”。该系列教辅书籍均根据教材章节顺序建设了相应的学习辅导内容，其中每一节的设计中包括了该节的**主要知识归纳**、**典型例题分析**与**习题解答**等内容，而每一章的设计中包括了该章的**教学基本要求**、**知识点网络图**、**题型分析**与**总习题解答**，上述设计有助于学生在课后自主研读时通过这些教辅书更好更快地掌握所学知识，在较短时间内取得好成绩。

在大学数学的学习过程中，要主动把握好从“学数学”到“做数学”的转变，不要以为你在课堂教学过程中听懂了就等于学到了，事实上，你需要在课后花更多的时间主动去做相关训练才能真正掌握所学知识。而在课后的自学与练习过程中，首先要反复、认真地阅读教材，真正掌握大学数学的基本概念；在做习题时，你应先尝试独立完成习题，尽量不看答案，做完习题后，再参考本书进行分析和比较，这样便于发现哪些知识自己还没有真正理解。

与传统的教材与教辅建设不同的是，我们有一支实力雄厚、专业专职的作者团队通过数苑网（www. math168. com 或者 www. sciyard. com）为本系列教材与教辅的用户提供丰富的资源性与交互性的网络学习服务，其中与该系列教辅书籍最为直接相关的是在大学课程教学空间的“大学数学”栏目中，专门建设了**"大学公共数学教学空间"**。该教学空间的建设旨在为全国大学数学相关课程的教学双方提供一个基于网络进行学习辅导与交流讨论的平台，**其最大的特色**在于该网络教学空间集成了数苑自主研发且国际领先的公式编辑与计算软件 Sciyard MathPlay 以及图形编辑与计算软件 Sciyard GraphPlay，使其支持文字、公式与图形的在线编辑、发布、复制、粘贴与修改，从而全面支持用户基于网络进行数学等科学知识的在线交流与讨论。在该教学空间中，用户不仅可用跟帖方式对各类教学要点、例题与习题进行交流讨论，还可用主动发帖方式将自己学习中遇到的困惑、问题或者获得的经验、心得发布到论坛上进行交流讨论。大学公共数学同步学习论坛的建设有利于汇聚广大师生的智慧，从而对课程教育与学习相关的各类问题进行深入的讨论，而空间中建设与积累的丰富教学资源又能进一步为参与交流讨论的师生创造良好的教学环境。

与"21 世纪数学教育信息化精品教材"配套建设的教辅书籍包含了面向普通本科理工类、经管类、农林类、医药类、医学类与纯文科类的 14 套共 16 本，面向各类三本院校理工类与经管类的 6 套共 7 本，面向高职高专院校的理工类、经管类与综合类的 7 套共 7 本，总计 27 套 30 本。此外，该系列教辅书籍的内容建设与编排具有相对的独立性，它们还可以作为相应大学数学课程教学双方的参考书。

经常登录作者团队倾力为你建设的"数苑网"（www. math168. com 或者 www. sciyard. com)，你将会获得意想不到的收获。在那里，你不仅能进一步拓展自己的学习空间，下载优秀的学习交流软件，寻找到更多教材教辅之外的学习资源，而且还能与来自全国各地的良师益友建立联系。

吴赣昌

2012 年 4 月 18 日

目　录

第 6 章　多元函数微积分 …………………………………………………… 1
§6.1　空间解析几何简介………………………………………………… 1
§6.2　多元函数的基本概念……………………………………………… 9
§6.3　偏导数 ……………………………………………………………… 17
§6.4　全微分 ……………………………………………………………… 23
§6.5　复合函数微分法与隐函数微分法 ………………………………… 28
§6.6　多元函数的极值及其求法 ………………………………………… 40
§6.7　二重积分的概念与性质 …………………………………………… 49
§6.8　在直角坐标系下二重积分的计算 ………………………………… 54
§6.9　在极坐标系下二重积分的计算 …………………………………… 65
本章小结……………………………………………………………………… 72
第 7 章　无穷级数 …………………………………………………………… 111
§7.1　常数项级数的概念和性质………………………………………… 112
§7.2　正项级数的判别法………………………………………………… 119
§7.3　一般常数项级数…………………………………………………… 129
§7.4　幂级数……………………………………………………………… 134
§7.5　函数展开成幂级数………………………………………………… 145
本章小结 …………………………………………………………………… 152
第 8 章　微分方程与差分方程 ……………………………………………… 179
§8.1　微分方程的基本概念……………………………………………… 179
§8.2　可分离变量的微分方程…………………………………………… 183
§8.3　一阶线性微分方程………………………………………………… 192
*§8.4　可降阶的二阶微分方程…………………………………………… 201
§8.5　二阶线性微分方程解的结构……………………………………… 205
§8.6　二阶常系数齐次线性微分方程…………………………………… 209

§8.7　二阶常系数非齐次线性微分方程…………………………………… 213
§8.8　数学建模——微分方程的应用举例………………………………… 220
§8.9　差分方程……………………………………………………………… 220
本章小结 ……………………………………………………………………… 229

第 6 章　多元函数微积分

在前面几章中，我们讨论的函数都只是一个自变量，这种函数称为一元函数. 但在许多实际问题中，我们往往要考虑多个变量之间的关系，反映到数学上，就是要考虑一个变量（因变量）与另外多个变量（自变量）的相互依赖关系，因此引出了多元函数和多元函数微积分问题. 本章将在一元函数微分学的基础上，进一步讨论多元函数的微分学. 讨论中将以二元函数为主要对象，这不仅因为二元函数的有关概念和方法大都有比较直观的解释，便于理解，而且这些概念和方法大都能自然推广到二元以上的多元函数.

本章教学基本要求：

1. 了解空间坐标系的有关概念，会求两点之间的距离；
2. 了解平面上点的邻域，区域以及其边界点，内点等的概念；
3. 了解多元函数的概念，了解二元函数的表示法与几何意义；
4. 了解二元函数的极限与连续的直观意义；
5. 理解多元函数的偏导数与全微分的概念，了解二元函数线性化近似，熟练掌握求偏导数与全微分的方法，掌握求多元函数偏导数以及隐函数的偏导数的方法；
6. 了解二元函数极值与条件极值的概念，掌握二元函数极值存在的必要条件，了解二元函数极值存在的充分条件，会求二元函数的极值，会用拉格朗日乘数法求条件极值，会求简单多元函数的最大值与最小值，会求解一些简单的应用题；
7. 了解二重积分的概念与基本性质，掌握二重积分在直角坐标系与极坐标系下的计算方法，会计算无界区域上的较简单的二重积分.

§6.1　空间解析几何简介

一、主要知识归纳

表 6—1—1　　空间直角坐标系的概念

坐标系	过空间一点 O，按右手规则作三条相互垂直的数轴：x 轴（横轴）、y 轴（纵轴）、z 轴（竖轴），这样的三条坐标轴称为一个空间直角坐标系，点 O 称为坐标原点.

续前表

坐标面	由 x 轴与 y 轴所确定的平面称为 xOy 坐标面； 由 y 轴与 z 轴所确定的平面称为 yOz 坐标面； 由 x 轴与 z 轴所确定的平面称为 xOz 坐标面.
卦限	三个坐标面将空间分成八个部分，每一部分称为卦限，分别称为第一至第八卦限.
点的坐标	空间上任意点 M 在三条坐标轴上的投影 P，Q，R 在各自轴上的坐标记为 x，y，z，则点 M 与有序数组（x，y，z）建立了一一对应关系，称（x，y，z）为点 M 的坐标，点 M 称为以（x，y，z）为坐标的点.
两点之间距离公式	设 $M_1(x_1, y_1, z_1)$，$M_2(x_2, y_2, z_2)$ 为空间两点，则 M_1 与 M_2 之间的距离为 $d=\|M_1M_2\|=\sqrt{(x_2-x_1)^2+(y_2-y_1)^2+(z_2-z_1)^2}$.

表 6—1—2　　平面方程

点法式	设平面 $\prod$ 过点 $M_0(x_0, y_0, z_0)$，$\prod$ 的法向量为 $\boldsymbol{n}=\{A, B, C\}$，则 $\prod$ 的方程为 $\prod: A(x-x_0)+B(y-y_0)+C(z-z_0)=0$.
一般式	$\prod: Ax+By+Cz+D=0$， 其中 $\boldsymbol{n}=\{A, B, C\}$ 为 $\prod$ 的法向量.
截距式	$\prod: \frac{x}{a}+\frac{y}{b}+\frac{z}{c}=1$， 其中 a，b，c 分别为 $\prod$ 在 x 轴，y 轴，z 轴上的截距.
两平面间的关系	设 $\prod_1: A_1x+B_1y+C_1z+D_1=0$， $\prod_2: A_2x+B_2y+C_2z+D_2=0$， $\prod_1$ 与 $\prod_2$ 之间的夹角为 θ，则 (1) $\cos\theta=\frac{\|A_1A_2+B_1B_2+C_1C_2\|}{\sqrt{A_1^2+B_1^2+C_1^2}\cdot\sqrt{A_2^2+B_2^2+C_2^2}}$； (2) $\prod_1\perp\prod_2\Leftrightarrow A_1A_2+B_1B_2+C_1C_2=0\Leftrightarrow\boldsymbol{n}_1\cdot\boldsymbol{n}_2=0$； (3) $\prod_1 /\!/ \prod_2\Leftrightarrow\frac{A_1}{A_2}=\frac{B_1}{B_2}=\frac{C_1}{C_2}\Leftrightarrow\boldsymbol{n}_1\times\boldsymbol{n}_2=0$. 特别当 $\frac{A_1}{A_2}=\frac{B_1}{B_2}=\frac{C_1}{C_2}=\frac{D_1}{D_2}$ 时，$\prod_1$ 与 $\prod_2$ 重合.
点到平面的距离	点 $M_0(x_0, y_0, z_0)$ 到平面 $Ax+By+Cz+D=0$ 的距离为 $d=\frac{\|Ax_0+By_0+Cz_0+D\|}{\sqrt{A^2+B^2+C^2}}$.

二、典型例题分析

例 1 已知 $A(1, 2, 3)$，$B(2, -1, 4)$，求线段 AB 的垂直平分面的方程.

解 设垂直平分面的法向量 $\boldsymbol{n}$ 为 $\overrightarrow{AB}$，即 $\boldsymbol{n}=(1, -3, 1)$，

又平面过 A，B 的中点 $\left(\frac{3}{2}, \frac{1}{2}, \frac{7}{2}\right)$，

故所求平面方程为 $\left(x-\frac{3}{2}\right)-3\left(y-\frac{1}{2}\right)+\left(z-\frac{7}{2}\right)=0$，即 $x-3y+z-\frac{7}{2}=0$.

小结：该例题从线与面的关系考虑.

例 2 求通过点 $P(2, -1, -1)$，$Q(1, 2, 3)$ 且垂直于平面 $2x+3y-5z+6=0$ 的平面方程.

解 设所求平面方程为

$$Ax+By+Cz+D=0, \qquad ①$$

则其法向量 $\vec{n}\perp\{2, 3, -5\}$，$\vec{n}\perp\overrightarrow{PQ}=\{-1, 3, 4\}$，

$$\therefore \begin{cases}2A+3B-5C=0\\ -A+3B+4C=0\end{cases}\Rightarrow A=-9B,\ C=-3B,$$

取 $B=-1\Rightarrow\vec{n}=\{9, -1, 3\}$，

以点 $P(2, -1, -1)$ 代入方程①得

$$2A-B-C+D=0\Rightarrow D=-16,$$

故所求平面方程为

$$9x-y+3z-16=0.$$

例 3 求曲面 $ax^2+by^2+cz^2=1$，使其过点 $A(0, 1, 0)$，$B(-3\sqrt{3}, 2, 0)$ 和 $C(0, -3, 4\sqrt{2})$，并指出曲面名称.

解 由于过 A，B，C，故

$$\begin{cases}b=1\\ 27a+4b=1,\\ 9b+32c=1\end{cases}$$

解得 $a=-\frac{1}{9}$，$b=1$，$c=-\frac{1}{4}$，即曲面为

$$-\frac{x^2}{9}+y^2-\frac{z^2}{4}=1,$$

为双叶双曲面.

三、习题 6—1 解答

1. 在空间直角坐标系中，指出下列各点在哪个卦限：

$A(1,-2,3)$；　　$B(2,3,-4)$；

$C(2,-3,-4)$；　　$D(-2,-3,1)$.

解　想象各点及各卦限在空间中的位置，易知上列各点依次在第Ⅳ，Ⅴ，Ⅷ，Ⅲ卦限.

2. 在坐标面和坐标轴上的点的坐标各有什么特征，并指出下列各点的位置：

$A(3,4,0)$；　　$B(0,4,3)$；

$C(3,0,0)$；　　$D(0,-1,0)$.

解　在 xOy、yOz、zOx 坐标面上的点的坐标中有一个为零，依次是 $z=0$，$x=0$ 与 $y=0$；在 x、y、z 轴上点的坐标中有两个坐标为零，依次为 $y=z=0$，$x=z=0$ 与 $x=y=0$.

本题所给四点依次在 xOy 面上，yOz 面上，x 轴上，y 轴上.

3. 求点 (a,b,c) 关于 (1) 各坐标面，(2) 各坐标轴，(3) 坐标原点的对称点的坐标.

解　(1) 关于坐标平面对称点的坐标，只需将原坐标中的一个坐标改为相反数，使得两对称点的连线垂直于该坐标平面.

点 (a,b,c) 关于 xOy，yOz，zOx 面的对称点依次是：$(a,b,-c)$，$(-a,b,c)$，$(a,-b,c)$.

(2) 关于各坐标轴的对称点，可看成连续对两个坐标面施行了对称变换的结果，由 (1) 知，这时须将原三个坐标中的两个改成相反数.

点 (a,b,c) 关于 x、y、z 轴的对称点依次是：$(a,-b,-c)$，$(-a,b,-c)$，$(-a,-b,c)$.

(3) 关于原点的对称点的坐标，则须把原坐标的三个数都改成相反数，(a,b,c) 关于原点的对称点的坐标是 $(-a,-b,-c)$.

4. 自点 $P_0(x_0,y_0,z_0)$ 分别作各坐标面和各坐标轴的垂线，求出各垂足的坐标.

解　作坐标面的垂线，垂足在该坐标面上，因此对应的那个坐标为零. 例如：过点 $P_0(x_0,y_0,z_0)$ 依次引 xOy，yOz，zOx 面垂线的垂足，其坐标依次为

$$(x_0,y_0,0),\ (0,y_0,z_0),\ (x_0,0,z_0).$$

而坐标轴上的点，有两个坐标为零. 因此垂足在各坐标轴上，另两个坐标应为零. 于是，过点 $P_0(x_0,y_0,z_0)$ 作 x、y、z 轴垂线，垂足坐标依次是

$$(x_0,0,0),\ (0,y_0,0),\ (0,0,z_0).$$

5. 求点 $M(4, -3, 5)$ 到各坐标轴的距离.

解 过点 M 向各坐标轴作垂线的垂足依次是：$N_1(4, 0, 0)$，$N_2(0, -3, 0)$，$N_3(0, 0, 5)$. 因此 M 到各坐标轴的距离依次为：

$$d_x = |N_1M| = \sqrt{0+(-3)^2+5^2} = \sqrt{34};$$

$$d_y = |N_2M| = \sqrt{4^2+0+5^2} = \sqrt{41};$$

$$d_z = |N_3M| = \sqrt{4^2+(-3)^2+0} = 5.$$

6. 一动点与两定点 $(2, 3, 1)$ 和 $(4, 5, 6)$ 等距离，求该动点的轨迹方程.

解 设该动点坐标为 (x, y, z)，则

$$(x-2)^2+(y-3)^2+(z-1)^2=(x-4)^2+(y-5)^2+(z-6)^2,$$

$\therefore$ $$-4x-6y-2z+14=-8x-10y-12z+77,$$

即 $$4x+4y+10z-63=0,$$

此即所求轨迹的方程.

注：通常我们略去了验证前述问题中“不在曲面上的点坐标都不满足方程”这一工作，以下同.

7. 求以点 $O(1, 3, -2)$ 为球心，且通过坐标原点的球面方程.

解 先求半径，设球面半径为 R，因为球面通过原点，所以

$$R=\sqrt{(1-0)^2+(3-0)^2+(-2-0)^2}=\sqrt{14},$$

故所求球面方程为

$$(x-1)^2+(y-3)^2+(z+2)^2=14,$$

即 $$x^2+y^2+z^2-2x-6y+4z=0.$$

8. 指出下列方程在平面解析几何中和空间解析几何中分别表示什么图形：

(1) $x=2$；　　(2) $y=x+1$；

(3) $x^2+y^2=4$；　　(4) $x^2-y^2=1$.

解 见下表：

方程	平面解析几何中	空间解析几何中
$x=2$	平行于 y 轴的直线	平行于 yOz 面的平面
$y=x+1$	斜率为 1 的直线	平行于 z 轴的平面
$x^2+y^2=4$	圆心在原点，半径为 2 的圆	以 z 轴为中心轴，半径为 2 的圆柱面
$x^2-y^2=1$	两半轴均为 1 的双曲线	母线平行于 z 轴的双曲柱面

9. 指出下列各方程表示哪种曲面：

(1) $x^2+y^2+z^2=1$；　(2) $x^2+y^2-2z=0$；　(3) $x^2-y^2=0$；

(4) $x^2+y^2=0$；　(5) $xyz=0$；　(6) $y-\sqrt{3}z=0$；

(7) $y^2-4y+3=0$；　(8) $\frac{x^2}{9}+\frac{y^2}{16}=1$；　(9) $x^2-\frac{y^2}{9}=1$；

(10) $x^2=4y$；　(11) $z^2-x^2-y^2=0$.

解　(1) 球面；　(2) 旋转抛物面；　(3) 两相交平面；

(4) z 轴；　(5) 三坐标平面；　(6) 过 x 轴的平面；

(7) 两平行平面；　(8) 椭圆柱面；　(9) 双曲柱面；

(10) 抛物柱面；　(11) 圆锥面.

10. 方程组 $\begin{cases}\frac{x^2}{4}+\frac{y^2}{9}=1\\ y=3\end{cases}$ 在平面解析几何与空间解析几何中各表示什么？

解　在平面解析几何中，方程组表示椭圆 $\frac{x^2}{4}+\frac{y^2}{9}=1$ 与其一水平切线 $y=3$ 的交点 (0，3).

在空间解析几何中，方程组表示椭圆柱面 $\frac{x^2}{4}+\frac{y^2}{9}=1$ 与其一切平面 $y=3$ 的交线

$$\begin{cases}x=0\\ y=3\end{cases}.$$

11. 求曲面 $x^2+9y^2=10z$ 与 yOz 平面的交线.

解　根据旋转曲面的定义，可见方程 $x^2+9y^2=10z$ 表示旋转抛物面. yOz 平面的方程为 $x=0$，代入得到 $y^2=\frac{10}{9}z$，从而所求交线的方程为

$$\begin{cases}y^2=\frac{10}{9}z\\ x=0\end{cases}.$$

12. 指出下列各方程组表示什么曲线：

(1) $\begin{cases}x+2=0\\ y-3=0\end{cases}$.

解　方程组表示两平面的交线：$\begin{cases}x=-2\\ y=3\end{cases}$.

(2) $\begin{cases}x^2+y^2+z^2=20\\ z-2=0\end{cases}$.

解 表示球面 $x^2+y^2+z^2=20$ 与平面 $z-2=0$ 的交线.

$$\begin{cases} x^2+y^2=16 \\ z=2 \end{cases}.$$

(3) $\begin{cases} x^2-4y^2+9z^2=36 \\ y=1 \end{cases}.$

解 表示单叶双曲面 $x^2-4y^2+9z^2=36$ 与平面 $y=1$ 的交线.

$$\begin{cases} x^2+9z^2=40 \\ y=1 \end{cases}\text{(椭圆)}.$$

(4) $\begin{cases} x^2-4y^2=4z \\ y=-2 \end{cases}.$

解 表示双曲抛物面 $x^2-4y^2=4z$ 与平面 $y=-2$ 的交线.

$$\begin{cases} x^2-16=4z \\ y=-2 \end{cases}\text{(抛物线)}.$$

13. 指出下列各平面的特殊位置：

(1) $x=0$.

解 $x=0$ 表示 yOz 平面.

(2) $3y-1=0$.

解 $3y-1=0$，即 $y=1/3$，是在 y 轴上截距为 $1/3$ 且平行于 xOz 平面的平面.

(3) $2x-3y-6=0$.

解 将原方程化为$\frac{x}{3}-\frac{y}{2}=1$，在 xOy 平面上，它是截距分别为 3 和 -2 的直线；在空间，它是过该直线且平行于 z 轴的平面. 如题 13(3)图所示.

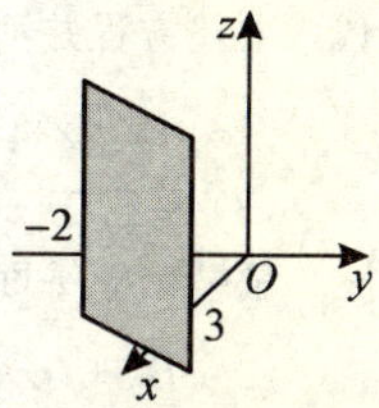

题 13 (3) 图

(4) $x-\sqrt{3}y=0$;

解 $x-\sqrt{3}y=0$，即 $x=\sqrt{3}y$，在 xOy 平面上是过原点的直线；在空间，它表示过 z 轴的平面.

(5) $y+z=1$.

解 $y+z=1$，在 yOz 平面上是截距都为 1 的直线；在空间，它是平行于 x 轴的平面. 如题 13(5)图所示.

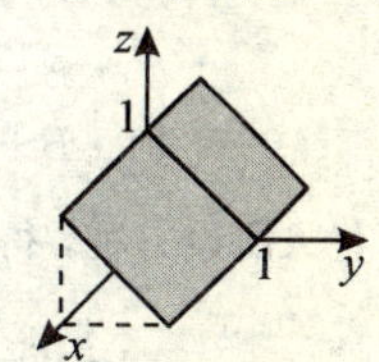

题 13 (5) 图

(6) $x-2z=0$.

解 即 $x=2z$，它在 xOz 平面上是过原点的直线；在空间

它是过原点和 y 轴的平面.

(7) $6x+5y-z=0$.

解　平面 $6x+5y-z=0$，过原点，它与 xOy、yOz 平面的交线为 $\begin{cases}y=-\dfrac{6}{5}x\\ z=0\end{cases}$，$\begin{cases}z=5y\\ x=0\end{cases}$. 如题 13(7) 图所示.

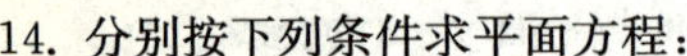

题 13 (7) 图

14. 分别按下列条件求平面方程:

(1) 平行于 xOy 面且经过点 (2，−5，3).

解　因所求平面平行于 xOy 面，故设所求平面方程为

$$Cz+D=0,$$

又平面经过点 (2，−5，3)，代入上述方程，得

$$3C+D=0\Rightarrow D=-3C,$$

从而所求平面为

$$z-3=0.$$

(2) 通过 z 轴和点 (−3，1，−2) 的平面方程.

解　可先设该平面方程为

$$Ax+By=0,$$

以 (−3，1，−2) 代入，得

$$-3A+B=0，即\ B=3A,$$

代入上述方程并消去 A，得所求平面方程为

$$x+3y=0.$$

(3) 平行于 x 轴且经过两点 (4，0，−2) 和 (5，1，7).

解　由于平面平行于 Ox 轴，故可设所求平面方程为

$$By+Cz+D=0,$$

又平面经过两点 (4，0，−2) 和 (5，1，7)，代入上述方程得

$$\begin{cases}0\cdot B-2C+D=0\\ 1\cdot B+7C+D=0\end{cases}\Rightarrow B=-\frac{9}{2}D,\ C=\frac{D}{2},$$

代入所设方程，得

$$-\frac{9}{2}Dy+\frac{D}{2}z+D=0,$$

显然 $D\neq0$，消去 D，并整理得所求平面方程

$9y-z-2=0.$

15. 确定 k 的值，使平面 $x+ky-2z=9$ 满足下列条件之一：

(1) 经过点 $(5, -4, -6)$.

解　将已知点代入题设方程可得 $k=2$.

(2) 在 y 轴上的截距为 -3.

解　化为截距式

$$\frac{x}{9}+\frac{y}{9/k}+\frac{z}{-9/2}=1,$$

由题设　$9/k=-3 \Rightarrow k=-3.$

§6.2　多元函数的基本概念

一、主要知识归纳

表 6—2—1　　平面区域的概念

<table>
<tr><td colspan="2">邻域</td><td>$P_0(x_0, y_0)$ 是 xOy 平面上一点，δ 为某正数，则点集 $U(P_0, \delta)=\{P(x, y) \mid |PP_0|<\delta\}$ 称为 P_0 的 δ 邻域.
点集 $\mathring{U}(P_0, \delta)=\{P(x, y) \mid 0<|PP_0|<\delta\}$ 称为 P_0 的 δ 去心邻域.</td></tr>
<tr><td colspan="2">内点</td><td>D 是 xOy 平面上的点集，P_0 为一点，若存在 $\delta>0$，使 $U(P_0, \delta)\subset D$，则称 P_0 是 D 的内点.</td></tr>
<tr><td colspan="2">外点</td><td>D 是 xOy 平面上的点集，P_0 为一点，若存在 $\delta>0$，使 $U(P_0, \delta)\cap D=\varnothing$（$\varnothing$表示空集），则称 P_0 是 D 的外点.</td></tr>
<tr><td colspan="2">边界点</td><td>D 是 xOy 平面上的点集，P_0 为一点，若对 $\forall\delta>0$，$U(P_0, \delta)$ 内既有 D 中点，又有不属于 D 的点，则称 P_0 是 D 的边界点.</td></tr>
<tr><td colspan="2">边界</td><td>平面点集 D 的边界点全体称为 D 的边界.</td></tr>
<tr><td colspan="2">开集</td><td>若平面点集 D 中的点都是 D 的内点，则称 D 是开集.</td></tr>
<tr><td rowspan="4">区域</td><td>连通集</td><td>若 D 内任意两点都可用 D 中折线连接，则称 D 为连通集.</td></tr>
<tr><td>开区域</td><td>连通的开集为开区域.</td></tr>
<tr><td>闭区域</td><td>开区域加上边界称为闭区域.</td></tr>
<tr><td>有界闭区域</td><td>若闭区域包含在某个以原点为心的圆内，则称 D 为有界闭区域.</td></tr>
</table>

说明：D 的内点必属于 D，D 的外点必不属于 D，D 的边界点可能属于 D 也可能不属于 D.

表 6—2—2　　多元函数及其极限与连续的概念

二元函数及图形	设 D 是 $R^2=R\times R$ 上的一个非空子集，称映射 $$f: D\to R$$ 为定义在 D 上的二元函数，记为 $$z=f(x, y),(x, y)\in D$$ 其中点集 D 称为该函数 f 的定义域，x，y 称为自变量，z 称为因变量，$f(D)=\{z\mid z=f(x, y),(x, y)\in D\}$ 称为函数 f 的值域，空间点集 $\{(x, y, z)\mid z=f(x, y),(x, y)\in D\}$ 称为函数的图形.
极限	设函数 $f(x, y)$ 的定义域为 D，$P_0(x_0, y_0)$ 为 D 的聚点，若对 $\forall\varepsilon>0$，$\exists\delta>0$，使得当 $0<\lvert PP_0\rvert<\delta$，且 $P(x, y)\in D$ 时，恒有 $\lvert f(P)-A\rvert=\lvert f(x, y)-A\rvert<\varepsilon$，则称函数 $f(x, y)$ 当 $(x, y)\to(x_0, y_0)$ 时以 A 为极限，记为 $$\lim_{\substack{x\to x_0\\ y\to y_0}} f(x, y)=A \text{ 或 } \lim_{(x, y)\to(x_0, y_0)} f(x, y)=A.$$
连续	(1) 设函数 $f(x, y)$ 的定义域为 D，$P_0(x_0, y_0)$ 是 D 的聚点，$P_0\in D$，如果 $\lim\limits_{\substack{x\to x_0\\ y\to y_0}} f(x, y)=f(x_0, y_0)$，则称函数 $f(x, y)$ 在点 $P_0(x_0, y_0)$ 处连续，$P_0(x_0, y_0)$ 称为函数 $f(x, y)$ 的连续点； (2) 若函数 $f(x, y)$ 在区域 D 内每一点都连续，则称函数 $f(x, y)$ 是 D 内的连续函数.
连续函数的性质	(1) 有界闭区域上的连续函数必有最大值与最小值； (2) 有界闭区域上的连续函数必有界； (3) 有界闭区域上的连续函数必可取到介于最大值与最小值之间的任何值.

要点说明：

(1) 以上概念都可推广到三元及三元以上函数.

(2) 函数可理解为点的函数，一元函数的自变量 x 在直线上变化，故一元函数为直线上动点 x 的函数，二元函数的两个自变量 x，y 是独立变化的，它的定义域为平面点集，故二元函数为平面上的动点 $P(x, y)$ 的函数，可记为 $z=f(P)$.

(3) 由点的函数理解二重极限，即为当动点 $P(x, y)$ 以任何方式无限接近于定点 $P_0(x_0, y_0)$ 时，相应的函数值 $f(P)$ 无限接近于固定常数 A，故可记 $\lim\limits_{P\to P_0} f(P)=A$.

二、典型例题分析

例 1　指出下列各区域是哪类区域.

(1) $\left\{(x,y)\mid \frac{1}{4}\leqslant x^2+y^2\leqslant 1\right\}$；

(2) $\{(x,y)\mid x+y>0\}$；

(3) $\{(x,y)\mid y-x>0, x\geqslant 0, x^2+y^2<1\}$；

(4) $\{(x,y)\mid x^2-2x-y\geqslant -1\}$；

(5) $\{(x,y)\mid 0<x^2+4x-y<4\}$；

(6) $\{(x,y)\mid \frac{x^2}{4}+\frac{y^2}{9}\leqslant 1\}$；

(7) $\{(x,y)\mid 1<\frac{x^2}{144}+\frac{y^2}{25}<4\}$；

(8) $\{(x,y)\mid 1\leqslant x-4y\leqslant 5\}$.

解 (1) 有界闭区域；

(2) 无界开区域；

(3) 非开非闭有界区域；

(4) 无界开区域；

(5)有界开区域；

(6)有界闭区域；

(7)有界开区域；

(8)有界闭区域.

小结：平面区域的点、区间、极限、连续等概念可以拓展到多维空间，基础概念上的共性决定了许多研究方法的类似性，如对多元函数定义域、极限、微分、积分性质等的研究都可参照一元函数的相应内容.

例 2 设 $f\left(x-y, \frac{y}{x}\right)=x^2-y^2$，求 $f(x, y)$.

解 $\because f\left(x-y, \frac{y}{x}\right)=x^2-y^2=(x-y)(x+y)=\frac{(x-y)^2(x+y)}{x-y}$

$$=\frac{(x-y)^2\left(1+\frac{y}{x}\right)}{1-\frac{y}{x}},$$

$$\therefore f(x, y)=\frac{x^2(1+y)}{1-y}.$$

例 3 若点 (x, y) 沿着无数多条平面曲线趋向于点 (x_0, y_0) 时，函数 $f(x, y)$ 都趋向于 A，能否断定 $\lim\limits_{(x, y)\to(x_0, y_0)} f(x, y)=A$?

解 不能. 例如，如例 3 图所示，

$$f(x, y)=\frac{x^3y^2}{(x^2+y^4)^2}, (x, y)\to(0, 0),$$

取 $y=kx$，$f(x, kx)=\frac{x^3\cdot k^2x^2}{(x^2+k^4x^4)^2}\to 0(x\to 0)$，

但是 $\lim\limits_{(x, y)\to(0, 0)} f(x, y)$ 不存在.

因为若取 $x=y^2$，$f(y^2, y)=\frac{y^6y^2}{(y^4+y^4)^2}=\frac{1}{4}$.

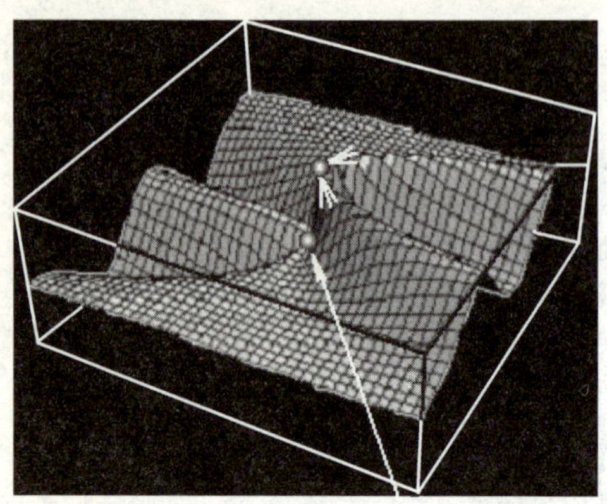

例 3 图

小结: 二元函数 $f(x, y)$ 在点 $P_0(x_0, y_0)$ 的极限是对所有的（而不只是无数的）趋于点 $P_0(x_0, y_0)$ 的点列 $P(x, y)$，并且无论趋向方式怎样，都有 $\lim\limits_{P\to P_0} f(x, y)=A$（$A$ 为常数）.

例 4　求极限 $\lim\limits_{\substack{x\to 0\\ y\to 0}}\dfrac{\sin(x^2 y)}{x^2+y^2}$.

解　如例 4 图所示. $\lim\limits_{\substack{x\to 0\\ y\to 0}}\dfrac{\sin(x^2 y)}{x^2+y^2}=\lim\limits_{\substack{x\to 0\\ y\to 0}}\dfrac{\sin(x^2 y)}{x^2 y}\cdot\dfrac{x^2 y}{x^2+y^2}$,

其中　$$\lim\limits_{\substack{x\to 0\\ y\to 0}}\frac{\sin(x^2 y)}{x^2 y}\overset{u=x^2 y}{=\!=\!=}\lim\limits_{u\to 0}\frac{\sin u}{u}=1.$$

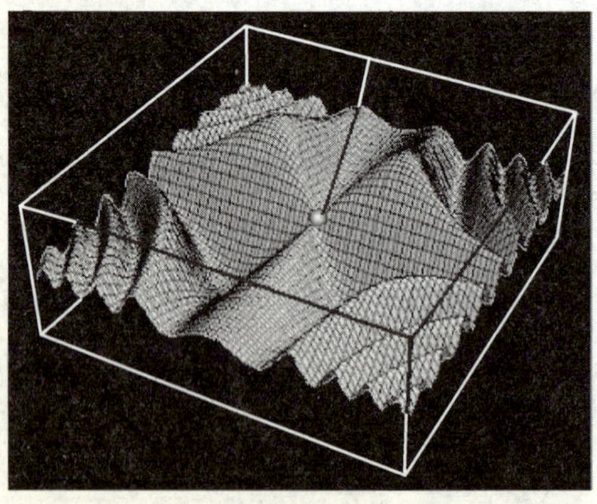

例 4 图

$$\left|\frac{x^2y}{x^2+y^2}\right|=\frac{1}{2}\left|\frac{2xy}{x^2+y^2}\cdot x\right|\leqslant\frac{1}{2}|x|\to 0(x\to 0),$$

所以 $$\lim_{\substack{x\to 0\\ y\to 0}}\frac{\sin(x^2y)}{x^2+y^2}=0.$$

小结：二元函数的极限计算较一元函数更为复杂，但以后者为基础，故可参考常用的不等式、夹逼法则、等价无穷小替代法、特殊点列否定极限存在性等方法.

三、习题 6—2 解答

1. 设 $f(x, y)=\dfrac{2xy}{x^2+y^2}$，求 $f\left(1, \dfrac{y}{x}\right)$.

解 $$f\left(1, \frac{y}{x}\right)=\frac{2\cdot 1\cdot \dfrac{y}{x}}{1^2+\left(\dfrac{y}{x}\right)^2}=\frac{2xy}{x^2+y^2}.$$

2. 设 $z=x+y+f(x-y)$，且当 $y=0$ 时，$z=x^2$，求 $f(x)$.

解 依题意，当 $y=0$ 时，得到方程

$$x^2=x+f(x),$$

$\therefore\quad f(x)=x^2-x.$

3. 求下列各函数的定义域：

(1) $z=\ln(y^2-2x+1)$.

解 由 $y^2-2x+1>0 \Rightarrow y^2>2x-1$，

$\therefore$ 定义域为 $D=\{(x, y)\mid y^2>2x-1\}$.

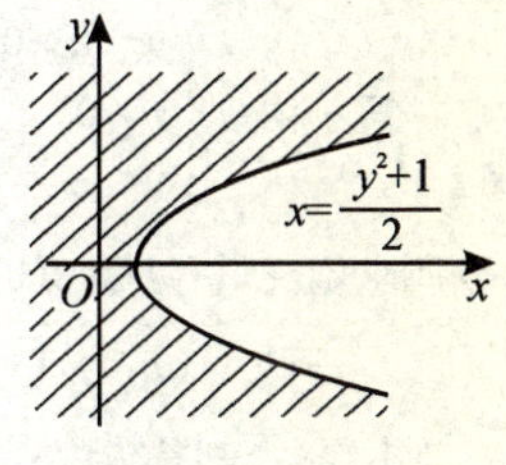

题 3 (1) 图

若要画出定义域，可先作其边界的图形. 此题区域的边界是开口向右的抛物线：

$$x=\frac{y^2+1}{2},$$

它将平面区域分为左、右两部分，由 $x<\dfrac{y^2+1}{2}$ 或 $y^2>2x-1$ 知：所求区域位于边界抛物线的左边（如题 3(1)图所示）.

(2) $z=\sqrt{x-\sqrt{y}}$.

解 由 $$\begin{cases}y\geqslant 0\\ x-\sqrt{y}\geqslant 0\end{cases}\Rightarrow\begin{cases}y\geqslant 0,\ x\geqslant 0\\ x^2\geqslant y\end{cases},$$

$\therefore\quad D=\{(x, y)\mid x\geqslant 0, x^2\geqslant y\geqslant 0\}.$

几何上，D 为位于第一象限且位于抛物线 $y=x^2$ 下方的区域.

(3) $z=\arcsin\dfrac{y}{x}$.

解　由 $\left|\dfrac{y}{x}\right|\leqslant 1 \Rightarrow \begin{cases}x>0\\-x\leqslant y\leqslant x\end{cases}$ 或 $\begin{cases}x<0\\x\leqslant y\leqslant -x\end{cases}$

⇒定义域 D 为：

$$D=\{(x,\ y)\mid x>0,\ -x\leqslant y\leqslant x\}\cup\{(x,\ y)\mid x<0,\ x\leqslant y\leqslant -x\};$$

(4) $z=\dfrac{\sqrt{4x-y^2}}{\ln(1-x^2-y^2)}$.

解　由 $\begin{cases}4x-y^2\geqslant 0\\1-x^2-y^2\neq 1\\1-x^2-y^2>0\end{cases}\Rightarrow\begin{cases}4x\geqslant y^2\\x^2+y^2<1\\(x,\ y)\neq(0,\ 0)\end{cases}$

⇒定义域 D 为

$$D=\{(x,\ y)\mid y^2\leqslant 4x,\ 0<x^2+y^2<1\}$$

(5) $z=\ln(y-x)+\dfrac{\sqrt{x}}{\sqrt{1-x^2-y^2}}$.

解　由 $\begin{cases}y-x>0\\x\geqslant 0\\1-x^2-y^2>0\end{cases}\Rightarrow\begin{cases}y>x\geqslant 0\\x^2+y^2<1\end{cases}$,

故所求定义域(见题 3(5)图)

$$D=\{(x,\ y)\mid y>x\geqslant 0,\ x^2+y^2<1\}.$$

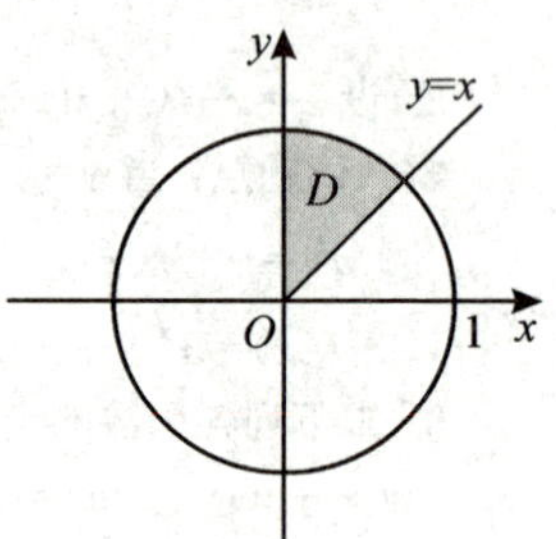

题 3 (5) 图

4. 求下列各极限：

(1) $\lim\limits_{\substack{x\to 1\\y\to 0}}\dfrac{\ln(x+e^y)}{\sqrt{x^2+y^2}}$.

解　$\lim\limits_{\substack{x\to 1\\y\to 0}}\dfrac{\ln(x+e^y)}{\sqrt{x^2+y^2}}=\dfrac{\ln(1+e^0)}{\sqrt{1+0}}=\ln 2$.

(2) $\lim\limits_{(x,\ y)\to(0,\ 0)}\dfrac{2-\sqrt{xy+4}}{xy}$.

解　分子，分母同乘共轭因式 $2+\sqrt{xy+4}$ 去掉分母中的致零因子，得

$$\lim_{(x,\ y)\to(0,\ 0)}\frac{2-\sqrt{xy+4}}{xy}=\lim_{(x,\ y)\to(0,\ 0)}\frac{4-(xy+4)}{xy(2+\sqrt{xy+4})}$$

$$=\lim_{(x,\ y)\to(0,\ 0)}\frac{-1}{2+\sqrt{xy+4}}=-\frac{1}{4}.$$

(3) $\lim\limits_{\substack{x\to 0\\y\to 0}}\dfrac{xy}{\sqrt{x^2+y^2}}$.

解 $\because \left|\dfrac{x}{\sqrt{x^2+y^2}}\right|\leqslant 1$,

$\therefore 0\leqslant\left|\dfrac{xy}{\sqrt{x^2+y^2}}\right|\leqslant|y|$.

又 $\lim\limits_{\substack{x\to 0\\y\to 0}}|y|=0$，由夹逼法则，知

$$\lim_{\substack{x\to 0\\y\to 0}}\frac{xy}{\sqrt{x^2+y^2}}=0.$$

(4) $\lim\limits_{\substack{x\to+\infty\\y\to+\infty}}(x^2+y^2)\mathrm{e}^{-(x+y)}$.

解 原式$=\lim\limits_{\substack{x\to+\infty\\y\to+\infty}}[(x+y)^2-2xy]\mathrm{e}^{-(x+y)}=\lim\limits_{\substack{x\to+\infty\\y\to+\infty}}\left[\dfrac{(x+y)^2}{\mathrm{e}^{x+y}}-2\cdot\dfrac{x}{\mathrm{e}^x}\cdot\dfrac{y}{\mathrm{e}^y}\right]$

$=0-2\times 0\times 0=0$.

(5) $\lim\limits_{\substack{x\to 0\\y\to 0}}\dfrac{\sqrt{x^2+y^2}-\sin\sqrt{x^2+y^2}}{(x^2+y^2)^{3/2}}$.

解 令 $t=\sqrt{x^2+y^2}$，则

$$\text{原式}=\lim_{t\to 0^+}\frac{t-\sin t}{t^3}\overset{\frac{0}{0}}{=\!=}\lim_{t\to 0^+}\frac{1-\cos t}{3t^2}\overset{\frac{0}{0}}{=\!=}\lim_{t\to 0^+}\frac{\sin t}{6t}=\frac{1}{6}.$$

5. 证明下列极限不存在：

(1) $\lim\limits_{(x,y)\to(0,0)}\dfrac{x+y}{x-y}$.

证 设动点 $P(x,y)\to P_0(0,0)$ 是沿直线 $y=kx$ 的方式进行，则

$$\lim_{(x,y)\to(0,0)}\frac{x+y}{x-y}=\lim_{\substack{(x,y)\to(0,0)\\y=kx}}\frac{x+kx}{x-kx}=\frac{1+k}{1-k}=I(k\neq 1).$$

由于 k 可取不同的数值，于是 $I=\dfrac{1+k}{1-k}$ 不是一个确定的常数，故原极限不存在，例如，取 $k_1=-1$，则 $I_1=0$；取 $k_2=2$，则 $I_2=-3\neq I_1$.

(2) $\lim\limits_{\substack{x\to 0\\y\to 0}}\dfrac{\sqrt{xy+1}-1}{x+y}$.

证 原式$=\lim\limits_{\substack{x\to 0\\y\to 0}}\dfrac{xy}{(x+y)(\sqrt{xy+1}+1)}$.

当沿着 $y=x$ 趋于 0 时，

$$原式=\lim_{\substack{x\to0\\y=x}}\frac{x^2}{2x(\sqrt{x^2+1}+1)}=0;$$

当沿着 $y=-x$ 趋于 0 时，

$$\lim_{\substack{x\to0\\y\to0}}\frac{x+y}{(\sqrt{xy+1}-1)}=\lim_{\substack{x\to0\\y=x}}\frac{0}{\sqrt{1-x^2}-1}=0;$$

即 $\lim\limits_{\substack{x\to0\\y\to0}}\frac{\sqrt{xy+1}-1}{x+y}=\infty.$

故原极限不存在.

6. 研究下列函数的连续性：

(1) $f(x,y)=\frac{y^2+2x}{y^2-2x}.$

解 易见，当且仅当 $y^2-2x=0$ 时，此函数是间断的，即沿抛物线 $y^2=2x$，函数都是间断的.

(2) $f(x,y)=xy\ln(x^2+y^2).$

解 设 $x=r\cos\theta$，$y=r\sin\theta(r>0)$，则

$$0\leqslant|f(x,y)|=2r^2|\cos\theta\sin\theta||\ln r|\leqslant2r^2|\ln r|\to0(r\to0),$$

$$\therefore\ \lim_{(x,y)\to(0,0)}f(x,y)=0,$$

故点 (0, 0) 为 $f(x,y)$ 的可去间断点.

7. 设 $f(x,y)=\begin{cases}\dfrac{ye^{\frac{1}{x^2}}}{y^2e^{\frac{2}{x^2}}+1}, & x\neq0,\quad y\text{ 任意}\\ 0, & x=0,\quad y\text{ 任意}\end{cases}$，讨论 $f(x,y)$ 在 (0, 0) 处是否连续.

解 取路径 P_1：$\begin{cases}y=0\\x\to0\end{cases}$，则 $\lim\limits_{\substack{x\to0\\y=0}}f(x,y)=0$；

取路径 P_2：$\begin{cases}y=e^{-\frac{1}{x^2}}\\x\to0\end{cases}$，则 $\lim\limits_{\substack{x\to0\\y=e^{-\frac{1}{x^2}}}}f(x,y)=\lim\limits_{\substack{x\to0\\y=e^{-\frac{1}{x^2}}}}\frac{1}{2}=\frac{1}{2}.$

故 $\lim\limits_{\substack{x\to0\\y\to0}}f(x,y)$ 不存在，从而 $f(x,y)$ 在点 (0, 0) 处不连续.

§6.3 偏导数

一、主要知识归纳

表 6—3—1 **偏导数的概念**

偏导数	设函数 $z=f(x,y)$ 在 (x_0,y_0) 的某邻域内有定义，如果 $\lim\limits_{\Delta x\to 0}\dfrac{f(x_0+\Delta x,y_0)-f(x_0,y_0)}{\Delta x}$ 存在，则称该极限为函数 $z=f(x,y)$ 在点 (x_0,y_0) 处关于 x 的偏导数，记为 $\left.\dfrac{\partial z}{\partial x}\right\|_{(x_0,y_0)}$，$\left.\dfrac{\partial f}{\partial x}\right\|_{(x_0,y_0)}$，$\left.z_x\right\|_{(x_0,y_0)}$ 或 $f_x(x_0,y_0)$； 如果 $\lim\limits_{\Delta y\to 0}\dfrac{f(x_0,y_0+\Delta y)-f(x_0,y_0)}{\Delta y}$ 存在，则称该极限为函数 $z=f(x,y)$ 在点 (x_0,y_0) 处关于 y 的偏导数，记为 $\left.\dfrac{\partial z}{\partial y}\right\|_{(x_0,y_0)}$，$\left.\dfrac{\partial f}{\partial y}\right\|_{(x_0,y_0)}$，$\left.z_y\right\|_{(x_0,y_0)}$ 或 $f_y(x_0,y_0)$； 如果函数 $z=f(x,y)$ 在区域 D 内每一点都可导（存在偏导数），则称函数 $z=f(x,y)$ 在 D 内可导.
几何意义	(1) $f_x(x_0,y_0)$ 为曲面 $z=f(x,y)$ 与平面 $y=y_0$ 的交线在 $P_0(x_0,y_0)$ 处的切线关于 x 轴的斜率； (2) $f_y(x_0,y_0)$ 为曲面 $z=f(x,y)$ 与平面 $x=x_0$ 的交线在 $P_0(x_0,y_0)$ 处的切线关于 y 轴的斜率.

要点说明：

1. $f_x(x_0,y_0)$ 是一元函数 $z=f(x,y_0)$ 在 x_0 处的导数，$f_y(x_0,y_0)$ 是一元函数 $z=f(x_0,y)$ 在 y_0 处的导数，所以偏导数实质上仍是一元函数的微分问题.

2. 当函数 $z=f(x,y)$ 在区域 D 内可导时，有 D 内的偏导数，记为 $\dfrac{\partial z}{\partial x}$，$\dfrac{\partial f}{\partial x}$，$z_x$ 或 $f_x(x,y)$，$\dfrac{\partial z}{\partial y}$，$\dfrac{\partial f}{\partial y}$，$z_y$ 或 $f_y(x,y)$，$f_x(x_0,y_0)$ 是 $f_x(x,y)$ 在 (x_0,y_0) 处的函数值，$f_y(x_0,y_0)$ 是 $f_y(x,y)$ 在 (x_0,y_0) 处的函数值.

表 6—3—2 **高阶偏导数**

定义	设函数 $z=f(x,y)$ 在区域 D 内有偏导数， $\dfrac{\partial z}{\partial x}=f_x(x,y)$，$\dfrac{\partial z}{\partial y}=f_y(x,y)$， 如果在 D 内 $f_x(x,y)$，$f_y(x,y)$ 仍可导，则称它们的偏导数是函数 $z=f(x,y)$ 的二阶偏导数，分别是 $\dfrac{\partial}{\partial x}\left(\dfrac{\partial z}{\partial x}\right)=\dfrac{\partial^2 z}{\partial x^2}=f_{xx}(x,y)$，$\dfrac{\partial}{\partial y}\left(\dfrac{\partial z}{\partial x}\right)=\dfrac{\partial^2 z}{\partial x\partial y}=f_{xy}(x,y)$， $\dfrac{\partial}{\partial x}\left(\dfrac{\partial z}{\partial y}\right)=\dfrac{\partial^2 z}{\partial y\partial x}=f_{yx}(x,y)$，$\dfrac{\partial}{\partial y}\left(\dfrac{\partial z}{\partial y}\right)=\dfrac{\partial^2 z}{\partial y^2}=f_{yy}(x,y)$， 其中 $f_{xy}(x,y)$，$f_{yx}(x,y)$ 称为二阶混合偏导数；以此类推可定义三阶及三阶以上的偏导数.

续前表

性质	如果函数 $z=f(x, y)$ 的两个二阶混合偏导数 $f_{xy}(x, y)$，$f_{yx}(x, y)$ 在区域 D 内连续，则在 D 内恒有 $$f_{xy}(x, y)=f_{yx}(x, y).$$

二、典型例题分析

例 1　设 $f(x, y)=\sqrt{x^2+y^4}$，问 $f_x(0, 0)$ 与 $f_y(0, 0)$ 是否存在？

解　$f_x(0, 0)=\lim\limits_{\Delta x\to 0}\dfrac{f(\Delta x, 0)-f(0, 0)}{\Delta x}=\lim\limits_{\Delta x\to 0}\dfrac{|\Delta x|}{\Delta x}$ 不存在

$$f_y(0, 0)=\lim_{\Delta y\to 0}\frac{f(0, \Delta y)-f(0, 0)}{\Delta y}=\lim_{\Delta y\to 0}\frac{\Delta y^2}{\Delta y}=\lim_{\Delta y\to 0}\Delta y=0,$$

即　　$f_y(0, 0)=0$.

例 2　设 $f(x, y)=\begin{cases}(x^2+y^2)\sin\dfrac{1}{x^2+y^2}, & (x, y)\neq(0, 0)\\ 0, & (x, y)=(0, 0)\end{cases}$，则在点 $(0, 0)$ 处，(1) 偏导数是否存在？(2) 偏导数是否连续？

解　(1) $f_x(0, 0)=\lim\limits_{\Delta x\to 0}\dfrac{f(\Delta x, 0)-f(0, 0)}{\Delta x}=\lim\limits_{\Delta x\to 0}(\Delta x)^2\sin\dfrac{1}{(\Delta x)^2}=0.$

同理，$f_y(0, 0)=0$，故在点 $(0, 0)$ 处，两个偏导数存在.

(2) 当 $x^2+y^2\neq 0$ 时，有

$$\frac{\partial f}{\partial x}=2x\sin\frac{1}{x^2+y^2}-\frac{2x}{x^2+y^2}\cos\frac{1}{x^2+y^2},$$

$$\frac{\partial f}{\partial y}=2y\sin\frac{1}{x^2+y^2}-\frac{2y}{x^2+y^2}\cos\frac{1}{x^2+y^2},$$

考虑到 $P(x, y)$ 沿直线 $y=x$ 趋于 $(0, 0)$ 时，则有

$$\lim_{y=x\to 0}\frac{\partial f}{\partial x}=\lim_{y=x\to 0}\left(2x\sin\frac{1}{2x^2}-\frac{1}{x}\cos\frac{1}{2x^2}\right)=\lim_{x\to 0}\left(2x\sin\frac{1}{2x^2}-\frac{1}{x}\cos\frac{1}{2x^2}\right)$$

不存在.

故 $\dfrac{\partial f}{\partial x}$ 在点 $(0,0)$ 处不连续，同理 $\dfrac{\partial f}{\partial y}$ 在点 $(0,0)$ 处也不连续

例 3　设 $u=e^{ax}\cos by$，求二阶偏导数.

解　$\dfrac{\partial u}{\partial x}=ae^{ax}\cos by$，　$\dfrac{\partial u}{\partial y}=-be^{ax}\sin by$，　$\dfrac{\partial^2 u}{\partial x^2}=a^2e^{ax}\cos by$，

$\dfrac{\partial^2 u}{\partial y^2}=-b^2e^{ax}\cos by$，　$\dfrac{\partial^2 u}{\partial x\partial y}=-abe^{ax}\sin by$，　$\dfrac{\partial^2 u}{\partial y\partial x}=-abe^{ax}\sin by$.

例 4　设 $f(x, y)=\begin{cases}xy\dfrac{x^2-y^2}{x^2+y^2}, & (x, y)\neq(0, 0)\\ 0, & (x, y)=(0, 0)\end{cases}$，试求 $f_{xy}(0, 0)$ 及 $f_{yx}(0, 0)$.

解 因 $f_x(0,0)=\lim\limits_{x\to 0}\dfrac{f(x,0)-f(0,0)}{x}=\lim\limits_{x\to 0}\dfrac{0-0}{x}=0.$

当 $y\neq 0$ 时，$f_x(0,y)=\lim\limits_{x\to 0}\dfrac{f(x,y)-f(0,y)}{x}=\lim\limits_{x\to 0}\dfrac{y(x^2-y^2)}{x^2+y^2}=-y,$

所以 $f_{xy}(0,0)=\lim\limits_{y\to 0}\dfrac{f_x(0,y)-f_x(0,0)}{y}=\lim\limits_{y\to 0}\dfrac{-y-0}{y}=-1.$

同理有 $f_y(0,0)=\lim\limits_{y\to 0}\dfrac{f(0,y)-f(0,0)}{y}=0,$

当 $x\neq 0$ 时，$f_y(x,0)=\lim\limits_{y\to 0}\dfrac{f(x,y)-f(x,0)}{y}=\lim\limits_{y\to 0}\dfrac{x(x^2-y^2)}{x^2+y^2}=x,$

所以 $f_{yx}(0,0)=\lim\limits_{x\to 0}\dfrac{f_y(x,0)-f_y(0,0)}{x}=\lim\limits_{x\to 0}\dfrac{x-0}{x}=1.$

三、习题 6—3 解答

1. 求下列函数的偏导数：

(1) $z=x^2-2xy+y^3$.

解 视 y 为常数，对 x 求导，得 $\dfrac{\partial z}{\partial x}=2x-2y$；

视 x 为常数，对 y 求导，得 $\dfrac{\partial z}{\partial y}=-2x+3y^2$.

(2) $z=x^{\sin y}$.

解 $\dfrac{\partial z}{\partial x}=\sin y\cdot x^{\sin y-1}$；

$\dfrac{\partial z}{\partial y}=x^{\sin y}\cdot\ln x\cdot\cos y.$

(3) $z=\arctan\dfrac{y}{x}$.

解 $\dfrac{\partial z}{\partial x}=\dfrac{1}{1+\left(\dfrac{y}{x}\right)^2}\cdot\dfrac{\partial}{\partial x}\left(\dfrac{y}{x}\right)=\dfrac{1}{1+\dfrac{y^2}{x^2}}\cdot\left(-\dfrac{y}{x^2}\right)=-\dfrac{y}{x^2+y^2}$；

$\dfrac{\partial z}{\partial y}=\dfrac{1}{1+\left(\dfrac{y}{x}\right)^2}\cdot\dfrac{1}{x}=\dfrac{x}{x^2+y^2}.$

(4) $z=\dfrac{x^2+y^2}{xy}$.

解 $\frac{\partial z}{\partial x}=\left(\frac{x}{y}\right)'_x+\left(\frac{y}{x}\right)'_x=\frac{1}{y}-\frac{y}{x^2}$；

$$\frac{\partial z}{\partial y}=\left(\frac{x}{y}\right)'_y+\left(\frac{y}{x}\right)'_y=-\frac{x}{y^2}+\frac{1}{x}.$$

(5) $z=\sqrt{\ln(xy)}$.

解 $\frac{\partial z}{\partial x}=\frac{(\ln x+\ln y)'_x}{2\sqrt{\ln(xy)}}=\frac{1}{2x\sqrt{\ln(xy)}}$；

$$\frac{\partial z}{\partial y}=\frac{(\ln x+\ln y)'_y}{2\sqrt{\ln(xy)}}=\frac{1}{2y\sqrt{\ln(xy)}}.$$

(6) $z=\sin(xy)+\cos^2(xy)$.

解 $\frac{\partial z}{\partial x}=\cos(xy)\cdot y+2\cos(xy)\cdot[-\sin(xy)]\cdot y=y\cos(xy)-y\sin(2xy)$；

$$\frac{\partial z}{\partial y}=\cos(xy)\cdot x+2\cos(xy)\cdot[-\sin(xy)]\cdot x=x\cos(xy)-x\sin(2xy).$$

(7) $z=\ln\tan\frac{x}{y}$.

解 $\frac{\partial z}{\partial x}=\cot\frac{x}{y}\cdot\sec^2\frac{x}{y}\cdot\frac{1}{y}=\frac{2}{y}\csc\frac{2x}{y}$；

$$\frac{\partial z}{\partial y}=\cot\frac{x}{y}\cdot\sec^2\frac{x}{y}\cdot\left(-\frac{x}{y^2}\right)=-\frac{2x}{y^2}\csc\frac{2x}{y}.$$

(8) $u=\left(\frac{x}{y}\right)^z$.

解 $\because u=\frac{x^z}{y^z}$,

$$\therefore \frac{\partial u}{\partial x}=\frac{1}{y^z}\cdot z\cdot x^{z-1}=\frac{z}{y}\left(\frac{x}{y}\right)^{z-1};$$

$$\frac{\partial u}{\partial y}=x^z\cdot(-z)\cdot\frac{1}{y^{z+1}}=-\frac{z}{y}\left(\frac{x}{y}\right)^z;$$

$$\frac{\partial u}{\partial z}=\left(\frac{x}{y}\right)^z\ln\frac{x}{y}.$$

(9) $z=\frac{x}{\sqrt{x^2+y^2}}$.

解 $\frac{\partial z}{\partial x}=\frac{1}{\sqrt{x^2+y^2}}+x\cdot\left(-\frac{1}{2}\right)\cdot\frac{2x}{(x^2+y^2)^{3/2}}=\frac{y^2}{(x^2+y^2)^{3/2}}$；

$$\frac{\partial z}{\partial y}=x\cdot\left(-\frac{1}{2}\right)\cdot\frac{2y}{(x^2+y^2)^{3/2}}=\frac{-xy}{(x^2+y^2)^{3/2}}.$$

2. 设 $z=e^{-\left(\frac{1}{x}+\frac{1}{y}\right)}$，证明 $x^2\frac{\partial z}{\partial x}+y^2\frac{\partial z}{\partial y}=2z$.

证 $\frac{\partial z}{\partial x}=e^{-\left(\frac{1}{x}+\frac{1}{y}\right)}\cdot\frac{1}{x^2}$； $\frac{\partial z}{\partial y}=\frac{1}{y^2}e^{-\left(\frac{1}{x}+\frac{1}{y}\right)}$.

$\therefore$ 左式$=e^{-\left(\frac{1}{x}+\frac{1}{y}\right)}+e^{-\left(\frac{1}{x}+\frac{1}{y}\right)}=2z=$右式.

3. 设 $f(x, y)=x+(y-1)\arcsin\sqrt{\frac{x}{y}}$，求 $f_x(x, 1)$.

解 方法一 $\because$ $f_x(x, y)=1+(y-1)\frac{1}{\sqrt{1-x/y}}\cdot\frac{1}{2}\cdot\sqrt{\frac{y}{x}}\cdot\frac{1}{y}$，

$\therefore$ $f_x(x, 1)=1+0=1$.

方法二 $\because$ $f(x, 1)=x$，

$\therefore$ $f_x(x, 1)=1$.

4. 设 $f(x, y)=\begin{cases}(x^2+y)\sin\frac{1}{\sqrt{x^2+y^2}}, & x^2+y^2\neq 0\\ 0, & x^2+y^2=0\end{cases}$，求 $f'_x(0, 0)$，$f'_y(0, 0)$.

解 $$f'_x(0, 0)=\lim_{\Delta x\to 0}\frac{f(\Delta x, 0)-f(0, 0)}{\Delta x}=\lim_{\Delta x\to 0}\frac{(\Delta x)^2\sin\frac{1}{\sqrt{(\Delta x)^2}}}{\Delta x}$$

$$=\lim_{\Delta x\to 0}\Delta x\sin\frac{1}{|\Delta x|}=0,$$

$$f'_y(0, 0)=\lim_{\Delta y\to 0}\frac{f(0, \Delta y)-f(0, 0)}{\Delta y}=\lim_{\Delta y\to 0}\frac{\Delta y\sin\frac{1}{|\Delta y|}}{\Delta y}$$

$$=\lim_{\Delta y\to 0}\left(\sin\frac{1}{|\Delta y|}\right).$$

由于 $\lim\limits_{\Delta y\to 0}\sin\frac{1}{|\Delta y|}$ 不存在，因此 $f'_y(0, 0)$ 不存在.

5. 某移动电话公司的某种产品有下面的生产函数

$$p(x, y)=50x^{2/3}y^{1/3},$$

(1) 求由 125 个人力单位和 64 个资本单位生产的产品数量；

(2) 求边际生产力；

(3) 计算在 $x=125$ 和 $y=64$ 时的边际生产力.

解 (1) $p(125, 64)=50(125)^{2/3}(64)^{1/3}=5\,000$.

(2) $\frac{\partial p}{\partial x}=50\left(\frac{2}{3}\right)x^{-1/3}y^{1/3}=\frac{100y^{1/3}}{3x^{1/3}}$，$\frac{\partial p}{\partial y}=50\left(\frac{1}{3}\right)x^{2/3}y^{-2/3}=\frac{50x^{2/3}}{3y^{2/3}}$.

(3) $\left.\frac{\partial p}{\partial x}\right|_{(125, 64)}=\frac{100(64)^{1/3}}{3(125)^{1/3}}=26\frac{2}{3}$，

$$\left.\frac{\partial p}{\partial y}\right|_{(125,\ 64)}=\frac{50(125)^{2/3}}{3(64)^{2/3}}=26\,\frac{1}{24}.$$

6. 求下列函数的$\frac{\partial^2 z}{\partial x^2}$，$\frac{\partial^2 z}{\partial y^2}$ 和 $\frac{\partial^2 z}{\partial x\partial y}$：

(1) $z=x^2ye^y$.

解　$z'_x=2xye^y$，所以

$$z''_{xx}=2ye^y,\ z''_{xy}=2x(1+y)e^y.$$

又 $z'_y=x^2(1+y)e^y$，所以

$$z''_{yy}=x^2(2+y)e^y.$$

(2) $z=\arctan\frac{y}{x}$.

解　$\frac{\partial z}{\partial x}=\frac{1}{1+(y/x)^2}\left(-\frac{y}{x^2}\right)=-\frac{y}{x^2+y^2}$；$\frac{\partial z}{\partial y}=\frac{1}{1+(y/x)^2}\cdot\frac{1}{x}=\frac{x}{x^2+y^2}$；

∴　$\frac{\partial^2 z}{\partial x^2}=\frac{2xy}{(x^2+y^2)^2}$；$\frac{\partial^2 z}{\partial y^2}=-\frac{2xy}{(x^2+y^2)^2}$；

$$\frac{\partial^2 z}{\partial x\partial y}=-\frac{x^2+y^2-y\cdot 2y}{(x^2+y^2)^2}=\frac{y^2-x^2}{(x^2+y^2)^2}.$$

(3) $z=\frac{\cos x^2}{y}$.

解　$\frac{\partial z}{\partial x}=-\frac{2x}{y}\sin x^2$，$\frac{\partial z}{\partial y}=-\frac{\cos x^2}{y^2}$，

$$\frac{\partial^2 z}{\partial x^2}=-\frac{2}{y}(\sin x^2+2x^2\cdot\cos x^2),\ \frac{\partial^2 z}{\partial y^2}=\frac{2\cos x^2}{y^3},$$

$$\frac{\partial^2 z}{\partial x\partial y}=\frac{2x}{y^2}\sin x^2.$$

7. 设 $f(x,y,z)=xy^2+yz^2+zx^2$，求 $f_{xx}(0,0,1)$，$f_{xz}(1,0,2)$，$f_{yz}(0,-1,0)$ 及 $f_{zzx}(2,0,1)$.

解　$f_x=y^2+2xz$，$f_{xx}=2z$，$f_{xz}=2x$. $f_{xx}(0,0,1)=2$，$f_{xz}(1,0,2)=2$，

$f_y=2xy+z^2$，$f_{yz}=2z$，$f_{yz}(0,-1,0)=0$，$f_{zzx}=f_{xzz}=(2x)'_z=0$，

所以 $f_{zzx}(2,0,1)=0$.

8. 设 $z=x\ln(xy)$，求$\frac{\partial^3 z}{\partial x^2\partial y}$及$\frac{\partial^3 z}{\partial x\partial y^2}$.

解　$\frac{\partial z}{\partial x}=\ln(xy)+\frac{x}{xy}\cdot y=\ln(xy)+1$，

$$\frac{\partial^2 z}{\partial x^2}=\frac{y}{xy}=\frac{1}{x},\ \frac{\partial^3 z}{\partial x^2\partial y}=0,\ \frac{\partial^2 z}{\partial x\partial y}=\frac{x}{xy}=\frac{1}{y},\ \frac{\partial^3 z}{\partial x\partial y^2}=-\frac{1}{y^2}.$$

§6.4　全微分

一、主要知识归纳

表 6—4—1　　**全微分的概念**

设函数 $z=f(x,y)$ 在点 (x,y) 的某邻域内有定义，如果全增量 $\Delta z=f(x+\Delta x,y+\Delta y)-f(x,y)$ 可表示为 $\Delta z=A\Delta x+B\Delta y+o(\rho)$，其中 A，B 仅与 x，y 有关而与 Δx，Δy 无关，$\rho=\sqrt{(\Delta x)^2+(\Delta y)^2}$，则称函数 $z=f(x,y)$ 在点 (x,y) 处可微，且 $A\Delta x+B\Delta y$ 称为 $z=f(x,y)$ 在点 (x,y) 处的全微分，记为 dz，即 $dz=A\Delta x+B\Delta y$. 如果函数 $z=f(x,y)$ 在区域 D 内每一点都可微，则称函数 $z=f(x,y)$ 在区域 D 内可微.

要点说明：全微分是全增量的线性主部，其几何意义为在点 (x,y) 的附近用曲面 $z=f(x,y)$ 在点 (x,y) 处的切平面近似代替曲面，这也是作近似计算的理论依据.

表 6—4—2　　**偏导与全微分的关系及全微分公式**

可微的必要条件	如果函数 $z=f(x,y)$ 在点 (x,y) 处可微，则函数 $z=f(x,y)$ 在点 (x,y) 处必可导，且全微分为 $$dz=\frac{\partial z}{\partial x}\Delta x+\frac{\partial z}{\partial y}\Delta y.$$
可微的充分条件	如果函数 $z=f(x,y)$ 的偏导数 $\frac{\partial z}{\partial x}$，$\frac{\partial z}{\partial y}$ 在点 (x,y) 处连续，则函数 $z=f(x,y)$ 在点 (x,y) 处必可微，且 $$dz=\frac{\partial z}{\partial x}\Delta x+\frac{\partial z}{\partial y}\Delta y.$$
全微分公式	记 $dx=\Delta x$，$dy=\Delta y$，则 $dz=\frac{\partial z}{\partial x}dx+\frac{\partial z}{\partial y}dy$. **多元函数连续、可导、可微的关系** 函数连续 ⇄ 函数可导（两个方向均不成立） 函数可微 ⇒ 函数连续；函数连续 ⇏ 函数可微 函数可微 ⇒ 函数可导；函数可导 ⇏ 函数可微 偏导数连续 ⇒ 函数可微；函数可微 ⇏ 偏导数连续

表 6—4—3　二元函数线性化

定义	如果函数 $z=f(x, y)$ 在点 (x_0, y_0) 处可微，则函数 $$L(x, y)=f(x_0, y_0)+f_x(x_0, y_0)(x-x_0)+f_y(x_0, y_0)(y-y_0)$$ 称为函数 $z=f(x, y)$ 在点 (x_0, y_0) 处的线性化. 近似公式 $f(x, y)=L(x, y)$ 称为函数 $z=f(x, y)$ 在点 (x_0, y_0) 处的标准线性化.
几何意义	二元函数线性化的实质是曲面上某点邻近的一小块曲面被相应的一小块切平面近似代替.

二、典型例题分析

例 1　求函数 $u=x+\sin\frac{y}{2}+e^{yz}$ 的全微分.

解　由 $\frac{\partial u}{\partial x}=1$，$\frac{\partial u}{\partial y}=\frac{1}{2}\cos\frac{y}{2}+ze^{yz}$，$\frac{\partial u}{\partial z}=ye^{yz}$，故所求全微分为

$$du=dx+\left(\frac{1}{2}\cos\frac{y}{2}+ze^{yz}\right)dy+ye^{yz}dz.$$

例 2　讨论函数 $z=\begin{cases}\frac{x^2y}{x^4+y^2}, & x^2+y^2\neq0\\ 0, & x^2+y^2=0\end{cases}$ 在点 (0，0) 处的全微分是否存在？

解　函数除点 (0，0) 外，即当 $x^2+y^2\neq0$ 时是初等函数，故除点 (0，0) 外函数 z 的全微分为

$$\begin{aligned}dz&=\frac{\partial z}{\partial x}dx+\frac{\partial z}{\partial y}dy=\frac{\partial}{\partial x}\left[\frac{x^2y}{x^4+y^2}\right]dx+\frac{\partial}{\partial y}\left[\frac{x^2y}{x^4+y^2}\right]dy\\&=\frac{2xy(y^2-x^4)\ dx+(x^6-x^2y^2)dy}{(x^4+y^2)^2}.\end{aligned}$$

由定义，在点 (0，0) 处全微分存在必须 $\lim\limits_{\rho\to0}\frac{\Delta z-dz}{\rho}=0$，

$$\because\ \Delta z=f(0+\Delta x, 0+\Delta y)-f(0, 0)=\frac{(\Delta x)^2\ \Delta y}{(\Delta x)^4+(\Delta y)^2},$$

$$dz=0，\rho=\sqrt{(\Delta x)^2+(\Delta y)^2}.$$

取 $\Delta x=\Delta y$，则

$$\lim_{\rho\to 0}\frac{\Delta z-\mathrm{d}z}{\rho}=\lim_{\substack{\Delta x\to 0\\ \Delta y\to 0}}\left[\frac{(\Delta x)^2\Delta y}{(\Delta x)^4+(\Delta y)^2}\cdot\frac{1}{\sqrt{(\Delta x)^2+(\Delta y)^2}}\right]$$

$$=\lim_{\Delta x\to 0}\left[\frac{(\Delta x)^3}{[(\Delta x)^4+(\Delta x)^2]\sqrt{2}\Delta x}\right]=\frac{1}{\sqrt{2}}\neq 0,$$

∴ 函数在点 (0，0) 处不存在全微分.

例 3 求函数 $z=\ln(x^2+y^2)$，当 $x=2$，$y=1$，$\Delta x=0.1$，$\Delta y=-0.1$ 时的全增量与全微分.

解 $\Delta z=f(x+\Delta x, y+\Delta y)-f(x, y)=\ln(2.1^2+0.9^2)-\ln(2^2+1^1)$
$=\ln 1.044\approx 0.0431.$

由于 $\mathrm{d}z=\frac{\partial z}{\partial x}\Delta x+\frac{\partial z}{\partial y}\Delta y=\frac{2x}{x^2+y^2}\Delta x+\frac{2y}{x^2+y^2}\Delta y,$

故当 $x=2$，$y=1$，$\Delta x=0.1$，$\Delta y=-0.1$ 时，

$$\mathrm{d}z=\frac{2\times 2}{2^2+1^2}\times 0.1+\frac{2\times 1}{2^2+1^2}\times(-0.1)=0.04.$$

小结：注意全增量与全微分的区别，必要时可以画出图形理解.

三、习题 6—4 解答

1. 求下列函数的全微分：

(1) $z=3x^2y+\frac{x}{y}$.

解 $\frac{\partial z}{\partial x}=6xy+\frac{1}{y}$，$\frac{\partial z}{\partial y}=3x^2-\frac{x}{y^2}$，

所以 $\mathrm{d}z=\frac{\partial z}{\partial x}\mathrm{d}x+\frac{\partial z}{\partial y}\mathrm{d}y=\left(6xy+\frac{1}{y}\right)\mathrm{d}x+\left(3x^2-\frac{x}{y^2}\right)\mathrm{d}y.$

(2) $z=\sin(x\cos y)$.

解 $z_x=\cos(x\cos y)\cos y$，$z_y=\cos(x\cos y)(-x\sin y)$，

故 $\mathrm{d}z=\cos(x\cos y)\cos y\mathrm{d}x-x\sin y\cos(x\cos y)\mathrm{d}y.$

(3) $u=x^{yz}$.

解 $\frac{\partial u}{\partial x}=yzx^{yz-1}$，$\frac{\partial u}{\partial y}=x^{yz}\ln x\cdot z$，$\frac{\partial u}{\partial z}=x^{yz}\ln x\cdot y$，

∴ $\mathrm{d}u=yzx^{yz-1}\mathrm{d}x+x^{yz}\ln x\cdot z\,\mathrm{d}y+x^{yz}\ln x\cdot y\mathrm{d}z$
$=yzx^{yz-1}\mathrm{d}x+zx^{yz}\ln x\mathrm{d}y+yx^{yz}\ln x\mathrm{d}z.$

2. 求函数 $z=\ln(2+x^2+y^2)$ 在 $x=2$，$y=1$ 时的全微分.

解 $\because \dfrac{\partial z}{\partial x}=\dfrac{2x}{2+x^2+y^2}$，$\dfrac{\partial z}{\partial y}=\dfrac{2y}{2+x^2+y^2}$，

$\therefore \mathrm{d}z=\dfrac{2x}{2+x^2+y^2}\mathrm{d}x+\dfrac{2y}{2+x^2+y^2}\mathrm{d}y$，

$$\mathrm{d}z\Big|_{\substack{x=2\\y=1}}=\frac{4}{7}\mathrm{d}x+\frac{2}{7}\mathrm{d}y.$$

3. 设 $f(x, y, z)=\sqrt[z]{\dfrac{x}{y}}$，求 $\mathrm{d}f(1, 1, 1)$.

解 $\because \dfrac{\partial f}{\partial x}=\dfrac{1}{z}\left(\dfrac{x}{y}\right)^{\frac{1}{z}-1}\cdot\dfrac{1}{y}$，　　$\therefore \dfrac{\partial f}{\partial x}\Big|_{(1, 1, 1)}=1.$

$\because \dfrac{\partial f}{\partial y}=\dfrac{1}{z}\left(\dfrac{x}{y}\right)^{\frac{1}{z}-1}\cdot\left(-\dfrac{x}{y^2}\right)$，　　$\therefore \dfrac{\partial f}{\partial y}\Big|_{(1, 1, 1)}=-1.$

$\because \dfrac{\partial f}{\partial z}=\sqrt[z]{\dfrac{x}{y}}\cdot\ln\dfrac{x}{y}\cdot\left(-\dfrac{1}{z^2}\right)$，　　$\therefore \dfrac{\partial f}{\partial z}\Big|_{(1, 1, 1)}=0.$

$\therefore \mathrm{d}f(1, 1, 1)=\mathrm{d}x-\mathrm{d}y.$

4. 求函数 $z=\dfrac{y}{x}$ 在 $x=2$，$y=1$，$\Delta x=0.1$，$\Delta y=-0.2$ 时的全增量 Δz 和全微分 $\mathrm{d}z$.

解 $\Delta z=\dfrac{y+\Delta y}{x+\Delta x}-\dfrac{y}{x}$，　　$\mathrm{d}z=-\dfrac{y}{x^2}\mathrm{d}x+\dfrac{1}{x}\mathrm{d}y$，

当 $x=2$，$y=1$，$\Delta x=0.1$，$\Delta y=-0.2$ 时，

$$\Delta z\Big|_{\substack{x=2\\y=1}}=\frac{1-0.2}{2+0.1}-\frac{1}{2}=\frac{0.8}{2.1}-0.5\approx-0.119,$$

$$\mathrm{d}z\Big|_{\substack{x=2\\y=1}}=-\frac{1}{4}\cdot 0.1+\frac{1}{2}\cdot(-0.2)=-0.125.$$

5. 求下列函数在各点的线性化.

(1) $f(x, y)=x^2+y^2+1$，$(1, 1)$.

解 首先求 f，f_x 和 f_y 在点 $(1, 1)$ 的值：

$$f(1, 1)=1^2+1^2+1=3,$$

$$f_x(1, 1)=\frac{\partial}{\partial x}(x^2+y^2+1)\big|_{(1, 1)}=(2x)\big|_{(1, 1)}=2,$$

$$f_y(1, 1)=\frac{\partial}{\partial y}(x^2+y^2+1)\big|_{(1, 1)}=(2y)\big|_{(1, 1)}=2,$$

于是 f 在点 (1, 1) 的线性化为

$$\begin{aligned}L(x,y)&=f(x_0,y_0)+f_x(x_0,y_0)(x-x_0)+f_y(x_0,y_0)(y-y_0)\\&=3+2(x-1)+2(y-1)\\&=2x+2y-1.\end{aligned}$$

(2) $f(x,y)=\mathrm{e}^x\cos y$, $(0,\pi/2)$.

解 首先求 f, f_x 和 f_y 在点 $(0,\pi/2)$ 的值:

$$f(0,\pi/2)=\mathrm{e}^0\cos(\pi/2)=0,$$

$$f_x(0,\pi/2)=\frac{\partial}{\partial x}(\mathrm{e}^x\cos y)\bigg|_{(0,\pi/2)}=\mathrm{e}^0\cos(\pi/2)=0,$$

$$f_y(0,\pi/2)=\frac{\partial}{\partial y}(\mathrm{e}^x\cos y)\bigg|_{(0,\pi/2)}=-\mathrm{e}^0\sin(\pi/2)=-1,$$

于是 f 在点 $(0,\pi/2)$ 的线性化为

$$\begin{aligned}L(x,y)&=f(x_0,y_0)+f_x(x_0,y_0)(x-x_0)+f_y(x_0,y_0)(y-y_0)\\&=0+0(x-0)-(y-\pi/2)\\&=-y+\pi/2.\end{aligned}$$

6. 计算 $\sqrt{(1.02)^3+(1.97)^3}$ 的近似值.

解 构造函数 $z=\sqrt{x^3+y^3}$, 则

$$\mathrm{d}z=\frac{3x^2}{2\sqrt{x^3+y^3}}\Delta x+\frac{3y^2}{2\sqrt{x^3+y^3}}\Delta y,$$

取 $x=1$, $y=2$, $\Delta x=0.02$, $\Delta y=-0.03$, 代入计算公式

$$f(x+\Delta x,y+\Delta y)\approx f(x,y)+f_x(x,y)\Delta x+f_y(x,y)\Delta y$$

得

$$\begin{aligned}\sqrt{(1.02)^3+(1.97)^3}&\approx\sqrt{1^3+2^3}+\frac{3}{2}\cdot\frac{1^2}{\sqrt{1^3+2^3}}\cdot 0.02\\&\quad+\frac{3}{2}\cdot\frac{2^2}{\sqrt{1^3+2^3}}\cdot(-0.03)\\&=3+0.01-0.06=2.95.\end{aligned}$$

7. 计算 $(1.007)^{2.98}$ 的近似值.

解 设 $f(x,y)=x^y$, 则

$$f_x(x,y)=yx^{y-1},\ f_y(x,y)=x^y\ln x,\ f_x(1,3)=3,\ f_y(1,3)=0,$$

从而

$$
\begin{aligned}
(1.007)^{2.98} &= f(1.007,\ 2.98) = f(1+0.007,\ 3-0.02) \\
&\approx f(1,\ 3) + f_x(1,\ 3)\times 0.007 + f_y(1,\ 3)\times(-0.02) \\
&= 1 + 3\times 0.007 + 0\cdot(-0.02) = 1.021.
\end{aligned}
$$

8. 已知边长为 $x=6\text{m}$ 与 $y=8\text{m}$ 的矩形，如果 x 边增加 2cm，而 y 边减少 5cm，问这个矩形的对角线的近似值怎样变化？

解　记对角线为 z，则

$$
\begin{aligned}
& z = \sqrt{x^2+y^2}, \\
& \Delta z \approx \mathrm{d}z = f_x(x,\ y)\Delta x + f_y(x,\ y)\Delta y \\
& \quad = \frac{x}{\sqrt{x^2+y^2}}\mathrm{d}x + \frac{y}{\sqrt{x^2+y^2}}\mathrm{d}y = \frac{1}{\sqrt{6^2+8^2}}[6\times 0.02 + 8\times(-0.05)] \\
& \quad = \frac{1}{10}(0.12-0.4) = -0.028.
\end{aligned}
$$

可见对角线约减少了 2.8cm.

9. 用某种材料做一个开口长方体容器，其外形长 5m，宽 4m，高 3m，厚 20cm，求所需材料的近似值与精确值.

解　设所需材料的近似值与精确值分别为 $\widetilde{T}$，T，则

$$
\begin{aligned}
& T = 5\times 4\times 3 - 4.6\times 3.6\times 2.8 = 13.632(\text{m}^3), \\
& \widetilde{T} \approx \mathrm{d}u = \mathrm{d}(xyz) = yz\Delta x + xz\Delta y + xy\Delta z.
\end{aligned}
$$

把 $x=5$，$y=4$，$z=3$，$\Delta x=\Delta y=0.4$，$\Delta z=0.2$ 代入得 $\widetilde{T}\approx 14.8\ (\text{m}^3)$.

§6.5　复合函数微分法与隐函数微分法

一、主要知识归纳

表 6—5—1　　**多元复合函数的求导法**

法则 1	设 $u=\varphi(t)$ 及 $v=\psi(t)$ 都在点 t 处可导，函数 $z=f(u,\ v)$ 在相应点 $(u,\ v)$ 处可微，则复合函数 $z=f(\varphi(t),\ \psi(t))$ 在点 t 处可导，且全导数为 $\dfrac{\mathrm{d}z}{\mathrm{d}t}=\dfrac{\partial z}{\partial u}\cdot\dfrac{\mathrm{d}u}{\mathrm{d}t}+\dfrac{\partial z}{\partial v}\cdot\dfrac{\mathrm{d}v}{\mathrm{d}t}$.

续前表

法则 2	设 $u=\varphi(x,y)$ 及 $v=\psi(x,y)$ 都在点 (x,y) 处可导，而函数 $z=f(u,v)$ 在相应点 (u,v) 处可微，则复合函数 $z=f(\varphi(x,y),\psi(x,y))$ 在点 (x,y) 处可导，且偏导数为 $\frac{\partial z}{\partial x}=\frac{\partial z}{\partial u}\cdot\frac{\partial u}{\partial x}+\frac{\partial z}{\partial v}\cdot\frac{\partial v}{\partial x}$, $\frac{\partial z}{\partial y}=\frac{\partial z}{\partial u}\cdot\frac{\partial u}{\partial y}+\frac{\partial z}{\partial v}\cdot\frac{\partial v}{\partial y}$.
微分形式不变性	设函数 $z=f(u,v)$ 具有连续偏导数，则无论 u，v 是自变量还是中间变量，微分形式不变，即 $\mathrm{d}z=\frac{\partial z}{\partial u}\mathrm{d}u+\frac{\partial z}{\partial v}\mathrm{d}v$.

要点说明：多元复合函数的求导法则是一元复合函数求导法则的推广，对多元复合函数因变量 z 与自变量 x 或 y 之间可有多条链相连接，每条链接遵循求导链式法则，然后将所有链叠加即可，称其为链式叠加法则，详见本节例题.

表 6—5—2　　隐函数的求导法

一个方程情形	1° 设函数 $F(x,y)$ 满足 (1) 在 $P_0(x_0,y_0)$ 的某邻域内具有连续偏导数； (2) $F(x_0,y_0)=0$； (3) $F_y(x_0,y_0)\neq 0$. 则方程 $F(x,y)=0$ 在点 $P_0(x_0,y_0)$ 的某邻域内可唯一确定一个具有连续导数的函数 $y=f(x)$，满足 $y_0=f(x_0)$，且 $\frac{\mathrm{d}y}{\mathrm{d}x}=-\frac{F_x}{F_y}$.
	2° 设函数 $F(x,y,z)$ 满足 (1) 在点 $P_0(x_0,y_0,z_0)$ 的某邻域内具有连续偏导数； (2) $F(x_0,y_0,z_0)=0$； (3) $F_z(x_0,y_0,z_0)\neq 0$. 则方程 $F(x,y,z)=0$ 在点 $P_0(x_0,y_0,z_0)$ 的某邻域内确定唯一的具有连续偏导数的函数 $z=f(x,y)$，满足 $z_0=f(x_0,y_0)$，且 $\frac{\partial z}{\partial x}=-\frac{F_x}{F_z}$, $\frac{\partial z}{\partial y}=-\frac{F_y}{F_z}$.

二、典型例题分析

例 1　设 $z=f(\mathrm{e}^{xy},x^2-y^2)$，其中 $f(\xi,\eta)$ 有连续的二阶偏导数，求 $\frac{\partial z}{\partial x}$，

$\frac{\partial^2 z}{\partial x \partial y}$.

解　设 $\xi = e^{xy}$，$\eta = x^2 - y^2$，则

$$\frac{\partial z}{\partial x} = \frac{\partial f}{\partial \xi} \cdot \frac{\partial \xi}{\partial x} + \frac{\partial f}{\partial \eta} \cdot \frac{\partial \eta}{\partial x} = y e^{xy} \frac{\partial f}{\partial \xi} + 2x \frac{\partial f}{\partial \eta},$$

$$\begin{aligned}\frac{\partial^2 z}{\partial x \partial y} &= \frac{\partial}{\partial y}\left(y e^{xy} \frac{\partial f}{\partial \xi}\right) + \frac{\partial}{\partial y}\left(2x \frac{\partial f}{\partial \eta}\right) \\ &= e^{xy} \frac{\partial f}{\partial \xi} + xy e^{xy} \frac{\partial f}{\partial \xi} + xy e^{2xy} \frac{\partial f}{\partial \xi^2} - 2y^2 e^{xy} \frac{\partial^2 f}{\partial \xi \partial \eta} + 2x^2 e^{xy} \frac{\partial^2 f}{\partial \xi \partial \eta} - 4xy \frac{\partial^2 f}{\partial \eta^2} \\ &= e^{xy}(1 + xy) \frac{\partial f}{\partial \xi} + xy e^{2xy} \frac{\partial^2 f}{\partial \xi^2} + 2e^{xy}(x^2 - y^2) \frac{\partial^2 f}{\partial \xi \partial \eta} - 4xy \frac{\partial^2 f}{\partial \eta^2}.\end{aligned}$$

例2　设 $u = f(x, y)$ 的所有二阶偏导数连续，把下列表达式转换为极坐标系中的形式：

(1) $\left(\frac{\partial u}{\partial x}\right)^2 + \left(\frac{\partial u}{\partial y}\right)^2$；　　(2) $\frac{\partial^2 u}{\partial x^2} + \frac{\partial^2 u}{\partial y^2}$.

解　(1) 设 $u = F(r, \theta)$ 及 $r = \sqrt{x^2 + y^2}$，$\theta = \arctan \frac{y}{x}$，由直角坐标与极坐标间的关系式 $x = r\cos\theta$，$y = r\sin\theta$，应用复合函数求导法则得

$$\frac{\partial u}{\partial x} = \frac{\partial u}{\partial r}\frac{\partial r}{\partial x} + \frac{\partial u}{\partial \theta}\frac{\partial \theta}{\partial x} = \frac{\partial u}{\partial r}\frac{x}{r} - \frac{\partial u}{\partial \theta}\frac{y}{r^2} = \frac{\partial u}{\partial r}\cos\theta - \frac{\partial u}{\partial \theta}\frac{\sin\theta}{r},$$

$$\frac{\partial u}{\partial y} = \frac{\partial u}{\partial r}\frac{\partial r}{\partial y} + \frac{\partial u}{\partial \theta}\frac{\partial \theta}{\partial y} = \frac{\partial u}{\partial r}\frac{y}{r} + \frac{\partial u}{\partial \theta}\frac{x}{r^2} = \frac{\partial u}{\partial r}\sin\theta + \frac{\partial u}{\partial \theta}\frac{\cos\theta}{r}.$$

两式平方后相加，得

$$\left(\frac{\partial u}{\partial x}\right)^2 + \left(\frac{\partial u}{\partial y}\right)^2 = \left(\frac{\partial u}{\partial r}\right)^2 + \frac{1}{r^2}\left(\frac{\partial u}{\partial \theta}\right)^2.$$

(2) 设 $u = F(r, \theta)$ 及 $r = \sqrt{x^2 + y^2}$，$\theta = \arctan \frac{y}{x}$，利用 (1) 的结果. 再求二阶偏导数，得

$$\begin{aligned}\frac{\partial^2 u}{\partial x^2} &= \frac{\partial}{\partial r}\left(\frac{\partial u}{\partial x}\right) \cdot \frac{\partial r}{\partial x} + \frac{\partial}{\partial \theta}\left(\frac{\partial u}{\partial x}\right) \cdot \frac{\partial \theta}{\partial x} \\ &= \frac{\partial}{\partial r}\left(\frac{\partial u}{\partial r}\cos\theta - \frac{\partial u}{\partial \theta}\frac{\sin\theta}{r}\right) \cdot \cos\theta - \frac{\partial}{\partial \theta}\left(\frac{\partial u}{\partial r}\cos\theta - \frac{\partial u}{\partial \theta}\frac{\sin\theta}{r}\right) \cdot \frac{\sin\theta}{r} \\ &= \frac{\partial^2 u}{\partial r^2}\cos^2\theta - 2\frac{\partial^2 u}{\partial r \partial \theta}\frac{\sin\theta\cos\theta}{r} + \frac{\partial^2 u}{\partial \theta^2}\frac{\sin^2\theta}{r^2} + \frac{\partial u}{\partial \theta}\frac{2\sin\theta\cos\theta}{r^2} + \frac{\partial u}{\partial r}\frac{\sin^2\theta}{r}.\end{aligned}$$

同理可得

$$\frac{\partial^2 u}{\partial y^2}=\frac{\partial^2 u}{\partial r^2}\sin^2\theta+2\frac{\partial^2 u}{\partial r\partial\theta}\frac{\sin\theta\cos\theta}{r}+\frac{\partial^2 u}{\partial\theta^2}\frac{\cos^2\theta}{r^2}-\frac{\partial u}{\partial\theta}\frac{2\sin\theta\cos\theta}{r^2}+\frac{\partial u}{\partial r}\frac{\cos^2\theta}{r}.$$

两式相加，得

$$\frac{\partial^2 u}{\partial x^2}+\frac{\partial^2 u}{\partial y^2}=\frac{\partial^2 u}{\partial r^2}+\frac{1}{r}\frac{\partial u}{\partial r}+\frac{1}{r^2}\frac{\partial^2 u}{\partial\theta^2}=\frac{1}{r^2}\left[r\frac{\partial}{\partial r}\left(r\frac{\partial u}{\partial r}\right)+\frac{\partial^2 u}{\partial\theta^2}\right].$$

小结：通过直角坐标与极坐标间的关系式 $x=r\cos\theta$，$y=r\sin\theta$ 可把函数 $u=f(x,y)$ 换成极坐标 r 及 θ 的函数：$u=f(x,y)=f(r\cos\theta,r\sin\theta)=f(r,\theta)$.

故可用复合函数求导法则求出偏导数：$\frac{\partial u}{\partial x}$、$\frac{\partial u}{\partial y}$、$\frac{\partial^2 u}{\partial x^2}$、$\frac{\partial^2 u}{\partial y^2}$. 这里 $u=f(x,y)$ 要看作由 $u=F(r,\theta)$ 及 $r=\sqrt{x^2+y^2}$，$\theta=\arctan\frac{y}{x}$ 复合而成.

例 3 设 $u=f(x,y,z)=e^{x^2+y^2+z^2}$，$z=x^2\sin y$，求 $\frac{\partial u}{\partial x}$ 和 $\frac{\partial u}{\partial y}$.

解

$$\frac{\partial u}{\partial x}=\frac{\partial f}{\partial x}+\frac{\partial f}{\partial z}\frac{\partial z}{\partial x}=2xe^{x^2+y^2+z^2}+2ze^{x^2+y^2+z^2}\cdot 2x\sin y$$
$$=2x(1+2x^2\sin^2 y)e^{x^2+y^2+z^2},$$
$$\frac{\partial u}{\partial y}=\frac{\partial f}{\partial y}+\frac{\partial f}{\partial z}\frac{\partial z}{\partial y}$$
$$=2ye^{x^2+y^2+z^2}+2ze^{x^2+y^2+z^2}\cdot x^2\cos y$$
$$=2(y+x^4\sin y\cos y)e^{x^2+y^2+z^2}.$$

例 4 试用两种计算方法求解 dz 以说明全微分形式的不变性 $z=\arctan\frac{x+y}{1-xy}$.

解 方法一 设 $u=x+y$，$v=1-xy$，则 $z=\arctan\frac{u}{v}$，于是

$$dz=\frac{\partial z}{\partial u}du+\frac{\partial z}{\partial v}dv=\frac{1}{1+\left(\frac{u}{v}\right)^2}\cdot\frac{1}{v}du+\frac{1}{1+\left(\frac{u}{v}\right)^2}\left(-\frac{u}{v^2}\right)dv$$
$$=\frac{1}{u^2+v^2}\cdot(vdu-udv).$$

由 $u=x+y$，$v=1-xy$，$du=dx+dy$，$dv=-(ydx+xdy)$，代入上式，得

$$dz=\frac{1}{(x+y)^2+(1-xy)^2}[(1-xy)(dx+dy)+(x+y)(ydx+xdy)]$$

$$=\frac{dx}{1+x^2}+\frac{dy}{1+y^2}.$$

方法二　由已知：$\frac{\partial z}{\partial x}=\frac{1}{1+\left(\frac{x+y}{1-xy}\right)^2}\cdot\frac{(1-xy)+(x+y)\ y}{(1-xy)^2}dx=\frac{dx}{1+x^2}$，

根据 $z(x, y)$ 中 x，y 的对称性，知$\frac{\partial z}{\partial y}=\frac{dy}{1+y^2}$，

于是，$dz=\frac{\partial z}{\partial x}dx+\frac{\partial z}{\partial y}dy=\frac{dx}{1+x^2}+\frac{dy}{1+y^2}$，

这与方法一所得结果完全一致，由此也说明全微分具有形式不变性.

小结： 由全微分形式不变性，我们可以根据函数的特点合理选择较为简便有效的形式，如本例中方法二较为简便.

例 5　设 $u=f(x, y, z)=x^3y^2z^2$，而 z 是由方程 $x^3+y^3+z^3-3xyz=0$ 所确定的 x，y 的函数，求$\frac{\partial u}{\partial x}$.

解　$\frac{\partial u}{\partial x}=\frac{\partial f}{\partial x}+\frac{\partial f}{\partial z}\frac{\partial z}{\partial x}=3x^2y^2z^2+2x^3y^2z\frac{\partial z}{\partial x}$，将 z 看作 x，y 的函数，所给的方程两边对 x 求偏导数得

$$3x^2+3z^2\frac{\partial z}{\partial x}-3yz-3xy\frac{\partial z}{\partial x}=0，即\frac{\partial z}{\partial x}=\frac{yz-x^2}{z^2-xy}.$$

于是
$$\frac{\partial u}{\partial x}=3x^2y^2z^2+2x^3y^2z\cdot\frac{yz-x^2}{z^2-xy}.$$

例 6　设方程 $x+y+z=e^z$ 确定了隐函数 $z=z(x, y)$，求$\frac{\partial^2 z}{\partial x^2}$，$\frac{\partial^2 z}{\partial x\partial y}$，$\frac{\partial^2 z}{\partial y^2}$.

解　方程两边分别对 x 求偏导和对 y 求偏导，得

$$1+\frac{\partial z}{\partial x}=e^z\frac{\partial z}{\partial x},\quad 1+\frac{\partial z}{\partial y}=e^z\frac{\partial z}{\partial y}.$$

所以
$$\frac{\partial z}{\partial x}=\frac{1}{e^z-1},\ \frac{\partial z}{\partial y}=\frac{1}{e^z-1}.$$

$$\frac{\partial^2 z}{\partial x^2}=\frac{\partial}{\partial x}\left(\frac{\partial z}{\partial x}\right)=-\frac{1}{(e^z-1)^2}\cdot e^z\frac{\partial z}{\partial x}=-\frac{e^z}{(e^z-1)^2}\cdot\frac{1}{e^z-1}=-\frac{e^z}{(e^z-1)^3}.$$

$$\frac{\partial^2 z}{\partial x\partial y}=\frac{\partial}{\partial y}\left(\frac{\partial z}{\partial x}\right)=-\frac{1}{(e^z-1)^2}\cdot e^z\frac{\partial z}{\partial y}=-\frac{e^z}{(e^z-1)^2}\cdot\frac{1}{e^z-1}=-\frac{e^z}{(e^z-1)^3}.$$

同理
$$\frac{\partial^2 z}{\partial y^2}=-\frac{e^z}{(e^z-1)^3}.$$

三、习题6—5解答

1. 设 $z=\frac{y}{x}$，而 $x=e^t$，$y=1-e^{2t}$，求 $\frac{dz}{dt}$.

解 $\frac{dz}{dt}=\frac{-y}{x^2}\cdot x_t'+\frac{1}{x}\cdot y_t'=\frac{-y}{x^2}\cdot e^t+\frac{1}{x}\cdot(-2e^{2t})=-(e^t+e^{-t})$.

2. 设 $z=e^{x-2y}$，而 $x=\sin t$，$y=t^3$，求 $\frac{dz}{dt}$.

解 $\frac{dz}{dt}=\frac{\partial z}{\partial x}\cdot\frac{dx}{dt}+\frac{\partial z}{\partial y}\cdot\frac{dy}{dt}=e^{x-2y}\cdot 1\cdot\cos t+e^{x-2y}\cdot(-2)\cdot 3t^2$

$=e^{x-2y}(\cos t-6t^2)=e^{\sin t-2t^3}(\cos t-6t^2)$.

3. 设 $z=\arctan(xy)$，$y=e^x$，求 $\frac{dz}{dx}$.

解 $\frac{dz}{dx}=\frac{\partial z}{\partial x}+\frac{\partial z}{\partial y}\cdot\frac{dy}{dx}=\frac{y}{1+(xy)^2}+\frac{x}{1+x^2y^2}\cdot e^x$

$=\frac{xe^x+y}{1+x^2y^2}=\frac{e^x(1+x)}{1+x^2e^{2x}}$.

4. 设 $z=u^2\ln v$，而 $u=\frac{x}{y}$，$v=3x-2y$，求 $\frac{\partial z}{\partial x}$，$\frac{\partial z}{\partial y}$.

解 $\frac{\partial z}{\partial x}=2u\ln v\cdot\frac{1}{y}+\frac{u^2}{v}\cdot 3$

$=\frac{2x}{y^2}\ln(3x-2y)+\frac{3x^2}{y^2(3x-2y)}$;

$\frac{\partial z}{\partial y}=2u\ln v\cdot\left(-\frac{x}{y^2}\right)+\frac{u^2}{v}\cdot(-2)$

$=-\frac{2x^2}{y^3}\ln(3x-2y)-\frac{2x^2}{y^2(3x-2y)}$.

5. $z=(2x+y)^{2x+y}$，求 $\frac{\partial z}{\partial x}$，$\frac{\partial z}{\partial y}$.

解 取对数

$$\ln z=(2x+y)\ln(2x+y). \qquad (*)$$

在（*）式两边对 x 求偏导，得

$\frac{1}{z}\cdot\frac{\partial z}{\partial x}=2\ln(2x+y)+\frac{2x+y}{2x+y}\cdot 2$

$\Rightarrow\frac{\partial z}{\partial x}=2(2x+y)^{2x+y}[\ln(2x+y)+1]$.

在（*）式两边对 y 求偏导，得

$$\frac{1}{z}\cdot\frac{\partial z}{\partial y}=\ln(2x+y)+1$$

$$\Rightarrow\frac{\partial z}{\partial y}=(2x+y)^{2x+y}[\ln(2x+y)+1].$$

6. 设 $z=\arctan\frac{x}{y}$，$x=u+v$，$y=u-v$，验证

$$\frac{\partial z}{\partial u}+\frac{\partial z}{\partial v}=\frac{u-v}{u^2+v^2}.$$

证 $\frac{\partial z}{\partial u}=\frac{1/y}{1+(x/y)^2}\cdot 1+\frac{-x/y^2}{1+x^2/y^2}\cdot 1=\frac{y-x}{x^2+y^2}$，

$$\frac{\partial z}{\partial v}=\frac{y}{x^2+y^2}\cdot 1+\frac{-x}{x^2+y^2}\cdot(-1)=\frac{y+x}{x^2+y^2},$$

$\therefore$ $\frac{\partial z}{\partial u}+\frac{\partial z}{\partial v}=\frac{2y}{x^2+y^2}=\frac{2(u-v)}{2(u^2+v^2)}=\frac{u-v}{u^2+v^2}.$

7. 求下列函数的一阶偏导数（其中 f 可微）：

(1) $u=f(x^2-y^2, xy)$；

(2) $u=f\left(\frac{x}{y}, \frac{y}{z}\right)$；

(3) $u=f(x, xy, xyz)$.

解 (1) $\frac{\partial u}{\partial x}=f_1'(x^2-y^2, xy)\cdot 2x+f_2'\cdot y=2xf_1'+yf_2'$；

$$\frac{\partial u}{\partial y}=f_1'\cdot(-2y)+f_2'\cdot x=-2yf_1'+xf_2'.$$

(2) $\frac{\partial u}{\partial x}=f_1'\cdot\frac{1}{y}+f_2'\cdot 0=\frac{f_1'}{y}$；

$$\frac{\partial u}{\partial y}=f_1'\cdot\left(-\frac{x}{y^2}\right)+f_2'\cdot\frac{1}{z}=\frac{f_2'}{z}-\frac{xf_1'}{y^2};$$

$$\frac{\partial u}{\partial z}=f_1'\cdot 0+f_2'\cdot\left(-\frac{y}{z^2}\right)=-\frac{yf_2'}{z^2}.$$

(3) $\frac{\partial u}{\partial x}=f_1'\cdot 1+f_2'\cdot y+f_3'\cdot yz=f_1'+yf_2'+yzf_3'$；

$$\frac{\partial u}{\partial y}=f_2'\cdot x+f_3'\cdot xz=xf_2'+xzf_3';$$

$$\frac{\partial u}{\partial z}=f_3'\cdot xy=xyf_3'.$$

8. 设 $u=f(x+y+z,\ x^2+y^2+z^2)$，其中 f 有二阶连续偏导数，求

$$\Delta u=\frac{\partial^2 u}{\partial x^2}+\frac{\partial^2 u}{\partial y^2}+\frac{\partial^2 u}{\partial z^2}.$$

解 $\dfrac{\partial u}{\partial x}=f_1'+2f_2'x$，

$$\frac{\partial^2 u}{\partial x^2}=f_{11}''+f_{12}''2x+2(f_{21}''+f_{22}''2x)x+2f_2'$$
$$=f_{11}''+4xf_{12}''+4x^2f_{22}''+2f_2',$$

由对称性，得

$$\frac{\partial^2 u}{\partial y^2}=f_{11}''+4yf_{12}''+4y^2f_{22}''+2f_2',$$
$$\frac{\partial^2 u}{\partial z^2}=f_{11}''+4zf_{12}''+4z^2f_{22}''+2f_2'$$

于是 $\Delta u=3f_{11}''+4(x+y+z)f_{12}''+4(x^2+y^2+z^2)f_{22}''+6f_2'.$

9. 求下列函数的 $\dfrac{\partial^2 z}{\partial x^2}$，$\dfrac{\partial^2 z}{\partial x\partial y}$，$\dfrac{\partial^2 z}{\partial y^2}$（其中 f 具有二阶连续偏导数）.

(1) $z=f(xy,\ y)$.

解 $z_x=f_1'\cdot y+y_2'\cdot 0=yf_1'$，

$z_y=f_1'\cdot x+f_2'\cdot 1=xf_1'+f_2'$，

$z_{xx}=yf_{11}''\cdot y+0=y^2f_{11}''$，

$z_{xy}=f_1'+y(f_{11}''\cdot x+f_{12}''\cdot 1)=xyf_{11}''+yf_{12}''+f_1'$，

$z_{yy}=x(f_{11}''\cdot x+f_{12}''\cdot 1)+f_{21}''\cdot x+f_{22}''=x^2f_{11}''+2xf_{12}''+f_{22}''.$

$\dfrac{\partial^2 z}{\partial x^2}=y^2f_{11}''$，$\dfrac{\partial^2 z}{\partial x\partial y}=f_1'+y(xf_{11}''+f_{12}'')$，

$\dfrac{\partial^2 z}{\partial y^2}=x^2f_{11}''+2xf_{12}''+f_{22}''.$

(2) $z=f\left(\dfrac{y}{x},\ x^2y\right)$.

解 $\dfrac{\partial z}{\partial x}=f_1'\cdot\left(\dfrac{-y}{x^2}\right)+f_2'\cdot(2xy)=-\dfrac{y}{x^2}f_1'+2xyf_2'$，

$\dfrac{\partial z}{\partial y}=f_1'\cdot\dfrac{1}{x}+f_2'\cdot x^2=\dfrac{1}{x}f_1'+x^2f_2'$，

$$\frac{\partial^2 z}{\partial x^2}=\left(-\frac{y}{x^2}f_1'\right)_x'+(2xyf_2')_x'$$
$$=\frac{2y}{x^3}f_1'+\left(-\frac{y}{x^2}\right)\left[f_{11}''\cdot\left(-\frac{y}{x^2}\right)+f_{12}''\cdot(2xy)\right]+2f_2'y$$

$$+2x\left[f''_{21}\cdot\left(-\frac{y}{x^2}\right)+f''_{22}\cdot(2xy)\right]y$$

$$=\frac{y^2}{x^4}f''_{11}+\left(-\frac{4y^2}{x}f''_{12}\right)+4x^2y^2f''_{22}+\frac{2y}{x^3}f'_1+2f'_2y;$$

$$\frac{\partial^2 z}{\partial x\partial y}=\left(-\frac{yf'_1}{x^2}\right)'_y+(2xyf'_2)'_y$$

$$=-\frac{1}{x^2}f'_1+\left(-\frac{y}{x^2}\right)\left[f''_{11}\frac{1}{x}+f''_{12}x^2\right]+2xf'_2$$

$$+(2xy)\left(f''_{21}\frac{1}{x}+f''_{22}\cdot x^2\right)$$

$$=-\frac{y}{x^3}f''_{11}+yf''_{12}+2x^3yf''_{22}-\frac{1}{x^2}f'_1+2xf'_2;$$

$$\frac{\partial^2 z}{\partial y^2}=\frac{1}{x}(f'_1)_y+x^2(f'_2)_y$$

$$=\frac{1}{x}\left(f''_{11}\left(\frac{1}{x}\right)+f''_{12}x^2\right)+x^2\left(f''_{21}\cdot\left(\frac{1}{x}\right)+f''_{22}x^2\right)$$

$$=\frac{1}{x^2}f''_{11}+2xf''_{12}+x^4f''_{22}.$$

10. 设 $u=x\varphi(x+y)+y\phi(x+y)$，其中函数 φ，ϕ 具有二阶连续导数，验证：

$$\frac{\partial^2 u}{\partial x^2}-2\frac{\partial^2 u}{\partial x\partial y}+\frac{\partial^2 u}{\partial y^2}=0.$$

证　$\frac{\partial u}{\partial x}=\varphi(x+y)+x\varphi'(x+y)+y\phi'(x+y)$，

$$\frac{\partial u}{\partial y}=x\varphi'(x+y)+\phi(x+y)+y\phi'(x+y),$$

$$\frac{\partial^2 u}{\partial x^2}=2\varphi'(x+y)+x\varphi''(x+y)+y\phi''(x+y),$$

$$\frac{\partial^2 u}{\partial x\partial y}=\varphi'(x+y)+\phi'(x+y)+x\varphi''(x+y)+y\phi''(x+y),$$

$$\frac{\partial^2 u}{\partial y^2}=x\varphi''(x+y)+2\phi'(x+y)+y\phi''(x+y),$$

比较上述三式易见：

$$\frac{\partial^2 u}{\partial x^2}-2\frac{\partial^2 u}{\partial x\partial y}+\frac{\partial^2 u}{\partial y^2}=0.$$

11. 已知 $\ln\sqrt{x^2+y^2}=\arctan\frac{y}{x}$，求 $\frac{\mathrm{d}y}{\mathrm{d}x}$.

解　令 $F(x, y)=\ln\sqrt{x^2+y^2}-\arctan\frac{y}{x}$，则

$$F_x(x,\ y)=\frac{x+y}{x^2+y^2},\ F_y(x,\ y)=\frac{y-x}{x^2+y^2},$$

故 $\frac{\mathrm{d}y}{\mathrm{d}x}=-\frac{F_x}{F_y}=-\frac{x+y}{y-x}.$

12. 设 $x+2y+z-2\sqrt{xyz}=0$，求$\frac{\partial z}{\partial x}$，$\frac{\partial z}{\partial y}$.

解 设 $F(x,\ y,\ z)=x+2y+z-2\sqrt{xyz}$，则

$$\frac{\partial z}{\partial x}=-\frac{F_x}{F_z}=-\frac{1-\frac{yz}{\sqrt{xyz}}}{1-\frac{xy}{\sqrt{xyz}}}=\frac{yz-\sqrt{xyz}}{\sqrt{xyz}-xy};$$

$$\frac{\partial z}{\partial y}=-\frac{F_y}{F_z}=-\frac{2-\frac{xz}{\sqrt{xyz}}}{1-\frac{xy}{\sqrt{xyz}}}=\frac{xz-2\sqrt{xyz}}{\sqrt{xyz}-xy}.$$

13. 设 $2\sin(x+2y-3z)=x+2y-3z$，证明：$\frac{\partial z}{\partial x}+\frac{\partial z}{\partial y}=1$.

证 记 $F(x,\ y,\ z)=2\sin(x+2y-3z)-x-2y+3z$，则

$$\frac{\partial z}{\partial x}=-\frac{F_x}{F_z}=-\frac{2\cos(x+2y-3z)-1}{-6\cos(x+2y-3z)+3},$$

$$\frac{\partial z}{\partial y}=-\frac{F_y}{F_z}=-\frac{4\cos(x+2y-3z)-2}{-6\cos(x+2y-3z)+3},$$

$$\frac{\partial z}{\partial x}+\frac{\partial z}{\partial y}=\frac{-6\cos(x+2y-3z)+3}{-6\cos(x+2y-3z)+3}=1.$$

结果得证.

14. 设 $x^2+y^2+z^2=yf\left(\frac{z}{y}\right)$，其中 f 可导，求$\frac{\partial z}{\partial x}$，$\frac{\partial z}{\partial y}$.

解 令 $F(x,\ y,\ z)=x^2+y^2+z^2-yf\left(\frac{z}{y}\right)$，$u=\frac{z}{y}$，则

$$\frac{\partial F}{\partial x}=2x,$$

$$\frac{\partial F}{\partial y}=2y-f(u)+yf'(u)\left(\frac{z}{y^2}\right)=\frac{1}{y}[2y^2-yf(u)+zf'(u)],$$

$$\frac{\partial F}{\partial z}=2z-y\cdot f'(u)\cdot\frac{1}{y}=2z-f'(u),$$

$\therefore$ $\frac{\partial z}{\partial x}=-\frac{2x}{2z-f'(u)}$，$\frac{\partial z}{\partial y}=-\frac{2y^2-yf(u)+zf'(u)}{y[2z-f'(u)]}.$

15. 设 $\Phi(u, v)$ 具有连续偏导数，证明由方程 $\Phi(cx-az, cy-bz)=0$ 所确定的隐函数 $z=f(x, y)$ 满足 $a\frac{\partial z}{\partial x}+b\frac{\partial z}{\partial y}=c$.

证　方法一　$\because \Phi'_x=\Phi'_1\cdot c$, $\Phi'_y=c\Phi'_2$, $\Phi'_z=-a\Phi'_1-b\Phi'_2$,

$$\therefore a\frac{\partial z}{\partial x}+b\frac{\partial z}{\partial y}=a\left(-\frac{\Phi'_x}{\Phi'_z}\right)+b\left(-\frac{\Phi'_y}{\Phi'_z}\right)=-\frac{ac\Phi'_1+bc\Phi'_2}{-(a\Phi'_1+b\Phi'_2)}=c.$$

方法二　$\Phi(cx-az, cy-bz)=0$ 两边分别对 x 与 y 求偏导数得

$$\frac{\partial \Phi}{\partial x}=\Phi'_1c-a\Phi'_1\frac{\partial z}{\partial x}-b\Phi'_2\frac{\partial z}{\partial x}=\Phi'_1c-(a\Phi'_1+b\Phi'_2)\frac{\partial z}{\partial x}=0,$$

$$\frac{\partial \Phi}{\partial y}=\Phi'_2c-a\Phi'_1\frac{\partial z}{\partial y}-b\Phi'_2\frac{\partial z}{\partial y}=\Phi'_2c-(a\Phi'_1+b\Phi'_2)\frac{\partial z}{\partial y}=0,$$

解得　$\frac{\partial z}{\partial x}=\frac{\Phi'_1c}{a\Phi'_1+b\Phi'_2}$, $\frac{\partial z}{\partial y}=\frac{\Phi'_2c}{a\Phi'_1+b\Phi'_2}$,

$$\therefore \quad a\frac{\partial z}{\partial x}+b\frac{\partial z}{\partial y}=\frac{c(a\Phi'_1+b\Phi'_2)}{a\Phi'_1+b\Phi'_2}=c.$$

16. 方程 $F(x+y+z, x^2+y^2+z^2)=0$ 所确定的函数 $z=f(x, y)$，求 $\frac{\partial z}{\partial x}$, $\frac{\partial z}{\partial y}$.

解　令 $u=x+y+z$, $v=x^2+y^2+z^2$，则 $F(u, v)=0$，有

$$F'_u\cdot u'_x+F'_vv'_x=0,$$

即　$$F'_u\cdot\left(1+\frac{\partial z}{\partial x}\right)+F'_v\cdot\left(2x+2z\cdot\frac{\partial z}{\partial x}\right)=0,$$

于是　$$\frac{\partial z}{\partial x}=-\frac{F'_u+2xF'_v}{F'_u+2zF'_v}.$$

又　$$F'_u\cdot\left(1+\frac{\partial z}{\partial y}\right)+F'_v\cdot\left(2y+2z\cdot\frac{\partial z}{\partial y}\right)=0,$$

得　$$\frac{\partial z}{\partial y}=-\frac{F'_u+2yF'_v}{F'_u+2zF'_v}.$$

17. 设 $e^z-xyz=0$，求 $\frac{\partial^2 z}{\partial x^2}$.

解　设 $F(x, y, z)=e^z-xyz$，则 $F'_x=-yz$, $F'_z=e^z-xy$.

$$\therefore\quad \frac{\partial z}{\partial x}=-\frac{-yz}{e^z-xy}=\frac{yz}{e^z-xy}=\frac{yz}{xyz-xy}=\frac{z}{x(z-1)}.\qquad ①$$

$$\frac{\partial^2 z}{\partial x^2}=\frac{z-z^2+z-z^2/(z-1)}{x^2(z-1)^2}=-\frac{z(z^2-2z+2)}{x^2(z-1)^3}.$$

或由 ① 式，直接得

$$\frac{\partial^2 z}{\partial x^2}=\frac{y\cdot\frac{yz}{e^z-xy}(e^z-xy)-yz\left(e^z\frac{yz}{e^z-xy}-y\right)}{(e^z-xy)^2}$$

$$=\frac{2y^2ze^z-y^2z^2e^z-2xy^3z}{(e^z-xy)^3}.$$

18. 设 $z^3-2xz+y=0$，求$\frac{\partial^2 z}{\partial x^2}$，$\frac{\partial^2 z}{\partial y^2}$.

解 先求$\frac{\partial z}{\partial x}$和$\frac{\partial z}{\partial y}$，令 $F(x,y,z)=z^3-2xz+y$，由隐函数存在定理：

$$\frac{\partial z}{\partial x}=-\frac{F'_x}{F'_z}=-\frac{-2z}{3z^2-2x}=\frac{2z}{3z^2-2x}\ (3z^2-2x\neq 0\text{ 时}).$$

$$\frac{\partial z}{\partial y}=-\frac{F'_y}{F'_z}=-\frac{1}{3z^2-2x}(3z^2-2x\neq 0\text{ 时}).$$

再对$\frac{\partial z}{\partial x}$关于 x 求偏导得：

$$\frac{\partial^2 z}{\partial x^2}=\frac{2\frac{\partial z}{\partial x}\cdot(3z^2-2x)-2z\cdot\left(6z\frac{\partial z}{\partial x}-2\right)}{(3z^2-2x)^2}$$

$$=\frac{-(6z^2+4x)\frac{\partial z}{\partial x}+4z}{(3z^2-2x)^2}$$

$$=\frac{-(6z^2+4x)\frac{2z}{3z^2-2x}+4z}{(3z^2-2x)^2}=\frac{-(6z^2+4x)\cdot 2z+4z(3z^2-2x)}{(3z^2-2x)^3}$$

$$=-\frac{16xz}{(3z^2-2x)^3}\quad(3z^2-2x\neq 0\text{ 时}).$$

同理$\frac{\partial z}{\partial y}$关于 y 再求偏导，得

$$\frac{\partial^2 z}{\partial y^2}=\frac{6z\frac{\partial z}{\partial y}}{(3z^2-2x)^2}=-\frac{6z}{(3z^2-2x)^3}(3z^2-2x\neq 0\text{ 时}).$$

§6.6　多元函数的极值及其求法

一、主要知识归纳

表 6—6—1　　**多元函数的极值**

定义	设函数 $z=f(x,y)$ 在点 $P_0(x_0,y_0)$ 的某邻域内有定义，如果对该邻域内任何点 $(x,y)\neq(x_0,y_0)$，恒有 (1) $f(x,y)<f(x_0,y_0)$，则称 $f(x_0,y_0)$ 为函数 $f(x,y)$ 的一个极大值； (2) $f(x,y)>f(x_0,y_0)$，则称 $f(x_0,y_0)$ 为函数 $f(x,y)$ 的一个极小值； 极大值与极小值统称为极值，取到极值的点称为函数的极值点.
极值的必要条件	若函数 $f(x,y)$ 在点 $P_0(x_0,y_0)$ 处有极值，且 $f_x(x_0,y_0)$，$f_y(x_0,y_0)$ 都存在，则 $f_x(x_0,y_0)=0$，$f_y(x_0,y_0)=0$.
极值的充分条件	若函数 $f(x,y)$ 在点 $P_0(x_0,y_0)$ 的某邻域内具有二阶连续偏导数，且 $f_x(x_0,y_0)=0$，$f_y(x_0,y_0)=0$，令 $$f_{xx}(x_0,y_0)=A,\ f_{xy}(x_0,y_0)=B,\ f_{yy}(x_0,y_0)=C,$$ 则 (1) 当 $AC-B^2>0$，且 $A>0$ 时，$f(x_0,y_0)$ 为极小值； (2) 当 $AC-B^2>0$，且 $A<0$ 时，$f(x_0,y_0)$ 为极大值； (3) 当 $AC-B^2<0$，$f(x_0,y_0)$ 为非极值； (4) 当 $AC-B^2=0$，$f(x_0,y_0)$ 可能是极值，也可能不是极值.
条件极值	求目标函数 $z=f(x,y)$ 在约束条件 $\varphi(x,y)=0$ 下的极值，作辅助函数 $F(x,y,\lambda)=f(x,y)+\lambda\varphi(x,y)$，化为求 $F(x,y,\lambda)$ 的无条件极值，得 $$\begin{cases}f_x(x,y)+\lambda\varphi_x(x,y)=0\\ f_y(x,y)+\lambda\varphi_y(x,y)=0\\ \varphi(x,y)=0\end{cases},$$ 解出 (x_0,y_0,λ_0)，其中 (x_0,y_0) 就是函数 $f(x,y)$ 在约束条件 $\varphi(x,y)=0$ 下的可能的极值点. 在实际应用中往往由问题本身的性质来判定其是否为真正的极值点.

二、典型例题分析

例 1　求 $z=\dfrac{x+y}{x^2+y^2+1}$ 的最大值和最小值.

解　函数图形见例 1 图.

令 $z_x=\dfrac{(x^2+y^2+1)-2x(x+y)}{(x^2+y^2+1)^2}=0$，$z_y=\dfrac{(x^2+y^2+1)-2y(x+y)}{(x^2+y^2+1)^2}=0$，

解得驻点 $\left(\dfrac{1}{\sqrt{2}},\dfrac{1}{\sqrt{2}}\right)$ 和 $\left(-\dfrac{1}{\sqrt{2}},-\dfrac{1}{\sqrt{2}}\right)$，

因为 $\lim\limits_{\substack{x\to\infty\\ y\to\infty}}\dfrac{x+y}{x^2+y^2+1}=0$，即边界上的值为零.

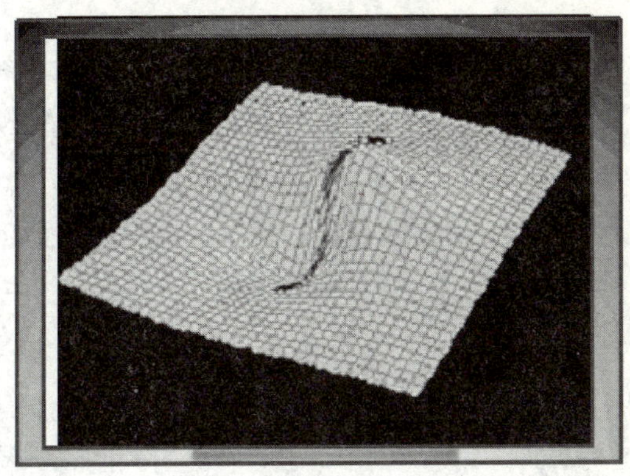

例 1 图

又 $z\left(\frac{1}{\sqrt{2}},\frac{1}{\sqrt{2}}\right)=\frac{1}{\sqrt{2}}$，$z\left(-\frac{1}{\sqrt{2}},-\frac{1}{\sqrt{2}}\right)=-\frac{1}{\sqrt{2}}$，所以最大值为$\frac{1}{\sqrt{2}}$，最小值为$-\frac{1}{\sqrt{2}}$.

例 2　求两直线$\begin{cases}y=2x\\z=x+1\end{cases}$与$\begin{cases}y=x+3\\z=x\end{cases}$之间的最短距离.

解　方法一　设 (x_1, y_1, z_1)，(x_2, y_2, z_2) 分别为两直线上的点，则这两点之间的距离为

$$d=\sqrt{(x_2-x_1)^2+(x_2+3-2x_1)^2+(x_2-x_1-1)^2}.$$

令

$$\begin{cases}\dfrac{\partial d}{\partial x_1}=\dfrac{1}{d}(6x_1-4x_2-5)=0\\\dfrac{\partial d}{\partial x_2}=\dfrac{1}{d}(-4x_1+3x_2+2)=0\end{cases}\Rightarrow\begin{cases}x_1=\dfrac{7}{2},\\x_2=4\end{cases}$$

即（7/2，4）是唯一可能的极值点. 因为两已知直线之间的最短距离一定存在，故这个可能的极值点就是最小值点. 即当 $x_1=\frac{7}{2}$，$x_2=4$ 时，d 有最小值，即

$$d_{\min}=\sqrt{\left(4-\frac{7}{2}\right)^2+(4+3-7)^2+\left(4-\frac{7}{2}-1\right)^2}=\frac{\sqrt{2}}{2}.$$

方法二　本题可归纳为求两异面直线之间的距离 d，记两条直线分别为 l_1 和 l_2，且记它们对应的方向向量为 $\boldsymbol{n}_1$，$\boldsymbol{n}_2$，易知 $\boldsymbol{n}_1=(1, 2, 1)$，$\boldsymbol{n}_2=(1, 1, 1)$，

$\boldsymbol{n}_1\times\boldsymbol{n}_2=\begin{vmatrix}\boldsymbol{i}&\boldsymbol{j}&\boldsymbol{k}\\1&2&1\\1&1&1\end{vmatrix}=\boldsymbol{i}-\boldsymbol{k}$，分别在 l_1 上取 $P_1(0, 0, 1)$，在 l_2 上取点 $P_2(0, 3, 0)$，得$\overrightarrow{P_1P_2}=(0, 3, -1)$，

则 $$d=\frac{|(\overrightarrow{P_1P_2})\cdot(\boldsymbol{n}_1\times\boldsymbol{n}_2)|}{|\boldsymbol{n}_1\times\boldsymbol{n}_2|}=\frac{|0\times1+3\times0+(-1)\times(-1)|}{\sqrt{1^2+(-1)^2}}=\frac{\sqrt{2}}{2}.$$

小结：由本例可看出某些（最小、最大）问题既可以归结为求最值问题，也可以从问题本身的归属切入，比如求解几何距离等.

例 3　求函数 $u=xyz$ 在附加条件 $1/x+1/y+1/z=1/a(x>0,\ y>0,\ z>0,\ a>0)$ 下的极值.

解　作拉格朗日函数

$$L(x,\ y,\ z,\ \lambda)=xyz+\lambda(1/x+1/y+1/z-1/a).$$

由 $$\begin{cases}L_x=yz-\lambda/x^2=0\\ L_y=xz-\lambda/y^2=0\\ L_z=xy-\lambda/z^2=0\end{cases}\Rightarrow\quad x=y=z=3a.$$

故 $(3a,\ 3a,\ 3a)$ 是函数 $u=xyz$ 在附加条件下唯一驻点.

把附加条件确定的隐函数记作 $z=z(x,\ y)$，将目标函数看作 $u=xy\cdot z(x,\ y)=F(x,\ y)$，再应用二元函数极值的充分条件判断，知点 $(3a,\ 3a,\ 3a)$ 是函数 $u=xyz$ 在附加条件下的极小值点. 而所求极值为 $27a^3$.

小结：拉格朗日乘数法是条件极值的求解方法，它的思想是变条件极值问题为常见的无条件极值问题.

例 4　设某电视机厂生产一台电视机的成本为 c，每台电视机的销售价格为 p，销售量为 x. 假设该厂的生产处于平衡状态，即电视机的生产量等于销售量. 根据市场预测，销售量 x 与销售价格 p 之间有下面的关系：

$$x=Me^{-ap}\,(M>0,\ a>0),\tag{①}$$

其中 M 为市场最大需求量，a 是价格系数. 同时，生产部门根据对生产环节的分析，对每台电视机的生产成本 c 有如下测算：

$$c=c_0-k\ln x(k>0,\ x>1),\tag{②}$$

其中 c_0 是只生产一台电视机时的成本，k 是规模系数. 根据上述条件，应如何确定电视机的售价 p，才能使该厂获得最大利润？

解　设厂家获得的利润为 u，每台电视机售价为 p，每台电视机的生产成本为 c，销售量为 x，则 $u=(p-c)x$. 于是问题化为利润函数 $u=(p-c)x$ 在附加条件 ①、② 下的极值问题. 利用拉格朗日乘数法，作拉格朗日函数：

$$L(x,\ p,\ c,\ \lambda,\ u)=(p-c)x+\lambda(x-Me^{-ap})+\mu(c-c_0+k\ln x).$$

令 $$L_x=(p-c)+\lambda+k\mu/x=0,\ L_p=x+\lambda aMe^{-ap}=0,\ L_c=-x+\mu=0.$$

将 ① 代入 ②，得　　　　$c=c_0-k(\ln M-ap)$.　　③

由 ① 及 $L_p=0$ 知 $\lambda a=-1$，即 $\lambda=-1/a$.　　④

由 $L_c=0$ 知 $x=\mu$，即　　　$x/\mu=1$.　　⑤

将 ③、④、⑤ 代入 $L_x=0$，得

$$p-c_0+k(\ln M-ap)-1/a+k=0,$$

由此得　$p^*=\dfrac{c_0-k\ln M+1/a-k}{1-ak}$.

由问题本身可知最优价格必定存在，故这个 p^* 就是电视机的最优价格.

三、习题 6—6 解答

1. 求下列函数的极值.

(1) $f(x, y)=x^3+y^3-3xy$.

解　由题意知，$f(x, y)$ 具有二阶连续偏导数，解方程组

$$\begin{cases}\dfrac{\partial f}{\partial x}=3x^2-3y=0\\ \dfrac{\partial f}{\partial y}=3y^2-3x=0\end{cases},$$

得驻点 $P_0(0, 0)$ 及 $P_1(1, 1)$. 由

$$\frac{\partial^2 f}{\partial x^2}=6x,\quad \frac{\partial^2 f}{\partial x\partial y}=-3,\quad \frac{\partial^2 f}{\partial y^2}=6y,$$

易知在 P_0 点，$A=0$，$B=-3$，$C=0$，$B^2-AC>0$，所以 $f(0, 0)$ 不是极值.

在 P_1 点，$A=6$，$B=-3$，$C=6$，$B^2-AC<0$，且 $A>0$，所以 $f(1, 1)=-1$ 为极小值.

(2) $f(x, y)=(x^2+y^2)^2-2(x^2-y^2)$.

解　令　$f_x=4x(x^2+y^2)-4x=0$，$f_y=4y(x^2+y^2)+4y=0$

解上述联立方程组，得到驻点 $(0, 0)$、$(1, 0)$、$(-1, 0)$. 又

$$A=f_{xx}(x, y)=4(x^2+y^2)+8x^2-4=12x^2+4y^2-4$$
$$B=f_{xy}(x, y)=8xy$$
$$C=f_{yy}(x, y)=4(x^2+y^2)+8y^2+4=4x^2+12y^2+4$$

在 $(0, 0)$ 点：$AC-B^2=-16<0$，故 $(0, 0)$ 点不是 f 的极值点.

在 $(1, 0)$ 处：$AC-B^2=64>0$，且 $A=8>0$，故 $f(1, 0)=-1$ 为 f 的极小值.

在 $(-1, 0)$ 点：$AC-B^2=64>0$，$A=8>0$，故 $f(-1, 0)=-1$ 为 f 的极

小值.

(3) $f(x, y)=e^{2x}(x+y^2+2y)$.

解 令 $\begin{cases} f_x'=e^{2x}(2x+2y^2+4y+1)=0 \\ f_y'=e^{2x}(2y+2)=0 \end{cases}$，得驻点 $M\left(\frac{1}{2}, -1\right)$. 又

$$A=f_{xx}(M)=\left[e^{2x}(4x+4y^2+8y+4)\right]\Big|_{\left(\frac{1}{2}, -1\right)}$$

$$=e(2+4-8+4)=2e>0;$$

$$B=f_{yx}(M)=\left[2e^{2x}(2y+2)\right]\Big|_{\left(\frac{1}{2}, -1\right)}=0;$$

$$C=f_{yy}(M)=(2e^{2x})\Big|_{\left(\frac{1}{2}, -1\right)}=2e\Rightarrow AC-B^2=4e^2>0,$$

$\therefore$ $f(x, y)$ 在 $\left(\frac{1}{2}, -1\right)$ 处取得极小值 $-\frac{e}{2}$.

2. 求函数 $f(x, y)=\sin x+\cos y+\cos(x-y)$，$0\leqslant x, y\leqslant\frac{\pi}{2}$ 的极值.

解 令 $\begin{cases} f_x'=\cos x-\sin(x-y)=0 \\ f_y'=-\sin y+\sin(x-y)=0 \end{cases}$ 得驻点 $(x_0, y_0)=\left(\frac{\pi}{3}, \frac{\pi}{6}\right)$.

$$A=f_{xx}''=-\sin x-\cos(x-y),$$
$$B=f_{xy}''=\cos(x-y),$$
$$C=f_{yy}''=-\cos y-\cos(x-y).$$

在 $\left(\frac{\pi}{3}, \frac{\pi}{6}\right)$ 处，$A=-\sqrt{3}<0$，$B=\frac{\sqrt{3}}{2}$，$C=-\sqrt{3}$，$B^2-AC=-\frac{9}{4}<0$，

$\therefore\left(\frac{\pi}{3}, \frac{\pi}{6}\right)$ 为 $f(x, y)$ 的极大值点，极大值 $f\left(\frac{\pi}{3}, \frac{\pi}{6}\right)=\frac{3\sqrt{3}}{2}$.

3. 求由方程 $x^2+y^2+z^2-2x+2y-4z-10=0$ 确定的函数 $z=f(x, y)$ 的极值.

解 将方程两边分别对 x，y 求偏导

$$\begin{cases} 2x+2z\cdot z_x'-2-4z_x'=0 \\ 2y+2z\cdot z_y'+2-4z_y'=0 \end{cases},$$

由函数取极值的必要条件，知驻点为 $P(1, -1)$，将上面方程组再分别对 x，y 求偏导数，

$$A=z_{xx}''\Big|_P=\frac{1}{2-z},\ B=z_{xy}''\Big|_P=0,\ C=z_{yy}''\Big|_P=\frac{1}{2-z},$$

故 $B^2-AC=-\dfrac{1}{(2-z)^2}<0\ (z\neq 2)$，函数在 P 点处有极值.

将 $P(1,\ -1)$ 代入原方程，有 $z_1=-2$，$z_2=6$.

当 $z_1=-2$ 时，$A=\dfrac{1}{4}>0$，故 $z=f(1,\ -1)=-2$ 为极小值；

当 $z_2=6$ 时，$A=-\dfrac{1}{4}<0$，故 $z=f(1,\ -1)=6$ 为极大值.

4. 欲围一个面积为 60 米^2 的矩阵场地，正面所用材料每米造价 10 元，其余三面每米造价 5 元，求场地的长、宽各为多少米时，所用材料费最少？

解 设矩形场地的正面为 x 米，侧面为 y 米，该题即求函数 $S=15x+10y$ 在 $xy=60$ 的条件下的最小值. 令

$$F(x,\ y,\ \lambda)=15x+10y+\lambda(xy-60),$$

由
$$\begin{cases}F'_x=15+\lambda y=0\\F'_y=10+\lambda x=0\\F'_\lambda=xy-60=0\end{cases}\Rightarrow\begin{cases}x=2\sqrt{10}\\y=3\sqrt{10}\end{cases}.$$

根据实际，可知 S 存在最小值. 故当正面长为 $2\sqrt{10}$ 米，宽为 $3\sqrt{10}$ 米时所需材料费最少.

$$S=15\times 2\sqrt{10}+10\times 3\sqrt{10}\approx 15\times 6.325+10\times 9.487=189.745\ 元.$$

5. 某工厂生产两种产品 A 和 B，出售单价分别为 10 元与 9 元，生产 x 单位的产品 A 与生产 y 单位的产品 B 的总费用是 $400+2x+3y+0.01(3x^2+xy+3y^2)$(元)，求取得最大利润时两种产品的产量？

解 设 $L(x,\ y)$ 表示产品 A 与 B，分别生产 x 和 y 单位时所得的总利润. 因为总利润等于总收入减去总费用. 所以

$$\begin{aligned}L(x,\ y)&=(10x+9y)-[400+2x+3y+0.01(3x^2+xy+3y^2)]\\&=8x+6y-0.01(3x^2+xy+3y^2)-400.\end{aligned}$$

由 $\quad L_x(x,\ y)=8-0.01(6x+y)=0$，$L_y(x,\ y)=6-0.01(x+6y)=0$，

解得驻点 (120, 80). 再由 $L_{xx}=-0.06<0$，$L_{xy}=-0.01$，$L_{yy}=-0.06$，而

$$L_{xy}^2-L_{xx}L_{yy}=(-0.01)^2-(-0.06)^2=-3.5\times 10^{-3}<0,$$

所以，当 $x=120$ 与 $y=80$ 时，$L(120,\ 80)=320$ 是最大值.

由题意知生产 120 件产品 A、80 件产品 B 时所得利润最大.

6. 某工厂的收入 R 是以下两种可控决策量的函数：设 x_1 代表以千元为单位的用于储存的投资，x_2 代表以千元为单位的用于广告的开支，则以千元为单位

的收入

$$R(x_1, x_2)=-3x_1^2+2x_1x_2-6x_2^2+30x_1+24x_2-86.$$

试求最大收入额及产生该收入的储存投资及广告开支.

解　由 $\begin{cases}R'_{x_1}(x_1, x_2)=-6x_1+2x_2+30=0\\R'_{x_2}(x_1, x_2)=2x_1-12x_2+24=0\end{cases}\Rightarrow$ 驻点 $x_1=6$，$x_2=3$.

又在点 (6，3) 有

$$A=R''_{x_1x_1}=-6, B=R''_{x_1x_2}=2, C=R''_{x_2x_2}=-12.$$

$\because B^2-AC<0$，且 $A<0$，故 (6，3) 为 $R(x_1, x_2)$ 的唯一的极值点，且为极大值点.

$\therefore$ (6，3) 为 $R(x_1, x_2)$ 的最大值点.

则最大收入额：

$$R(6, 3)=40\ (\text{千元}),$$

产生该收入的储存投资为 6（千元），广告开支为 3（千元）.

7. 设生产某种产品的数量与所用两种原料 A、B 的数量 x，y 间有关系式

$$P(x, y)=0.005x^2y,$$

欲用 150 元购料，已知 A、B 原料的单价分别为 1 元、2 元，问购进两种原料各多少，可使生产的数量最多?

解　该题是函数 $P(x, y)=0.005x^2y$ 在 $x+2y=150$ 条件下的极大值问题.

令

$$F(x, y, \lambda)=0.005x^2y+\lambda(x+2y-150),$$

由 $\begin{cases}F'_x=0.01xy+\lambda=0\\F'_y=0.005x^2+2\lambda=0\\x+2y-150=0\end{cases}$，得 $\begin{cases}x=100\\y=25\end{cases}$.

于是可知，当购进 A、B 两原料的数量分别为 100 和 25 时，生产的数量为最多，为 1 250 件.

8. 某种合金的含铅量百分比（%）为 p，其溶解温度（℃）为 θ，由实验测得 p 与 θ 的数据如下表：

p(%)	36.9	46.7	63.7	77.8	84.0	87.5
θ(℃)	181	197	235	270	283	292

试用最小二乘法建立 p 与 θ 之间的经验公式 $\theta=ap+b$.

解 利用最小二乘法，可得确定待定系数 a 与 b 的方程组：

$$\begin{cases} a\sum_{i=1}^{6}p_i+6b=\sum_{i=1}^{6}\theta_i \\ a\sum_{i=1}^{6}p_i^2+b\sum_{i=1}^{6}p_i=\sum_{i=1}^{6}\theta_i p_i \end{cases} \tag{1}$$

分别计算得

$$\sum_{i=1}^{6}p_i=396.6,\ \sum_{i=1}^{6}\theta_i=1\,458,\ \sum_{i=1}^{6}p_i^2=28\,365.28,$$

$$\sum_{i=1}^{6}\theta_i p_i=101\,176.3,\Rightarrow a\approx 2.234,\ b\approx 95.35,$$

故所求经验公式为

$$\theta=2.234p+95.35.$$

9. 某工厂制造甲、乙两种产品，单价分别为 2 万元和 5 万元. 设制造一个单位的甲产品至多需要 A 类原料一个单位，电力 1 000 度；制造一个单位的乙产品至多需要 B 类原料 3 个单位，电力 2 000 度. 现有 A 类原料 4 个单位，B 类原料 9 个单位，电力 8 000 度. 问该厂在现有条件下，应如何决定甲、乙产品的产量，才能使收益最大？

解 设生产甲、乙产品的数量分别 x_1 和 x_2 个单位，则 x_1 和 x_2 应满足下列不等式组：

$$\begin{cases} x_1\leqslant 4 \\ x_2\leqslant 3 \\ x_1+2x_2\leqslant 8 \\ x_1\geqslant 0,\ x_2\geqslant 0 \end{cases}$$

这就是制定生产方案时所应满足的约束条件，依题意应在众多的合理方案中选择一个生产方案，使收益 $R=2x_1+5x_2$ 达到最大.

把 x_1，x_2 看成坐标平面上的点的坐标，在图中画出满足约束条件的点的集合，即沿多边形 $OABCD$，然后再讨论目标函数

$$R=2x_1+5x_2.$$

给定 R 一个任意值 C，即可得一条直线，该直线上任何一点都使目标函数取值为 C，设 $C=4$，8，15，19，…，当 C 值越大，直线离开原点越远，沿目标函数增加的方向平移目标函数的等值即与凸多边形 $OABCD$ 相交，又使目标函数值最大.

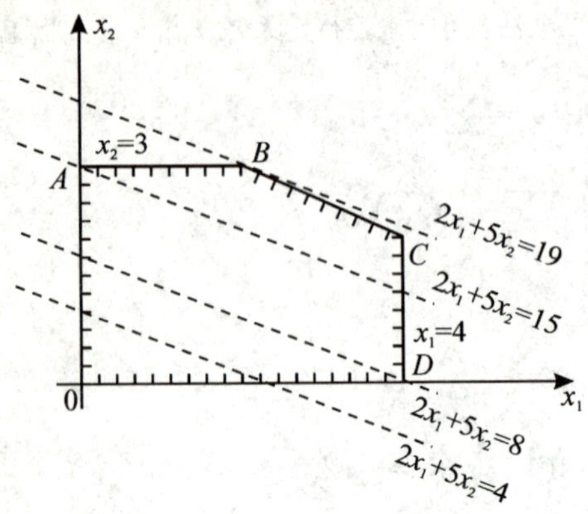

题 9 图

解 $\begin{cases} x_2=3 \\ x_1+2x_2=8 \end{cases}$ 得最优方案为

$$x_1=2(\text{单位}),\ x_2=3(\text{单位}).$$

相应目标函数——收益最大值为

$$R=2\times2+5\times3=19(\text{万元}).$$

10. 设某种产品的产量是劳动力 x 和原料 y 的函数 $f(x, y)=60x^{3/4}y^{1/4}$，若劳动力单位成本为 100 元，原料单位成本为 200 元，则在投入 3 万元资金用于生产的情况下，如何安排劳动力和原料，可使产量最大？

解 由题意，目标函数为 $f(x, y)=60x^{3/4}y^{1/4}$ 约束条件为 $100x+200y=30\,000$，作拉格朗日函数

$$L(x, y, \lambda)=60x^{3/4}y^{1/4}+\lambda(30\,000-100x-200y).$$

由 $\begin{cases} L'_x=45x^{-1/4}y^{1/4}-100\lambda=0 \\ L'_y=15x^{3/4}y^{-3/4}-200\lambda=0 \\ L'_\lambda=30\,000-100x-200y=0 \end{cases}$，

解得　$x=225$，$y=37.5$.

由问题实际意义知，最大产量存在，故当劳动力为 225 单位，原料为 37.5 单位时产量最大.

§6.7 二重积分的概念与性质

一、主要知识归纳

表 6—7—1 二重积分的概念

定义	设 D 是 xOy 面上的有界闭区域，$f(x, y)$ 在 D 上有界，将区域 D 任意分成 n 个小闭区域 $\Delta\sigma_1$，$\Delta\sigma_2$，…，$\Delta\sigma_n$，其中 $\Delta\sigma_i$ 既表示第 i 个小闭区域又表示它的面积，在每个小区域 $\Delta\sigma_i$ 上任意取一点 (ξ_i, η_i)，作 n 个乘积 $f(\xi_i, \eta_i)\Delta\sigma_i(i=1, 2, \cdots, n)$，然后作和式 $$\sum_{i=1}^{n} f(\xi_i, \eta_i)\Delta\sigma_i.$$ 记 $\lambda=\max\limits_{1\leqslant i\leqslant n}\{\Delta\sigma_i$ 的直径$\}$，如果当 $\lambda\to 0$ 时，以上和式有确定的极限，则称该极限为 $f(x, y)$ 在区域 D 上的二重积分，记作 $\iint\limits_D f(x, y)\mathrm{d}\sigma$，或 $\iint\limits_D f(x, y)\mathrm{d}x\mathrm{d}y$，即 $$\iint\limits_D f(x, y)\mathrm{d}\sigma=\iint\limits_D f(x, y)\mathrm{d}x\mathrm{d}y=\lim_{\lambda\to 0}\sum_{i=1}^{n} f(\xi_i, \eta_i)\Delta\sigma_i,$$ 其中 $f(x, y)$ 称为被积函数，$f(x, y)\mathrm{d}\sigma$ 称为被积表达式，$\mathrm{d}\sigma=\mathrm{d}x\mathrm{d}y$ 称为面积微元. x，y 称为积分变量，D 称为积分区域，$\sum\limits_{i=1}^{n} f(\xi_i, \eta_i)\Delta\sigma_i$ 称为积分和式.
几何意义	当 $f(x, y)\geqslant 0$ 时，$\iint\limits_D f(x, y)\mathrm{d}\sigma$ 等于以区域 D 为底，曲面 $z=f(x, y)$ 为顶的曲顶柱体体积； 当 $f(x, y)\leqslant 0$ 时，$\iint\limits_D f(x, y)\mathrm{d}\sigma$ 等于以上所说的曲顶柱体体积的相反数； 当 $f(x, y)=1$ 时，$\iint\limits_D \mathrm{d}\sigma$ 等于区域 D 的面积.

表 6—7—2 二重积分的性质

存在性	若 $f(x, y)$ 在有界闭区域 D 上连续，则 $\iint\limits_D f(x, y)\mathrm{d}\sigma$ 存在.
线性性质	1° $\iint\limits_D [f(x, y)\pm g(x, y)]\mathrm{d}\sigma=\iint\limits_D f(x, y)\mathrm{d}\sigma\pm\iint\limits_D g(x, y)\mathrm{d}\sigma$. 2° $\iint\limits_D kf(x, y)\mathrm{d}\sigma=k\iint\limits_D f(x, y)\mathrm{d}\sigma$($k$ 为常数).

续前表

区域可加性	设 $D=D_1+D_2$，即 $D=D_1\cup D_2$，且 D_1 与 D_2 只在它们的边界上相交，则 $$\iint_D f(x,y)\mathrm{d}\sigma=\iint_{D_1} f(x,y)\mathrm{d}\sigma+\iint_{D_2} f(x,y)\mathrm{d}\sigma.$$
有序性	若在区域 D 上，$f(x,y)\leqslant\varphi(x,y)$，则有 $$\iint_D f(x,y)\mathrm{d}\sigma\leqslant\iint_D \varphi(x,y)\mathrm{d}\sigma.$$ 特殊地有 $\left\|\iint_D f(x,y)\mathrm{d}\sigma\right\|\leqslant\iint_D \|f(x,y)\|\mathrm{d}\sigma.$
估值不等式	设 $f(x,y)$ 在区域 D 上有最大值 M，最小值 m，σ 是 D 的面积，则有 $$m\sigma\leqslant\iint_D f(x,y)\mathrm{d}\sigma\leqslant M\sigma.$$
二重积分中值定理	设函数 $f(x,y)$ 在有界闭区域 D 上连续，σ 是 D 的面积，则至少存在一点 $(\xi,\eta)\in D$，使 $\iint_D f(x,y)\mathrm{d}\sigma=f(\xi,\eta)\sigma.$

二、典型例题分析

例 1　试用二重积分表示极限 $\lim\limits_{n\to+\infty}\frac{1}{n^2}\sum\limits_{i=1}^{n}\sum\limits_{j=1}^{n}\mathrm{e}^{\frac{i^2+j^2}{n^2}}$.

解　$$\lim_{n\to+\infty}\frac{1}{n^2}\sum_{i=1}^{n}\sum_{j=1}^{n}\mathrm{e}^{\frac{i^2+j^2}{n^2}}=\lim_{n\to+\infty}\sum_{i=1}^{n}\sum_{j=1}^{n}\mathrm{e}^{(\frac{i}{n})^2+(\frac{j}{n})^2}\frac{1}{n}\cdot\frac{1}{n}$$
$$=\iint\limits_{\substack{0\leqslant x\leqslant 1\\0\leqslant y\leqslant 1}}\mathrm{e}^{x^2+y^2}\mathrm{d}x\mathrm{d}y.$$

例 2　估计 $I=\iint_D\frac{\mathrm{d}\sigma}{\sqrt{x^2+y^2+2xy+16}}$ 的值，其中 D: $0\leqslant x\leqslant 1$，$0\leqslant y\leqslant 2$.

解　$\because f(x,y)=\frac{1}{\sqrt{(x+y)^2+16}}$，积分区域 $\sigma=2$，在 D 上 $f(x,y)$ 的最大值 $M=\frac{1}{4}(x=y=0)$，最小值 $m=\frac{1}{\sqrt{3^2+4^2}}=\frac{1}{5}(x=1,y=2)$，故
$$\frac{2}{5}\leqslant I\leqslant\frac{2}{4}\Rightarrow 0.4\leqslant I\leqslant 0.5.$$

三、习题 6—7 解答

1. 利用二重积分定义证明：

(1) $\iint\limits_D \mathrm{d}\sigma = \sigma$ (σ 为区域 D 的面积).

证　这里，被积函数 $f(x, y) \equiv 1$，由二重积分的定义，对任意分割和取点法，

$$\iint\limits_D 1 \cdot \mathrm{d}\sigma = \lim_{\lambda \to 0} \sum_{i=1}^{n} f(\xi_i, \eta_i) \Delta\sigma_i = \lim_{\lambda \to 0} \sum_{i=1}^{n} 1 \cdot \Delta\sigma_i$$

$$= \lim_{\lambda \to 0} \sum_{i=1}^{n} \Delta\sigma_i = \lim_{\lambda \to 0} \sigma = \sigma,$$

$$\therefore \quad \iint\limits_D \mathrm{d}\sigma = \sigma,$$

其中 λ 是各 $\Delta\sigma_i$ 中的最大直径.

(2) $\iint\limits_D k f(x, y) \mathrm{d}\sigma = k \iint\limits_D f(x, y) \mathrm{d}\sigma$ (其中 k 为常数).

证　$$\iint\limits_D k f(x, y) \mathrm{d}\sigma = \lim_{\lambda \to 0} \sum_{i=1}^{n} k f(\xi_i, \eta_i) \Delta\sigma_i = \lim_{\lambda \to 0} k \sum_{i=1}^{n} f(\xi_i, \eta_i) \Delta\sigma_i$$

$$= k \lim_{\lambda \to 0} \sum_{i=1}^{n} f(\xi_i, \eta_i) \Delta\sigma_i = k \iint\limits_D f(x, y) \mathrm{d}\sigma \ (k \text{ 为常数}).$$

其中 λ 是各 $\Delta\sigma_i$ 中的最大直径.

2. 判断积分 $\iint\limits_{\frac{1}{2} \leqslant x^2+y^2 \leqslant 1} \ln(x^2+y^2) \mathrm{d}x\mathrm{d}y$ 的符号.

解　由于 $\frac{1}{2} \leqslant x^2+y^2 \leqslant 1$，所以 $\ln(x^2+y^2) \leqslant 0$，且当 $x^2+y^2<1$ 时，$\ln(x^2+y^2)<0$，于是

$$\iint\limits_{\frac{1}{2} \leqslant x^2+y^2 \leqslant 1} \ln(x^2+y^2) \mathrm{d}x\mathrm{d}y < 0.$$

3. 判定下列积分值的大小：

$$I_1 = \iint\limits_D \ln^3(x+y) \mathrm{d}x\mathrm{d}y,\ I_2 = \iint\limits_D (x+y)^3 \mathrm{d}x\mathrm{d}y,\ I_3 = \iint\limits_D [\sin(x+y)]^3 \mathrm{d}x\mathrm{d}y,$$

其中 D 由 $x=0$，$y=0$，$x+y=1/2$，$x+y=1$ 围成，则 I_1，I_2，I_3 之间的大小顺序为（　　）.

(A) $I_1<I_2<I_3$；　　(B) $I_3<I_2<I_1$；

(C) $I_1<I_3<I_2$；　　(D) $I_3<I_1<I_2$.

解　因被比较积分的积分区域相同，故可从被积函数来判断，在区域 D 上：$1/2\leqslant x+y\leqslant 1$. 当 $1/2\leqslant t\leqslant 1$ 时，$\ln t\leqslant \sin t\leqslant t$，从而有 $(x, y)\in D$ 时，

$$\ln^3(x+y)\leqslant \sin^3(x+y)\leqslant (x+y)^3.$$

则
$$\iint\limits_D \ln^3(x+y)\mathrm{d}\sigma<\iint\limits_D \sin^3(x+y)\mathrm{d}\sigma<\iint\limits_D (x+y)^3\mathrm{d}\sigma.$$

故应选(C).

4. 估计下列各二重积分的值：

(1) $I=\iint\limits_D xy(x+y)\mathrm{d}\sigma$，其中 D 是矩形闭区域：$0\leqslant x\leqslant 1$，$0\leqslant y\leqslant 1$.

解　$\because$ $0\leqslant x\leqslant 1$，$0\leqslant y\leqslant 1$，

$\therefore$ $0\leqslant xy(x+y)\leqslant 2$，

$\therefore$ $0\leqslant \iint\limits_D xy(x+y)\mathrm{d}\sigma\leqslant 2\iint\limits_D \mathrm{d}\sigma=2.$

(2) $\iint\limits_D (x^2+4y^2+9)\mathrm{d}\sigma$，其中 D 是圆形闭区域：$x^2+y^2\leqslant 4$.

解　$\sigma=\pi\cdot 2^2=4\pi$，在 D 中，

$$x^2+y^2+9\leqslant x^2+4y^2+9\leqslant 4(x^2+y^2)+9,$$

即有
$$9\leqslant x^2+4y^2+9\leqslant 25,$$

$$\therefore\quad 9\iint\limits_D \mathrm{d}\sigma\leqslant \iint\limits_D (x^2+4y^2+9)\mathrm{d}\sigma\leqslant 25\sigma,$$

即
$$36\pi\leqslant \iint\limits_D (x^2+4y^2+9)\mathrm{d}\sigma\leqslant 100\pi.$$

5. 试用二重积分性质证明不等式

$$1\leqslant \iint\limits_D (\sin x^2+\cos y^2)\mathrm{d}\sigma\leqslant \sqrt{2}，其中 D:0\leqslant x\leqslant 1, 0\leqslant y\leqslant 1.$$

证 因为积分区域 D 关于直线 $y=x$ 对称，所以有

$$\iint_D \cos y^2 \mathrm{d}\sigma = \iint_D \cos x^2 \mathrm{d}\sigma,$$

即得 $$\iint_D (\sin x^2 + \cos y^2)\mathrm{d}\sigma = \iint_D (\sin x^2 + \cos x^2)\mathrm{d}\sigma = \sqrt{2}\iint_D \sin\left(x^2 + \frac{\pi}{4}\right)\mathrm{d}\sigma.$$

由于 $\sqrt{2}/2 \leqslant \sin(x^2 + \pi/4) \leqslant 1 (0 \leqslant x \leqslant 1)$，

由重积分的性质得：

$$\frac{\sqrt{2}}{2} \leqslant \iint_D \sin\left(x^2 + \frac{\pi}{4}\right)\mathrm{d}\sigma \leqslant 1.$$

由此证得 $1 \leqslant \iint_D (\sin x^2 + \cos y^2)\mathrm{d}\sigma \leqslant \sqrt{2}$. 证毕.

6. 设 D 是 (x, y) 面上的有界闭区域，函数 $f(x, y)$ 在 D 上连续且不变号，又

$$\iint_D f(x, y)\mathrm{d}\sigma = 0,$$

试证明在区域 D 上 $f(x, y)=0$.

证 不妨设在 D 上 $f(x, y) \geqslant 0$，于是在 D 的任一子域 Ω 上，

$$\iint_D f(x, y)\mathrm{d}\sigma \geqslant 0.$$

下面用反证法证明本题，设存在 $(x_0, y_0) \in D$，使 $f(x_0, y_0) > 0$，由 $f(x, y)$ 的连续性知存在 (x_0, y_0) 的领域 V，对一切的 $(x, y) \in V$，有

$$f(x, y) \geqslant \frac{1}{2} f(x_0, y_0) > 0.$$

记区域 $D/V = \Omega$，则

$$\begin{aligned}\iint_D f(x, y)\mathrm{d}\sigma &= \iint_V f(x, y)\mathrm{d}\sigma + \iint_\Omega f(x, y)\mathrm{d}\sigma \\ &\geqslant \iint_V f(x, y)\mathrm{d}\sigma \geqslant \frac{1}{2} f(x_0, y_0) \cdot S(V) > 0\end{aligned}$$

（其中 $S(V)$ 表示 V 的面积）.

这与题设 $\iint_D f(x, y)\mathrm{d}\sigma = 0$ 矛盾.

§6.8　在直角坐标系下二重积分的计算

一、主要知识归纳

表 6—8—1　　**平面简单区域的表示法**

直角坐标系	X 型区域	将区域 D 投影到 x 轴上，投影区间为 $[a, b]$，D 的边界有上下两条曲线 $y=y_2(x)$，$y=y_1(x)$，则 D 表示为 $D:\begin{cases}a\leqslant x\leqslant b\\ y_1(x)\leqslant y\leqslant y_2(x)\end{cases}$.
	Y 型区域	将区域 D 投影到 y 轴上，投影区间为 $[c, d]$，D 的边界有左右两条曲线 $x=x_1(y)$，$x=x_2(y)$，则 D 表示为 $D:\begin{cases}c\leqslant x\leqslant d\\ x_1(y)\leqslant x\leqslant x_2(y)\end{cases}$.

表 6—8—2　　**二重积分的计算法**

直角坐标系	1° 化为先对 y 后对 x 的二次积分：若区域 D 为 X 型，即 $D:\begin{cases}a\leqslant x\leqslant b\\ y_1(x)\leqslant y\leqslant y_2(x)\end{cases}$，则 $\iint\limits_D f(x, y)d\sigma=\int_a^b dx\int_{y_1(x)}^{y_2(x)}f(x, y)dy$.
	2° 化为先对 x 后对 y 的二次积分：若区域 D 为 Y 型，即 $D:\begin{cases}c\leqslant x\leqslant d\\ x_1(y)\leqslant x\leqslant x_2(y)\end{cases}$，则 $\iint\limits_D f(x, y)\mathrm{d}\sigma=\int_c^d \mathrm{d}x\int_{x_1(y)}^{x_2(y)}f(x, y)dx$.

表 6—8—3　　**利用对称性化简二重积分**

$D=D_1\cup D_2$ f 在 D 上可积	1° 若 D_1 与 D_2 关于 y 轴对称，则 (1) $\iint\limits_D f(x, y)\mathrm{d}\sigma=\iint\limits_D f(-x, y)\mathrm{d}\sigma$； (2) 当 $f(x, y)$ 关于 x 是偶函数，即 $f(-x, y)=f(x, y)$ 时，$\iint\limits_D f(x, y)\mathrm{d}\sigma=2\iint\limits_{D_1} f(x, y)\mathrm{d}\sigma$； (3) 当 $f(x, y)$ 关于 x 是奇函数，即 $f(-x, y)=-f(x, y)$ 时，$\iint\limits_D f(x, y)\mathrm{d}\sigma=0$.

续前表

<table>
<tr><td rowspan="3">$D=D_1\cup D_2$
f在D上
可积</td><td>2° 若 D_1 与 D_2 关于 x 轴对称，则
(1) $\iint\limits_D f(x, y)\mathrm{d}\sigma=\iint\limits_D f(x, -y)\mathrm{d}\sigma$;
(2) 当 $f(x, y)$ 关于 y 是偶函数，即 $f(x, -y)=f(x, y)$ 时，$\iint\limits_D f(x, y)\mathrm{d}\sigma=2\iint\limits_{D_1} f(x, y)\mathrm{d}\sigma$;
(3) 当 $f(x, y)$ 关于 y 是奇函数，即 $f(x, -y)=-f(x, y)$ 时，$\iint\limits_D f(x, y)\,\mathrm{d}\sigma=0$.</td></tr>
<tr><td>3° 若 D_1 与 D_2 关于原点对称，则
(1) $\iint\limits_D f(x, y)\mathrm{d}\sigma=\iint\limits_D f(-x, -y)\mathrm{d}\sigma$;
(2) 当 $f(x, y)$ 关于 x，y 是偶函数，即 $f(-x, -y)=f(x, y)$ 时，$\iint\limits_D f(x, y)\mathrm{d}\sigma=2\iint\limits_{D_1} f(x, y)\mathrm{d}\sigma$;
(3) 当 $f(x, y)$ 关于 x，y 是奇函数，即
$f(-x, -y)=-f(x, y)$ 时，$\iint\limits_D f(x, y)\mathrm{d}\sigma=0$.</td></tr>
<tr><td>4° 若 D_1 与 D_2 关于直线 $y=x$ 对称，则
$\iint\limits_D f(x, y)\mathrm{d}\sigma=\iint\limits_D f(y, x)\mathrm{d}x\mathrm{d}y$.</td></tr>
</table>

要点说明：

(1) 对称性必须当区域的对称性与函数的对称性相匹配时才能应用.

(2) 对称性的实质应从微元法来理解，即在对称区域的两侧的积分微元始终对称相等或相差一个正负号.

二、典型例题分析

例 1 计算 $\iint\limits_D y\sqrt{1+x^2-y^2}\,\mathrm{d}\sigma$，其中 D 是由直线 $y=x$、$x=-1$ 和 $y=1$ 所围成的闭区域.

解 如例 1 图所示，D 既是 X 型，又是 Y 型. 若视为 X 型，则

$$\iint\limits_D y\sqrt{1+x^2-y^2}\,\mathrm{d}\sigma$$
$$=\int_{-1}^{1}\left[\int_x^1 y\sqrt{1+x^2-y^2}\,\mathrm{d}y\right]\mathrm{d}x$$

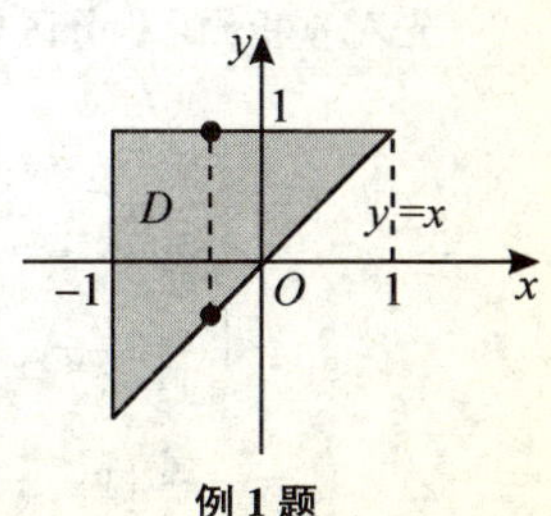

例 1 题

$$= -\frac{1}{3}\int_{-1}^{1}\left[(1+x^2-y^2)^{3/2}\right]\Big|_{x}^{1}\mathrm{d}x$$

$$= -\frac{1}{3}\int_{-1}^{1}(|x|^3-1)\mathrm{d}x = -\frac{2}{3}\int_{0}^{1}(x^3-1)\mathrm{d}x = \frac{1}{2}.$$

若视为 Y 型，则

$$\iint_D y\sqrt{1+x^2-y^2}\,\mathrm{d}\sigma = \int_{-1}^{1}y\left[\int_{-1}^{y}\sqrt{1+x^2-y^2}\,\mathrm{d}x\right]\mathrm{d}y,$$

其中关于 x 的积分计算比较麻烦，故合理选择积分次序对重积分的计算非常重要.

例 2 计算积分 $I=\int_{\frac{1}{4}}^{\frac{1}{2}}\mathrm{d}y\int_{\frac{1}{2}}^{\sqrt{y}}\mathrm{e}^{\frac{y}{x}}\mathrm{d}x+\int_{\frac{1}{2}}^{1}\mathrm{d}y\int_{y}^{\sqrt{y}}\mathrm{e}^{\frac{y}{x}}\mathrm{d}x$.

解 $\because\int\mathrm{e}^{\frac{y}{x}}\mathrm{d}x$ 不能用初等函数表示，$\therefore$ 先改变积分次序.

题设二次积分的积分限：

$$\begin{cases}\dfrac{1}{4}\leqslant y\leqslant\dfrac{1}{2},\ \dfrac{1}{2}\leqslant x\leqslant\sqrt{y}\\[2mm] \dfrac{1}{2}\leqslant y\leqslant 1,\ y\leqslant x\leqslant\sqrt{y}\end{cases}$$

可改写为 $\frac{1}{2}\leqslant x\leqslant 1$，$x^2\leqslant y\leqslant x$ 所以

$$I=\int_{\frac{1}{2}}^{1}\mathrm{d}x\int_{x^2}^{x}\mathrm{e}^{\frac{y}{x}}\mathrm{d}y=\int_{\frac{1}{2}}^{1}x(\mathrm{e}-\mathrm{e}^{x})\mathrm{d}x=\frac{3}{8}\mathrm{e}-\frac{1}{2}\sqrt{\mathrm{e}}.$$

小结：一般情况下，积分之前先确定积分区域，再结合积分函数的特点选择积分次序.

例 3 计算 $I=\iint_D(xy+1)\mathrm{d}x\mathrm{d}y$，其中 D：$4x^2+y^2\leqslant 4$.

解 方法一

先对 y 积分，积分区域 D（见例 3 图）：$\begin{cases}-1\leqslant x\leqslant 1\\ -2\sqrt{1-x^2}\leqslant y\leqslant 2\sqrt{1-x^2}\end{cases}$，故

$$I=\int_{-1}^{1}\mathrm{d}x\int_{-2\sqrt{1-x^2}}^{2\sqrt{1-x^2}}(xy+1)\mathrm{d}y$$

$$=\int_{-1}^{1}\left[\frac{1}{2}xy^2\right]\Big|_{-2\sqrt{1-x^2}}^{2\sqrt{1-x^2}}\mathrm{d}x+\int_{-1}^{1}4\sqrt{1-x^2}\,\mathrm{d}x$$

$$=-\frac{2}{3}(1-x^2)^{3/2}\Big|_{-1}^{1}+4\cdot\frac{\pi}{2}=2\pi.$$

方法二 先对 x 积分，积分区域 D：

$\begin{cases} -2\leqslant y\leqslant 2 \\ -\frac{1}{2}\sqrt{4-y^2}\leqslant x\leqslant \frac{1}{2}\sqrt{4-y^2} \end{cases}$，故

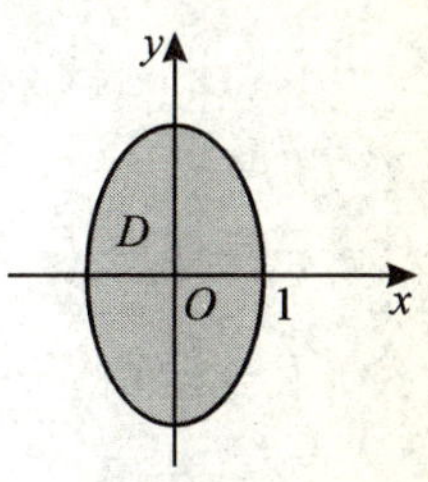

例 3 题

$$I=\int_{-2}^{2}\mathrm{d}y\int_{-\frac{1}{2}\sqrt{4-y^2}}^{\frac{1}{2}\sqrt{4-y^2}}(xy+1)\mathrm{d}x=2\pi.$$

方法三 利用对称性，$I=\iint\limits_D xy\mathrm{d}x\mathrm{d}y+\iint\limits_D \mathrm{d}x\mathrm{d}y.$

因为积分域 D 关于 x 轴对称，且函数 $f(x, y)=xy$ 关于 x 是奇函数，所以

$$\iint\limits_D xy\mathrm{d}x\mathrm{d}y=0.\ \text{又}\ \iint\limits_D \mathrm{d}x\mathrm{d}y=2\pi.$$

故 $\qquad I=2\pi.$

例 4 计算 $\iint\limits_D \mathrm{e}^{\max(x^2,\ y^2)}\mathrm{d}x\mathrm{d}y$，其中 $D=\{(x, y)\mid 0\leqslant x\leqslant 1,\ 0\leqslant y\leqslant 1\}$.

解 如例 4 图所示. 设 $D_1=\{(x, y)\mid 0\leqslant x\leqslant 1,\ x\leqslant y\leqslant 1\}$，

$$D_2=\{(x, y)\mid 0\leqslant x\leqslant 1,\ 0\leqslant y\leqslant x\}=\{(x, y)\mid 0\leqslant y\leqslant 1,\ 0\leqslant x\leqslant y\},$$

则

$$\begin{aligned}&\iint\limits_D \mathrm{e}^{\max(x^2 y^2)}\mathrm{d}x\mathrm{d}y\\&=\iint\limits_{D_1}\mathrm{e}^{\max(x^2,\ y^2)}\mathrm{d}x\mathrm{d}y+\iint\limits_{D_2}\mathrm{e}^{\max(x^2,\ y^2)}\mathrm{d}x\mathrm{d}y\\&=\iint\limits_{D_1}\mathrm{e}^{y^2}\mathrm{d}x\mathrm{d}y+\iint\limits_{D_2}\mathrm{e}^{x^2}\mathrm{d}x\mathrm{d}y\\&=\int_0^1\mathrm{d}x\int_0^x\mathrm{e}^{x^2}\mathrm{d}y+\int_0^1\mathrm{d}y\int_0^y\mathrm{e}^{y^2}\mathrm{d}x\\&=\int_0^1 x\mathrm{e}^{x^2}\mathrm{d}x+\int_0^1 y\mathrm{e}^{y^2}\mathrm{d}y=\mathrm{e}-1.\end{aligned}$$

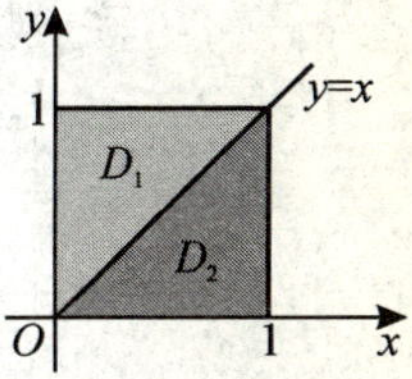

例 4 图

例 5 计算二重积分 $\iint\limits_D |\cos(x+y)|\mathrm{d}x\mathrm{d}y$，其中 $D=\left\{(x, y)\mid 0\leqslant x\leqslant \frac{\pi}{2},\ 0\leqslant y\leqslant \frac{\pi}{2}\right\}$.

解 如例 5 图所示，用直线 $x+y=\frac{\pi}{2}$ 将区域 D 分为 D_1 和 D_2 两个区域，则

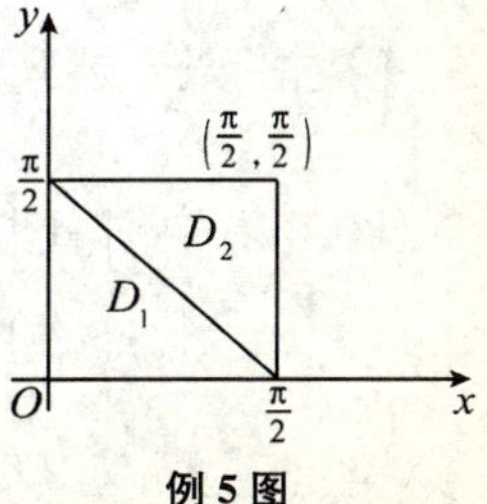

例 5 图

$$\iint_D |\cos(x+y)|\mathrm{d}x\mathrm{d}y=\iint_{D_1}\cos(x+y)\mathrm{d}x\mathrm{d}y-\iint_{D_2}\cos(x+y)\mathrm{d}x\mathrm{d}y$$

$$=\int_0^{\frac{\pi}{2}}\mathrm{d}x\int_0^{\frac{\pi}{2}-x}\cos(x+y)\mathrm{d}x\mathrm{d}y-\int_0^{\frac{\pi}{2}}\mathrm{d}x\int_{\frac{\pi}{2}-x}^{\frac{\pi}{2}}\cos(x+y)\mathrm{d}x\mathrm{d}y$$

$$=\int_0^{\frac{\pi}{2}}(1-\sin x)\mathrm{d}x-\int_0^{\frac{\pi}{2}}(\cos x-1)\mathrm{d}x$$

$$=\pi-2.$$

三、习题 6—8 解答

1. 计算下列二重积分：

(1) $\iint_D \sin^2 x\sin^2 y\mathrm{d}\sigma$，其中 D：$0\leqslant x\leqslant\pi$，$0\leqslant y\leqslant\pi$.

解 $$\iint_D \sin^2 x\sin^2 y\mathrm{d}\sigma=\int_0^{\pi}\sin^2 y\mathrm{d}y\int_0^{\pi}\sin^2 x\mathrm{d}x=\left(\int_0^{\pi}\sin^2 x\mathrm{d}x\right)^2$$

$$=\left[\left(\frac{x}{2}-\frac{1}{4}\sin 2x\right)\Big|_0^{\pi}\right]^2=\frac{\pi^2}{4}.$$

(2) $\iint_D(3x+2y)\mathrm{d}\sigma$，闭区域 D 由坐标轴与 $x+y=2$ 所围成.

解 积分区域 D(见题 1(2)图)：

$0\leqslant x\leqslant 2$，$0\leqslant y\leqslant 2-x$，

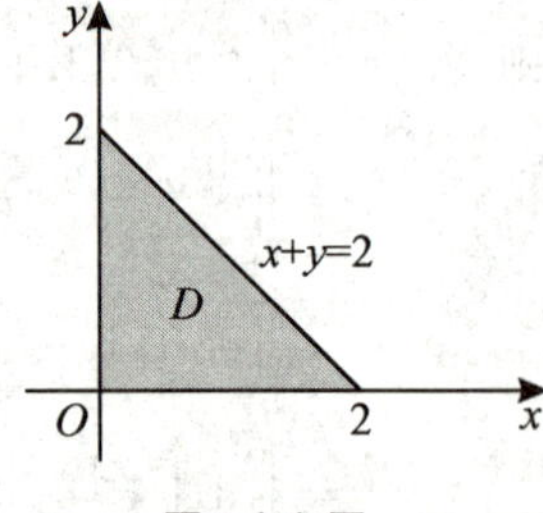

题 1 (2) 图

$$原式=\int_0^2\mathrm{d}x\int_0^{2-x}(3x+2y)\mathrm{d}y$$

$$=\int_0^2(3xy+y^2)\Big|_0^{2-x}\mathrm{d}x$$

$$=\int_0^2[6x-3x^2+(2-x)^2]\mathrm{d}x$$

$$=\left[3x^2-x^3-\frac{1}{3}(2-x)^3\right]\Big|_0^2=\frac{20}{3}.$$

(3) $\iint_D(x^3+3x^2y+y^3)\mathrm{d}\sigma$，其中 D：$0\leqslant x\leqslant 1$，$0\leqslant y\leqslant 1$.

解 $$原式=\int_0^1\mathrm{d}y\int_0^1(x^3+3x^2y+y^3)\mathrm{d}x=\int_0^1\left(\frac{1}{4}x^4+x^3y+xy^3\right)\Big|_0^1\mathrm{d}y$$

$$=\int_0^1\left(\frac{1}{4}+y+y^3\right)\mathrm{d}y=\left(\frac{1}{4}y+\frac{1}{2}y^2+\frac{1}{4}y^4\right)\Big|_0^1=1.$$

(4) $\iint\limits_D (x^2-y^2)\mathrm{d}\sigma$，其中 D：$0\leqslant y\leqslant \sin x$，$0\leqslant x\leqslant \pi$.

解　$\iint\limits_D (x^2-y^2)\mathrm{d}\sigma = \int_0^{\pi}\mathrm{d}x\int_0^{\sin x}(x^2-y^2)\mathrm{d}y$

$$= \int_0^{\pi}\left[x^2y-\frac{1}{3}y^3\right]\Big|_0^{\sin x}\mathrm{d}x = \int_0^{\pi}x^2\sin x\mathrm{d}x-\frac{1}{3}\int_0^{\pi}\sin^3 x\mathrm{d}x$$

$$=-x^2\cos x\Big|_0^{\pi}+\int_0^{\pi}2x\cos x\mathrm{d}x+\frac{1}{3}\int_0^{\pi}(1-\cos^2 x)\mathrm{d}\cos x$$

$$=\pi^2+2x\sin x\Big|_0^{\pi}-2\int_0^{\pi}\sin x\mathrm{d}x+\frac{1}{3}\cos x\Big|_0^{\pi}-\frac{1}{9}\cos^3 x\Big|_0^{\pi}$$

$$=\pi^2-\frac{40}{9}.$$

2. 画出积分区域，并计算下列二重积分：

(1) $\iint\limits_D \mathrm{e}^{x+y}\mathrm{d}\sigma$，其中 D：$|x|+|y|\leqslant 1$.

解　积分区域 D 如题 2 (1) 图所示.

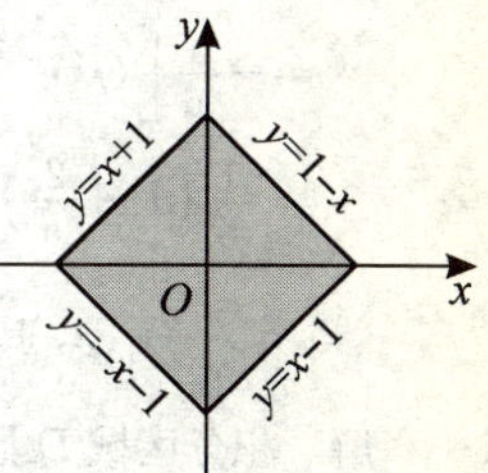

题 2 (1) 图

$$\text{原式}=\int_{-1}^{0}\mathrm{e}^x\mathrm{d}x\int_{-1-x}^{1+x}\mathrm{e}^y\mathrm{d}y+\int_0^1\mathrm{e}^x\mathrm{d}x\int_{x-1}^{1-x}\mathrm{e}^y\mathrm{d}y$$

$$=\int_{-1}^{0}\mathrm{e}^x(\mathrm{e}^y)\Big|_{-1-x}^{1+x}\mathrm{d}x+\int_0^1\mathrm{e}^x(\mathrm{e}^y)\Big|_{x-1}^{1-x}\mathrm{d}x$$

$$=\int_{-1}^{0}(\mathrm{e}^{2x+1}-\mathrm{e}^{-1})\mathrm{d}x+\int_0^1(\mathrm{e}-\mathrm{e}^{2x-1})\mathrm{d}x$$

$$=\left(\frac{1}{2}\mathrm{e}^{2x+1}-\frac{x}{\mathrm{e}}\right)\Big|_{-1}^{0}+\left(\mathrm{e}x-\frac{1}{2}\mathrm{e}^{2x-1}\right)\Big|_0^1$$

$$=\frac{\mathrm{e}}{2}-\frac{\mathrm{e}^{-1}}{2}-\mathrm{e}^{-1}+\mathrm{e}-\frac{\mathrm{e}}{2}+\frac{\mathrm{e}^{-1}}{2}=\mathrm{e}-\frac{1}{\mathrm{e}}.$$

(2) $\iint\limits_D \frac{\sin x}{x}\mathrm{d}\sigma$，其中 D 是由 $y=x$，$y=\frac{x}{2}$，$x=2$ 所围成的区域；

解　积分区域 D 如题 2(2) 图所示.

$$\iint\limits_D \frac{\sin x}{x}\mathrm{d}\sigma=\int_0^2\mathrm{d}x\int_{\frac{x}{2}}^{x}\frac{\sin x}{x}\mathrm{d}y$$

$$=\int_0^2\frac{\sin x}{x}\cdot\frac{x}{2}\mathrm{d}x$$

$$=\frac{1}{2}\int_0^2\sin x\mathrm{d}x$$

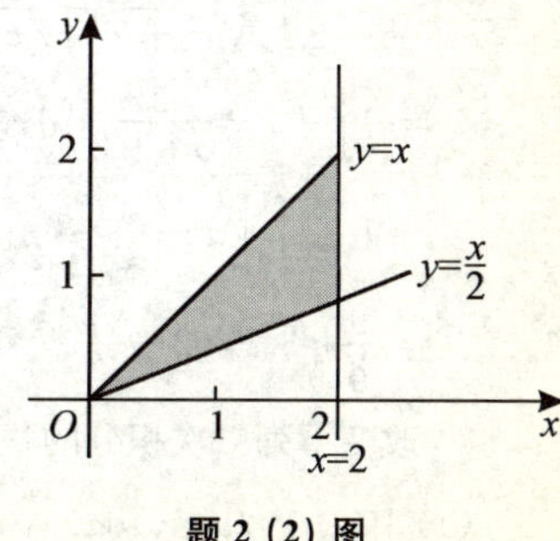

题 2 (2) 图

$$=\frac{1}{2}(1-\cos 2).$$

(3) $\iint\limits_D x^2 e^{-y^2}\,dxdy$，其中 D 是以 (0，0)，(1，1)，(0，1) 为顶点的三角形闭区域；

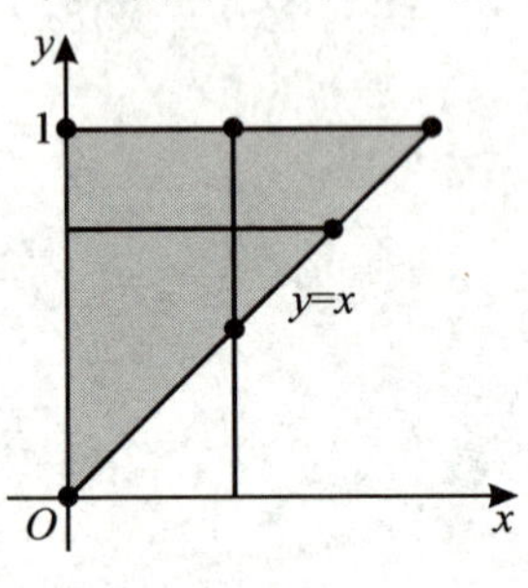

题 2 (3) 图

解　$\because \int e^{-y^2}\,dy$ 无法用初等函数表示，

$\therefore$ 积分时必须考虑次序，积分区域 D 如题 2(3) 图所示.

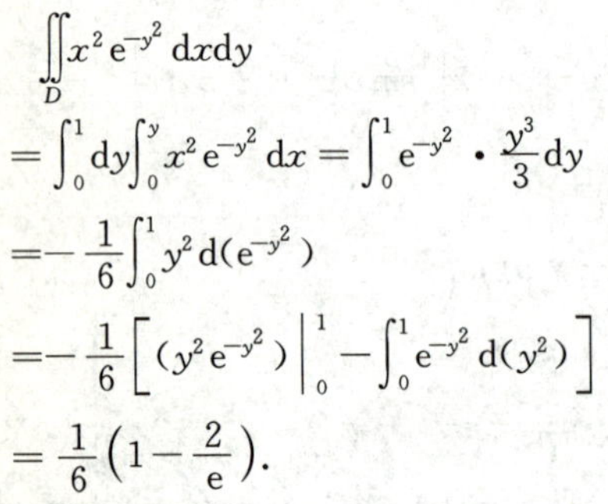

$$\iint\limits_D x^2 e^{-y^2}\,dxdy$$

$$=\int_0^1 dy\int_0^y x^2 e^{-y^2}\,dx=\int_0^1 e^{-y^2}\cdot\frac{y^3}{3}dy$$

$$=-\frac{1}{6}\int_0^1 y^2\,d(e^{-y^2})$$

$$=-\frac{1}{6}\left[(y^2e^{-y^2})\Big|_0^1-\int_0^1 e^{-y^2}\,d(y^2)\right]$$

$$=\frac{1}{6}\left(1-\frac{2}{e}\right).$$

(4) $\iint\limits_D \frac{x}{y+1}d\sigma$，其中 D 是由 $y=x^2+1$，$y=2x$，$x=0$所围成的区域.

解　积分区域 D 如题 2(4) 图所示.

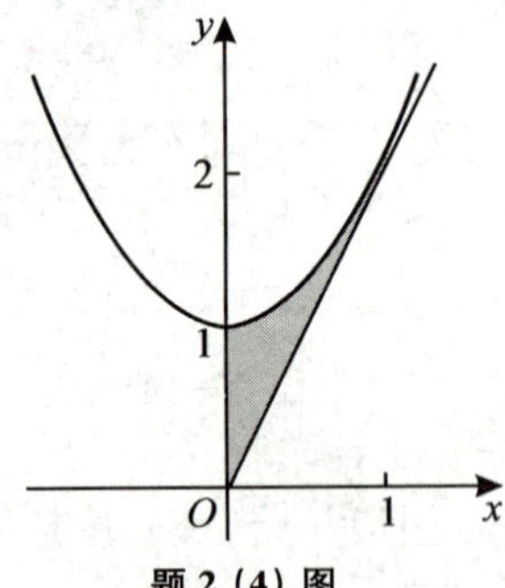

题 2 (4) 图

$$\iint\limits_D \frac{x}{y+1}d\sigma=\int_0^1 dx\int_{2x}^{x^2+1}\frac{x}{y+1}dy$$

$$=\int_0^1 x[\ln(x^2+2)-\ln(2x+1)]dx$$

$$=\frac{1}{2}x^2[\ln(x^2+2)-\ln(2x+1)]\Big|_0^1$$

$$-\frac{1}{2}\int_0^1\left(\frac{2x^3}{x^2+2}-\frac{2x^2}{2x+1}\right)dx$$

$$=-\int_0^1\left(x-\frac{2x}{x^2+2}\right)dx$$

$$+\frac{1}{2}\int_0^1\left[x-\frac{1}{2}+\frac{1}{2(2x+1)}\right]dx$$

$$=\frac{9}{8}\ln 3-\ln 2-\frac{1}{2}.$$

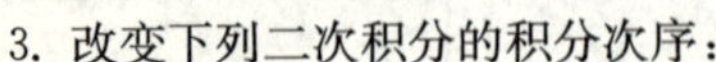

3. 改变下列二次积分的积分次序：

(1) $\int_0^1 dy\int_0^y f(x,y)\,dx$.

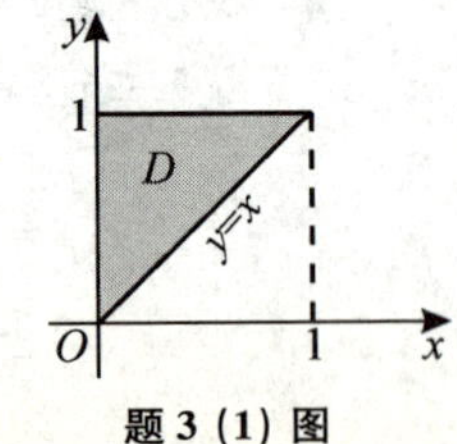

题 3 (1) 图

解 原式 $=\iint\limits_D f(x, y)\mathrm{d}\sigma=\int_0^1\mathrm{d}x\int_x^1 f(x, y)\mathrm{d}y.$

(2) $\int_1^{\mathrm{e}}\mathrm{d}x\int_0^{\ln x} f(x, y)\mathrm{d}y.$

解 由二次积分的积分限有：

$1\leqslant x\leqslant \mathrm{e},\ 0\leqslant y\leqslant \ln x,$

题 3 (2) 图

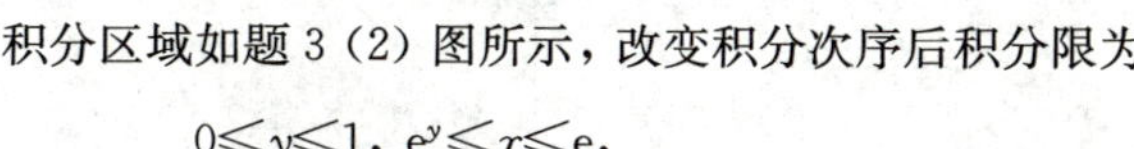

积分区域如题 3 (2) 图所示，改变积分次序后积分限为

$0\leqslant y\leqslant 1,\ \mathrm{e}^y\leqslant x\leqslant \mathrm{e},$

所以，

$$原式=\int_0^1\mathrm{d}y\int_{\mathrm{e}^y}^{\mathrm{e}} f(x, y)\mathrm{d}x.$$

(3) $\int_{-1}^0\mathrm{d}x\int_{x+1}^{\sqrt{1-x^2}} f(x, y)\ \mathrm{d}y.$

解 积分区域 D：

$$\begin{cases}x+1\leqslant y\leqslant\sqrt{1-x^2},\\ -1\leqslant x\leqslant 0\end{cases}$$

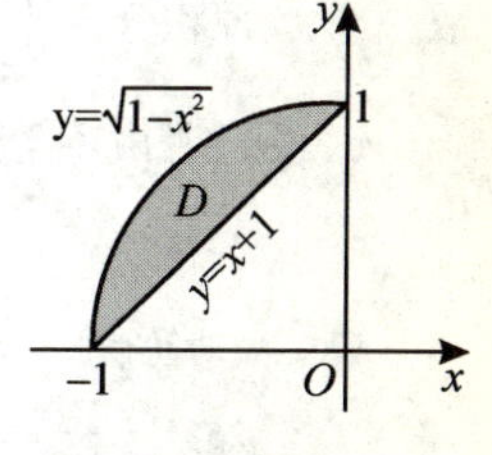

题 3 (3) 图

如题 3 (3) 图所示，可改写为

$$\begin{cases}-\sqrt{1-y^2}\leqslant x\leqslant y-1,\\ 0\leqslant y\leqslant 1\end{cases}$$

则 $$\int_{-1}^0\mathrm{d}x\int_{x+1}^{\sqrt{1-x^2}} f(x, y)\mathrm{d}y=\int_0^1\mathrm{d}y\int_{-\sqrt{1-y^2}}^{y-1} f(x, y)\mathrm{d}x.$$

(4) $\int_0^1\mathrm{d}y\int_{1-y}^{1+y^2} f(x, y)\mathrm{d}x.$

解 由题设二次积分写出积分限：

$0\leqslant y\leqslant 1,\ 1-y\leqslant x\leqslant 1+y^2,$

画出如题 3 (4) 图所示积分区域 D，易知

$0\leqslant x\leqslant 1,\ 1-x\leqslant y\leqslant 1,$

$1\leqslant x\leqslant 2,\ \sqrt{x-1}\leqslant y\leqslant 1,$

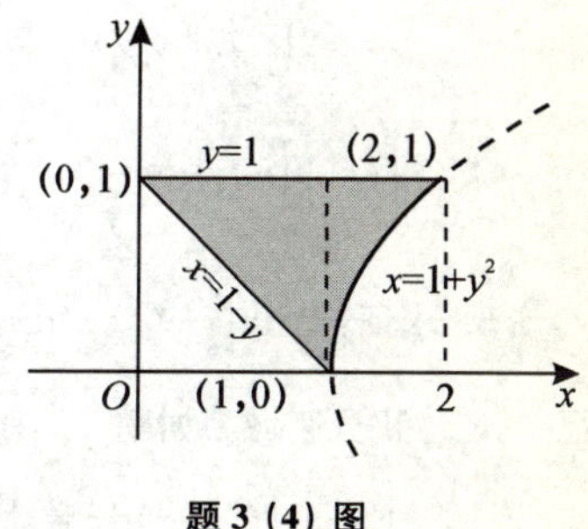

题 3 (4) 图

所以

$$\int_0^1\mathrm{d}y\int_{1-y}^{1+y^2} f(x, y)\mathrm{d}x$$

$$= \int_0^1 dx \int_{1-x}^1 f(x, y) dy + \int_1^2 dx \int_{\sqrt{x-1}}^1 f(x, y) dy.$$

(5) $\int_0^1 dx \int_0^x f(x, y) dy + \int_1^2 dx \int_0^{2-x} f(x, y) dy$.

解　设积分区域 $D = D_1 + D_2$，其中

$$D_1: \begin{cases} 0 \leqslant y \leqslant x \\ 0 \leqslant x \leqslant 1 \end{cases}, \quad D_2: \begin{cases} 0 \leqslant y \leqslant 2-x \\ 1 \leqslant x \leqslant 2 \end{cases},$$

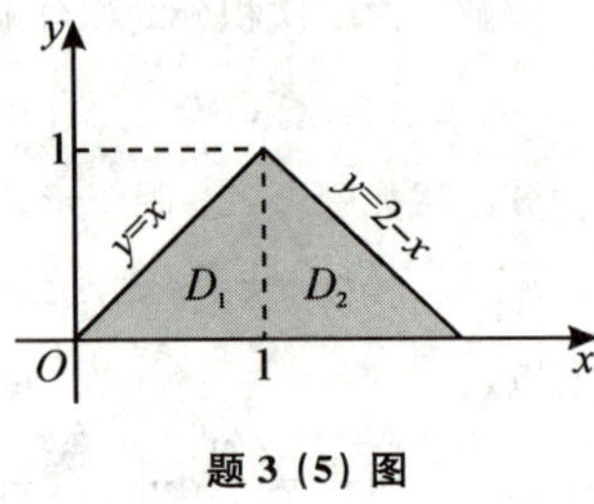

题 3 (5) 图

如题 3 (5) 图所示，易见

$$D: \begin{cases} y \leqslant x \leqslant 2-y \\ 0 \leqslant y \leqslant 1 \end{cases},$$

故　　原积分 $= \int_0^1 dy \int_y^{2-y} f(x, y) dx$.

4. 设 D 是由不等式 $|x| + |y| \leqslant 1$ 所确定的有界闭区域，求二重积分 $\iint\limits_D (|x| + y) dxdy$.

解　由对称性，

$$\iint\limits_D y dxdy = 0,$$

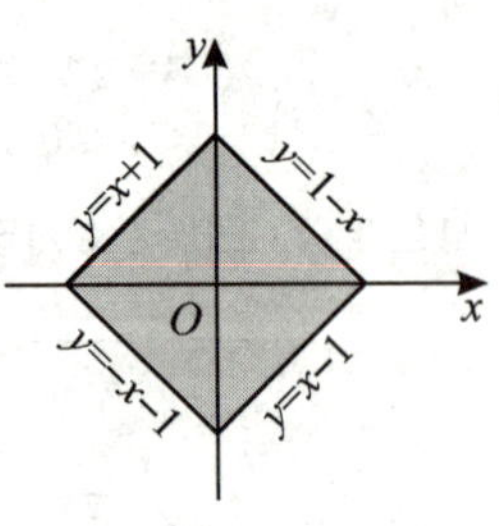

题 4 图

$$\iint\limits_D |x| dxdy$$

$$= \int_{-1}^0 (-x) dx \int_{-1-x}^{1+x} dy + \int_0^1 x dx \int_{x-1}^{1-x} dy$$

$$= -2\int_{-1}^0 (x^2 + x) dx + 2\int_0^1 (-x^2 + x) dx = \frac{2}{3}.$$

$$\therefore \iint\limits_D (|x| + y) dxdy = \frac{2}{3}.$$

5. 求证：$\int_0^1 dy \int_0^{\sqrt{y}} e^y f(x) dx = \int_0^1 (e - e^{x^2}) f(x) dx$.

证　积分区域为如题 5 图所示的阴影部分，从而

$$\int_0^1 dy \int_0^{\sqrt{y}} e^y f(x) dx = \int_0^1 dx \int_{x^2}^1 e^y f(x) dy$$

$$= \int_0^1 f(x) [e^y] \Big|_{x^2}^1 dx$$

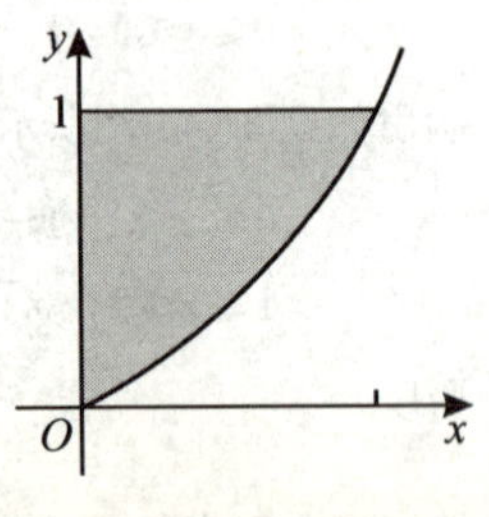

题 5 图

$$=\int_0^1 (\mathrm{e}-\mathrm{e}^{x^2})f(x)\mathrm{d}x.$$

6. 如果二重积分 $\iint\limits_D f(x, y)\mathrm{d}x\mathrm{d}y$ 的被积函数 $f(x, y)$ 是两个函数 $f_1(x)$ 及 $f_2(y)$ 的乘积，即 $f(x, y)=f_1(x)\cdot f_2(y)$，积分区域 $D=\{(x, y)\mid a\leqslant x\leqslant b, c\leqslant y\leqslant d\}$，证明：

$$\iint\limits_D f_1(x)\cdot f_2(y)\mathrm{d}x\mathrm{d}y=\left[\int_a^b f_1(x)\mathrm{d}x\right]\cdot\left[\int_c^d f_2(x)\mathrm{d}x\right].$$

证 $\iint\limits_D f(x, y)\mathrm{d}x\mathrm{d}y=\int_a^b \mathrm{d}x\int_c^d f_1(x)f_2(y)\mathrm{d}y=\int_a^b f_1(x)\mathrm{d}x\int_c^d f_2(y)\mathrm{d}y$

$$=\int_a^b f_1(x)\mathrm{d}x\cdot\int_c^d f_2(x)\mathrm{d}x.$$ 证毕.

7. 求曲线 $(x-y)^2+x^2=a^2(a>0)$ 所围成的平面图形的面积.

解 所求面积的区域为

$$D: -a\leqslant x\leqslant a, x-\sqrt{a^2-x^2}\leqslant y\leqslant x+\sqrt{a^2-x^2},$$

故所求面积为

$$S=\iint\limits_D \mathrm{d}\sigma=\int_{-a}^{a}\mathrm{d}x\int_{x-\sqrt{a^2-x^2}}^{x+\sqrt{a^2-x^2}}\mathrm{d}y=\int_{-a}^{a}2\sqrt{a^2-x^2}\mathrm{d}x$$

$$=4\int_0^a\sqrt{a^2-x^2}\mathrm{d}x$$

$$\xlongequal{x=a\sin t}4\int_0^{\frac{\pi}{2}}a^2\cos^2 t\mathrm{d}t=4a^2\ \frac{1}{2}\cdot\frac{\pi}{2}=\pi a^2.$$

8. 计算下列曲线所围成的面积：

(1) $y=x^2$，$y=x+2$；

(2) $y^2=2x+1$，$y^2=-2x+1$.

解 (1) 面积 $S=\iint\limits_D \mathrm{d}\sigma=\int_{-1}^{2}\mathrm{d}x\int_{x^2}^{x+2}\mathrm{d}y=\int_{-1}^{2}(x+2-x^2)\mathrm{d}x=\frac{9}{2}.$

(2) 两曲线交点为 $(0, -1)$，$(0, 1)$

$$S=\int_{-1}^{1}\mathrm{d}y\int_{\frac{1}{2}(y^2-1)}^{\frac{1}{2}(1-y^2)}\mathrm{d}x=\frac{1}{2}\int_{-1}^{1}(2-2y^2)\mathrm{d}y$$

$$=\left(y-\frac{1}{3}y^3\right)\Big|_{-1}^{1}=\frac{4}{3}.$$

9. 用二重积分表示由曲面 $z=0$，$x+y+z=1$，$x^2+y^2=1$ 所围立体的体积.

解 所围立体视为以平面 $x+y+z=1$ 为顶，以 xOy 面上的圆 $x^2+y^2=1$ $(z=0)$

为底的曲顶柱体.

根据二重积分的几何意义，所求体积为

$$V=\iint\limits_{x^2+y^2\leqslant 1}|1-x-y|\,\mathrm{d}x\mathrm{d}y.$$

10. 计算由四个平面 $x=0$，$y=0$，$x=1$，$y=1$ 所围成的柱体被平面

$$z=0 \text{ 及 } 2x+3y+z=6$$

截得的立体的体积.

解　该立体可看作以 $D=\{(x,y)\mid 0\leqslant x\leqslant 1,0\leqslant y\leqslant 1\}$ 为底，以 $z=6-2x-3y$ 为顶面的曲顶柱体，其体积

$$\begin{aligned}V&=\iint\limits_{D}(6-2x-3y)\mathrm{d}x\mathrm{d}y=\int_0^1\mathrm{d}x\int_0^1(6-2x-3y)\mathrm{d}y\\&=\int_0^1\left(6-2x-\frac{3}{2}\right)\mathrm{d}x\\&=6-1-\frac{3}{2}=\frac{7}{2}.\end{aligned}$$

11. 求由曲面 $z=x^2+2y^2$ 及 $z=6-2x^2-y^2$ 所围立体的体积.

解　该立体的上顶面为 $z=6-2x^2-y^2$，下顶面为 $z=x^2+2y^2$，两曲面的交线为 $x^2+y^2=2$，故交线所围平面区域 D 是 xOy 平面上的圆域 $x^2+y^2\leqslant 2$，因此

$$\begin{aligned}V&=\iint\limits_{D}[(6-2x^2-y^2)-(x^2+2y^2)]\mathrm{d}x\mathrm{d}y\\&=3\int_{-\sqrt{2}}^{\sqrt{2}}\mathrm{d}x\int_{-\sqrt{2-x^2}}^{\sqrt{2-x^2}}(2-x^2-y^2)\mathrm{d}y\\&=12\int_0^{\sqrt{2}}\mathrm{d}x\int_0^{\sqrt{2-x^2}}(2-x^2-y^2)\mathrm{d}y\\&=12\int_0^{\sqrt{2}}\left[2\sqrt{2-x^2}-x^2\sqrt{2-x^2}-\frac{1}{3}(2-x^2)^{\frac{3}{2}}\right]\mathrm{d}x\\&=12\int_0^{\sqrt{2}}\left[(2-x^2)^{\frac{3}{2}}-\frac{1}{3}(2-x^2)^{\frac{3}{2}}\right]\mathrm{d}x\\&=8\int_0^{\sqrt{2}}(2-x^2)^{\frac{3}{2}}\mathrm{d}x(\text{令 }x=\sqrt{2}\sin\theta)\\&=8\int_0^{\frac{\pi}{2}}2\sqrt{2}\cos^3\theta\cdot\sqrt{2}\cos\theta\mathrm{d}\theta\\&=32\int_0^{\frac{\pi}{2}}\cos^4\theta\mathrm{d}\theta=32\cdot\frac{3}{4}\cdot\frac{1}{2}\cdot\frac{\pi}{2}=6\pi.\end{aligned}$$

§6.9 在极坐标系下二重积分的计算

一、主要知识归纳

表 6—9—1　　平面简单区域的表示法

极坐标系	极点在 D 外	$D:\begin{cases}\alpha\leqslant\theta\leqslant\beta\\ r_1(\theta)\leqslant r\leqslant r_2(\theta)\end{cases}$.
	极点在 D 的边界上	$D:\begin{cases}\alpha\leqslant\theta\leqslant\beta\\ 0\leqslant r\leqslant r(\theta)\end{cases}$.
	极点在 D 内	$D:\begin{cases}0\leqslant\theta\leqslant 2\pi\\ 0\leqslant r\leqslant r(\theta)\end{cases}$.

要点说明：

(1) 对区域 D 的以上表示方式是化二重极限为二次积分的重要步骤，目的是确定二次积分的积分限；

(2) 若区域不是简单区域，则可用平行于坐标轴的直线将 D 分成若干子区域，使每个子区域均为简单区域，然后利用区域的可加性逐个积分.

表 6—9—2　　二重积分的计算法

极坐标系	1° 面积元素 $\mathrm{d}\sigma=\mathrm{d}x\mathrm{d}y=r\mathrm{d}r\mathrm{d}\theta$.
	2° 极点在 D 外，即 $D:\begin{cases}\alpha\leqslant\theta\leqslant\beta\\ r_1(\theta)\leqslant r\leqslant r_2(\theta)\end{cases}$， 则 $\iint\limits_D f(x,y)\mathrm{d}\sigma=\int_\alpha^\beta\mathrm{d}\theta\int_{r_1(\theta)}^{r_2(\theta)}f(r\cos\theta,r\sin\theta)r\mathrm{d}r$.
	3° 极点在 D 的边界上，即 $D:\begin{cases}\alpha\leqslant\theta\leqslant\beta\\ 0\leqslant r\leqslant r(\theta)\end{cases}$， 则 $\iint\limits_D f(x,y)\mathrm{d}\sigma=\int_\alpha^\beta\mathrm{d}\theta\int_0^{r(\theta)}f(r\cos\theta,r\sin\theta)r\mathrm{d}r$.
	4° 极点在 D 内，即 $D:\begin{cases}0\leqslant\theta\leqslant 2\pi\\ 0\leqslant r\leqslant r(\theta)\end{cases}$， 则 $\iint\limits_D f(x,y)\mathrm{d}\sigma=\int_0^{2\pi}\mathrm{d}\theta\int_0^{r(\theta)}f(r\cos\theta,r\sin\theta)r\mathrm{d}r$.

二、典型例题分析

例 1　计算 $\iint\limits_D(x^2+y^2)\mathrm{d}x\mathrm{d}y$，其中 D 为由圆 $x^2+y^2=2y$，$x^2+y^2=4y$ 及直线 $x-\sqrt{3}y=0$，$y-\sqrt{3}x=0$ 所围成的平面闭区域.

解　因 $y-\sqrt{3}x=0\Rightarrow\theta=\dfrac{\pi}{3}$，

$x^2+y^2=4y\Rightarrow r=4\sin\theta$，

$x-\sqrt{3}y=0\Rightarrow\theta=\dfrac{\pi}{6}$，

$x^2+y^2=2y\Rightarrow r=2\sin\theta$，

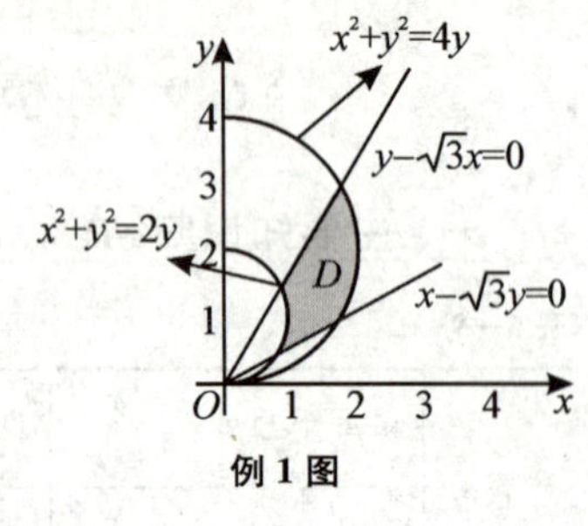

例 1 图

所以

$$\iint_D(x^2+y^2)\mathrm{d}x\mathrm{d}y=\int_{\frac{\pi}{6}}^{\frac{\pi}{3}}\mathrm{d}\theta\int_{2\sin\theta}^{4\sin\theta}r^2\cdot r\mathrm{d}r$$

$$=60\int_{\frac{\pi}{6}}^{\frac{\pi}{3}}\sin^4\theta\mathrm{d}\theta=\frac{\pi}{16}-\frac{\sqrt{3}}{32}.$$

例 2　将二重积分 $\iint_D f(x,y)\mathrm{d}\sigma$ 化为极坐标形式的二次积分，其中 D 是曲线 $x^2+y^2=a^2$，$\left(x-\dfrac{a}{2}\right)^2+y^2=\dfrac{a^2}{4}$ 及直线 $x+y=0$ 所围成的上半平面区域.

解　如例 2 图所示，令 $x=r\cos\theta$，$y=r\sin\theta$，则 D 的边界的极坐标方程分别变为 $r=a$，$r=a\cos\theta$ 及 $\theta=3\pi/4$.

D_1：$0\leqslant\theta\leqslant\pi/2$，$a\cos\theta\leqslant r\leqslant a$；

D_2：$\pi/2\leqslant\theta\leqslant3\pi/4$，$0\leqslant r\leqslant a$.

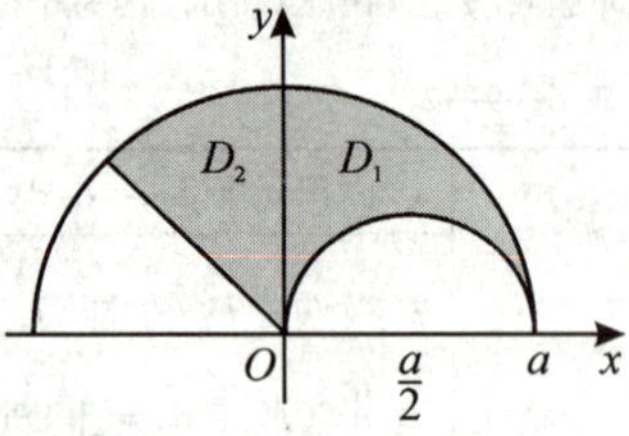

例 2 图

$$\iint_D f(x,y)\mathrm{d}\sigma$$

$$=\iint_{D_1}f(x,y)\mathrm{d}\sigma+\iint_{D_2}f(x,y)\mathrm{d}\sigma$$

$$=\int_0^{\pi/2}\mathrm{d}\theta\int_{a\cos\theta}^{a}f(r\cos\theta,r\sin\theta)r\mathrm{d}r+\int_{\pi/2}^{3\pi/4}\mathrm{d}\theta\int_0^a f(r\cos\theta,r\sin\theta)r\mathrm{d}r.$$

三、习题 6—9 解答

1. 把积分 $\iint_D f(x,y)\mathrm{d}x\mathrm{d}y$ 化为极坐标形式的二次积分，其中积分区域 D 为：

(1) $x^2+y^2\leqslant9$.

解　积分区域是半径为 3 的圆域，故

$$\iint_D f(x,y)\mathrm{d}x\mathrm{d}y=\int_0^{2\pi}\mathrm{d}\theta\int_0^3 f(r\cos\theta,r\sin\theta)r\mathrm{d}r.$$

(2) $1 \leqslant x^2 + y^2 \leqslant 4$.

解 积分区域是圆环域.

$$\therefore \quad \iint_D f(x, y)\mathrm{d}x\mathrm{d}y = \int_0^{2\pi}\mathrm{d}\theta\int_1^2 f(r\cos\theta, r\sin\theta)r\mathrm{d}r.$$

(3) $x^2 + y^2 \leqslant 2x$.

解 积分区域是中心在 (1，0)，半径为 1 的圆域.

$$\therefore \quad \iint_D f(x, y)\mathrm{d}x\mathrm{d}y = \int_{-\frac{\pi}{2}}^{\frac{\pi}{2}}\mathrm{d}\theta\int_0^{2\cos\theta} f(r\cos\theta, r\sin\theta)r\mathrm{d}r.$$

2. 化下列二次积分为极坐标形式的二次积分：

(1) $\int_0^a \mathrm{d}y\int_0^{\sqrt{a^2-y^2}} f(x, y)\mathrm{d}x$.

解 积分区域 D：

$$0 \leqslant y \leqslant a, 0 \leqslant x \leqslant \sqrt{a^2 - y^2},$$

如题 2 (1) 图所示，

题 2 (1) 图

$$\int_0^a \mathrm{d}y\int_0^{\sqrt{a^2-y^2}} f(x, y)\mathrm{d}x = \iint_D f(x, y)\mathrm{d}\sigma = \int_0^{\frac{\pi}{2}}\mathrm{d}\theta\int_0^a f(r\cos\theta, r\sin\theta)\cdot r\mathrm{d}r.$$

(2) $\int_0^2 \mathrm{d}x\int_x^{\sqrt{3}x} f(x, y)\mathrm{d}y$.

解 积分区域 D 如题 2 (2) 图所示，用极坐标表示为：

$$D: \frac{\pi}{4} \leqslant \theta \leqslant \frac{\pi}{3}, 0 \leqslant r \leqslant 2\sec\theta.$$

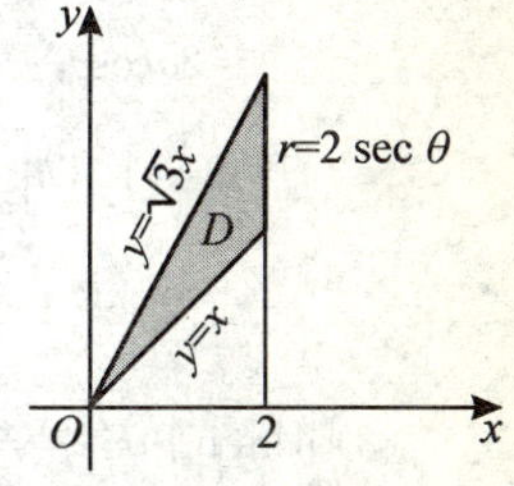

题 2 (2) 图

$$\therefore \quad \int_0^2 \mathrm{d}x\int_0^{\sqrt{3}x} f(x, y)\mathrm{d}y$$

$$= \iint_D f(x, y)\mathrm{d}x\mathrm{d}y$$

$$= \int_{\frac{\pi}{4}}^{\frac{\pi}{3}}\mathrm{d}\theta\int_0^{2\sec\theta} f(r\cos\theta, r\sin\theta)r\mathrm{d}r.$$

(3) $\int_0^1 \mathrm{d}x\int_{1-x}^{\sqrt{1-x^2}} f(x, y)\mathrm{d}y$.

解 积分区域 D 如题 2 (3) 图所示，在极坐标系下，积分区域可表示为

题 2 (3) 图

$$D: 0 \leqslant \theta \leqslant \frac{\pi}{2}, \frac{1}{\sin\theta + \cos\theta} \leqslant r \leqslant 1.$$

$$\therefore \int_0^1 dx \int_{1-x}^{\sqrt{1-x^2}} f(x, y) dx = \iint_D f(x, y) dxdy$$

$$= \int_0^{\frac{\pi}{2}} d\theta \int_{\frac{1}{\sin\theta+\cos\theta}}^1 f(r\cos\theta, r\sin\theta) r dr.$$

3. 利用极坐标计算下列二重积分：

(1) $\iint\limits_D e^{x^2+y^2} d\sigma$，其中 D 是由 $x^2+y^2=9$ 所围成的闭区域.

解 $\iint\limits_D e^{x^2+y^2} d\sigma = \int_0^{2\pi} d\theta \int_0^3 e^{r^2} r dr = \frac{1}{2} \cdot 2\pi \cdot e^{r^2} \Big|_0^3 = \pi(e^9 - 1).$

(2) $\iint\limits_D (x^2+y^2) d\sigma$，其中 D 是由 $x^2+y^2=2ax$ 与 x 轴所围成的上半部分的闭区域.

解 如题 3 (2) 图所示，积分区域 D：

$$0 \leqslant x \leqslant 2a, 0 \leqslant y \leqslant \sqrt{2ax - x^2}.$$

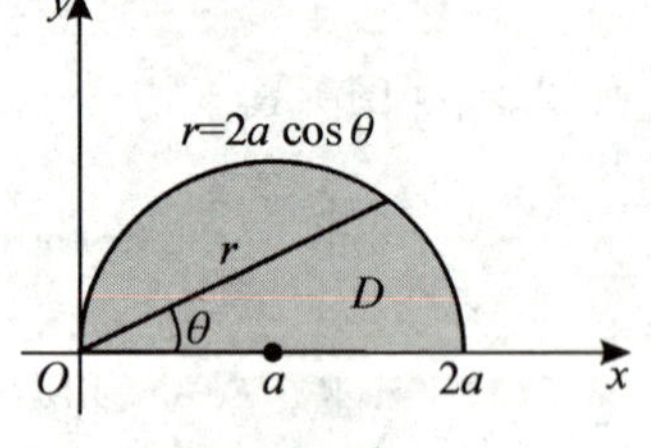

题 3 (2) 图

上半圆 $y = \sqrt{2ax - x^2}$ 的极坐标方程为：

$$r = 2a\cos\theta,$$

$$原式 = \int_0^{\frac{\pi}{2}} d\theta \int_0^{2a\cos\theta} r^3 dr = 4a^4 \int_0^{\frac{\pi}{2}} \cos^4\theta d\theta$$

$$= 4a^4 \cdot \frac{3}{4} \cdot \frac{1}{2} \cdot \frac{\pi}{2} = \frac{3}{4}\pi a^4.$$

(3) $\iint\limits_D \ln(1+x^2+y^2) d\sigma$，其中 D 是由圆周 $x^2+y^2=4$ 及坐标轴所围成的在第一象限内的闭区域.

解 $原式 = \int_0^{\frac{\pi}{2}} d\theta \int_0^2 \ln(1+r^2) r dr$

$$= \frac{1}{2} \cdot \frac{\pi}{2} \int_0^2 \ln(1+r^2) d(1+r^2)$$

$$= \frac{\pi}{4} \left\{ \left[(1+r^2)\ln(1+r^2)\right] \Big|_0^2 - \int_0^2 2r dr \right\}$$

$$= \frac{\pi}{4}(5\ln 5 - 4).$$

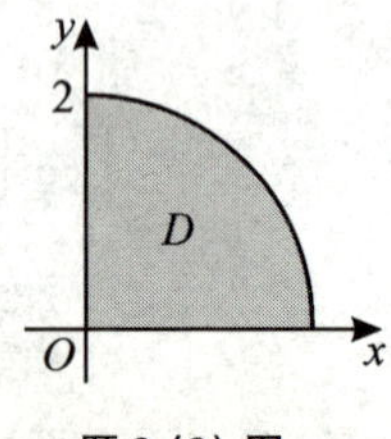

题 3 (3) 图

(4) $\iint\limits_D \sin\sqrt{x^2+y^2}\,\mathrm{d}x\mathrm{d}y$，其中 D 是由 $x^2+y^2=\pi^2$，$x^2+y^2=4\pi^2$，$y=x$，$y=2x$ 所围成的在第一象限内的闭区域.

解 经极坐标变换，边界曲线方程为

$$r=\pi,\ r=2\pi,\ \theta=\frac{\pi}{4},\ \theta=\arctan 2,$$

故 D:$\frac{\pi}{4}\leqslant\theta\leqslant\arctan 2$，$\pi\leqslant r\leqslant 2\pi$，于是

题 3 (4) 图

$$\begin{aligned}\iint\limits_D \sin\sqrt{x^2+y^3}\,\mathrm{d}\sigma &= \int_{\frac{\pi}{4}}^{\arctan 2}\mathrm{d}\theta\int_{\pi}^{2\pi} r\sin r\mathrm{d}r\\ &=\left(\arctan 2-\frac{\pi}{4}\right)\cdot\int_{\pi}^{2\pi} r\mathrm{d}(-\cos r)\\ &=\left(\arctan 2-\frac{\pi}{4}\right)\cdot\left(-r\cos r\Big|_{\pi}^{2\pi}+\int_{\pi}^{2\pi}\cos r\mathrm{d}r\right)\\ &=-3\pi\left(\arctan 2-\frac{\pi}{4}\right).\end{aligned}$$

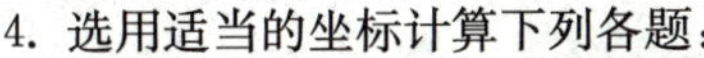

4. 选用适当的坐标计算下列各题：

(1) $\iint\limits_D (x^2+y^2)^{-\frac{1}{2}}\mathrm{d}\sigma$，其中 D 是由 $y=x^2$ 与 $y=x$ 所围成的闭区域.

解 利用极坐标计算.

抛物线 $y=x^2$ 的极坐标方程：

$$r\sin\theta=r^2\cos^2\theta\Rightarrow r=\tan\theta\sec\theta,$$

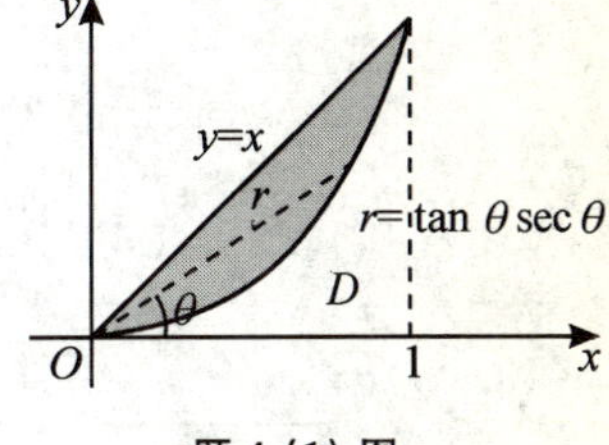

题 4 (1) 图

如题 4 (1) 图所示，所以

$$\begin{aligned}\text{原式}&=\iint\limits_D (x^2+y^2)^{-\frac{1}{2}}\mathrm{d}\sigma=\int_0^{\frac{\pi}{4}}\mathrm{d}\theta\int_0^{\frac{\sin\theta}{\cos^2\theta}}\frac{1}{r}\cdot r\mathrm{d}r\\ &=\int_0^{\frac{\pi}{4}}\sec\theta\tan\theta\mathrm{d}\theta=\sec\theta\Big|_0^{\frac{\pi}{4}}=\sqrt{2}-1.\end{aligned}$$

(2) $\iint\limits_D \frac{x^2}{y^2}\mathrm{d}\sigma$，其中 D 是由 $x=2$，$y=x$ 及 $xy=1$ 所围成的闭区域.

解 本题用直角坐标计算较简单，如题 4 (2) 图所示，积分区域可表示为：

$$D\text{：}1\leqslant x\leqslant 2,\ 1/x\leqslant y\leqslant x,$$

$$\iint_D \frac{x^2}{y^2}\mathrm{d}\sigma = \int_1^2 x^2\mathrm{d}x\int_{\frac{1}{x}}^{x}\frac{1}{y^2}\mathrm{d}y$$

$$= \int_1^2 x^2\left(-\frac{1}{y}\right)\bigg|_{\frac{1}{x}}^{x}\mathrm{d}x$$

$$= -\int_1^2 (x - x^3)\mathrm{d}x$$

$$= -\left(\frac{x^2}{2} - \frac{x^4}{4}\right)\bigg|_1^2 = \frac{9}{4}.$$

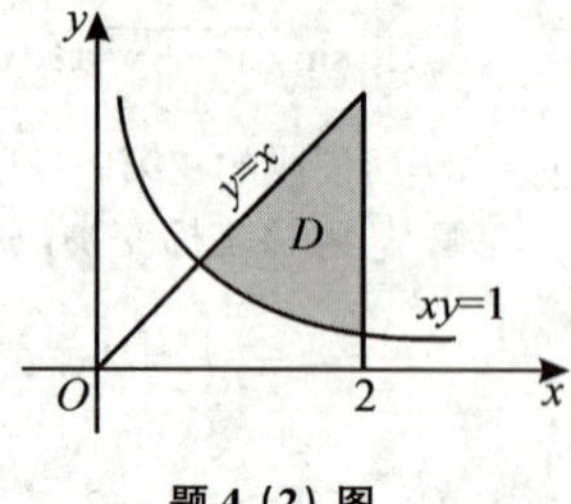

题 4 (2) 图

(3) $\iint\limits_D \dfrac{x+y}{x^2+y^2}\mathrm{d}\sigma$，其中 D：$x^2+y^2\leqslant 1$，$x+y\geqslant 1$.

解　积分区域 D 如题 4 (3) 图所示. 采用极坐标，区域 D 化为

$$0\leqslant\theta\leqslant\frac{\pi}{2},\ \frac{1}{\sin\theta+\cos\theta}\leqslant r\leqslant 1.$$

题 4 (3) 图

故
$$\iint_D \frac{x+y}{x^2+y^2}\mathrm{d}\sigma = \iint_D \frac{r\cos\theta + r\sin\theta}{r^2}r\mathrm{d}r\mathrm{d}\theta$$

$$= \int_0^{\frac{\pi}{2}}\mathrm{d}\theta\int_{\frac{1}{\sin\theta+\cos\theta}}^{1}(\sin\theta+\cos\theta)\mathrm{d}r$$

$$= \int_0^{\frac{\pi}{2}}(\sin\theta+\cos\theta)\left(1-\frac{1}{\sin\theta+\cos\theta}\right)\mathrm{d}\theta$$

$$= \int_0^{\frac{\pi}{2}}(\sin\theta+\cos\theta-1)\mathrm{d}\theta = [-\cos\theta+\sin\theta-\theta]\bigg|_0^{\pi/2}$$

$$= 2-\frac{\pi}{2}.$$

(4) $\iint\limits_D \sqrt{\dfrac{1-x^2-y^2}{1+x^2+y^2}}\mathrm{d}\sigma$，其中 D 是由圆周 $x^2+y^2=1$ 及坐标轴所围成的在第一象限内的闭区域.

解　利用极坐标计算，$D=\{(r,\theta)\mid 0\leqslant\theta\leqslant\pi/2,\ 0\leqslant r\leqslant 1\}$.

$$\text{原式} = \int_0^{\frac{\pi}{2}}\mathrm{d}\theta\int_0^1\sqrt{\frac{1-r^2}{1+r^2}}r\mathrm{d}r = \frac{1}{2}\cdot\frac{\pi}{2}\int_0^1\sqrt{\frac{1-r^2}{1+r^2}}\mathrm{d}(r^2)$$

$$\xlongequal{r^2=t}\frac{\pi}{4}\int_0^1\sqrt{\frac{1-t}{1+t}}\mathrm{d}t = \frac{\pi}{4}\left[\int_0^1\frac{\mathrm{d}t}{\sqrt{1-t^2}} - \int_0^1\frac{2t\mathrm{d}t}{2\sqrt{1-t^2}}\right]$$

$$= \frac{\pi}{4}\left\{[\arcsin t]\bigg|_0^1 + \sqrt{1-t^2}\bigg|_0^1\right\} = \frac{\pi}{8}(\pi-2).$$

(5) $\iint\limits_D \dfrac{\mathrm{d}\sigma}{(a^2+x^2+y^2)^{3/2}}$，其中 D：$0\leqslant x\leqslant a$，$0\leqslant y\leqslant a$.

解 用极坐标计算

$$\iint\limits_D = \iint\limits_{D_1} + \iint\limits_{D_2} = 2\iint\limits_{D_2}$$

$$= 2\int_0^{\frac{\pi}{4}} \mathrm{d}\theta \int_0^{\frac{a}{\cos\theta}} \frac{r\mathrm{d}r}{(a^2+r^2)^{3/2}}$$

$$= 2\int_0^{\frac{\pi}{4}} \left[\frac{1}{a} - \frac{\cos\theta}{a\sqrt{2-\sin^2\theta}}\right]\mathrm{d}\theta = \frac{\pi}{6a}.$$

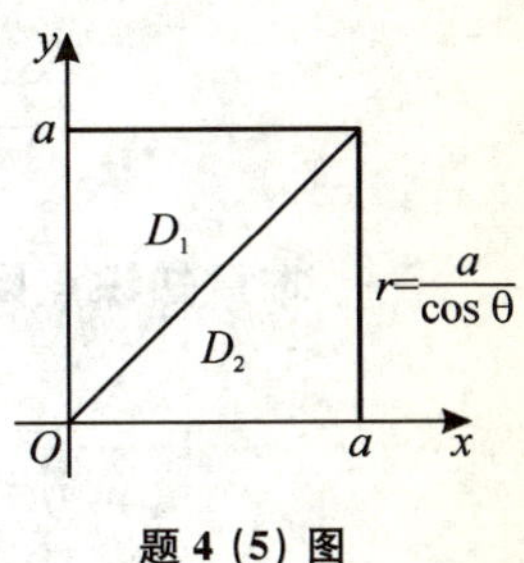

题 4 (5) 图

5. 求由平面 $y=0$，$y=kx(k>0)$，$z=0$ 以及球心在圆点、半径为 R 的上半球面所围成的第一卦限内的立体的体积.

解 如题 5 图所示，所围立体是以 D 为底面，以

$$z=\sqrt{R^2-x^2-y^2}$$

为顶面的曲顶柱体.

$$D：0\leqslant r\leqslant R，0\leqslant\theta\leqslant\arctan k，$$

$$\therefore\ V=\iint\limits_D \sqrt{R^2-x^2-y^2}\,\mathrm{d}\sigma$$

$$=\int_0^{\arctan k}\mathrm{d}\theta\int_0^R \sqrt{R^2-r^2}\,r\mathrm{d}r$$

$$=-\frac{1}{2}\arctan k\int_0^R \sqrt{R^2-r^2}\,\mathrm{d}(R^2-r^2)=\frac{R^3}{3}\arctan k.$$

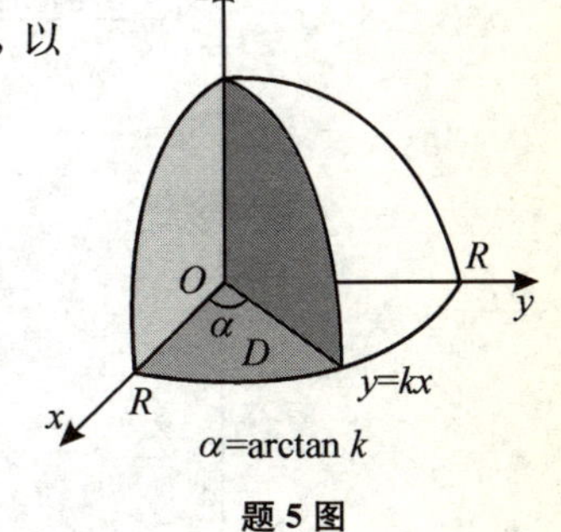

题 5 图

6. 求球体 $x^2+y^2+z^2\leqslant R^2$ 与 $x^2+y^2+z^2\leqslant 2Rz$ 所围公共部分的体积.

解 因为两球面的交线为 $x^2+y^2=\frac{3}{4}R^2$，所以两球体公共部分在 xOy 平面上的投影区域为

$$D：x^2+y^2\leqslant\frac{3}{4}R^2，$$

$$\therefore\ V=\iint\limits_D\left[\sqrt{R^2-x^2-y^2}-\left(R-\sqrt{R^2-x^2-y^2}\right)\right]\mathrm{d}x\mathrm{d}y$$

$$=\iint\limits_D\left[2\sqrt{R^2-x^2-y^2}-R\right]\mathrm{d}x\mathrm{d}y=\int_0^{2\pi}\mathrm{d}\theta\int_0^{\frac{\sqrt{3}}{2}R}\left(2\sqrt{R^2-r^2}-R\right)r\mathrm{d}r$$

$$=\int_0^{2\pi}\mathrm{d}\theta\int_0^{\frac{\sqrt{3}}{2}R}2r\sqrt{R^2-r^2}\,\mathrm{d}r-\frac{3}{4}\pi R^3$$

$$=-\frac{4}{3}\pi(R^2-r^2)^{\frac{3}{2}}\Big|_0^{\frac{\sqrt{3}}{2}R}-\frac{3}{4}\pi R^3=\frac{5}{12}\pi R^3.$$

本章小结

一、本章知识点网络图

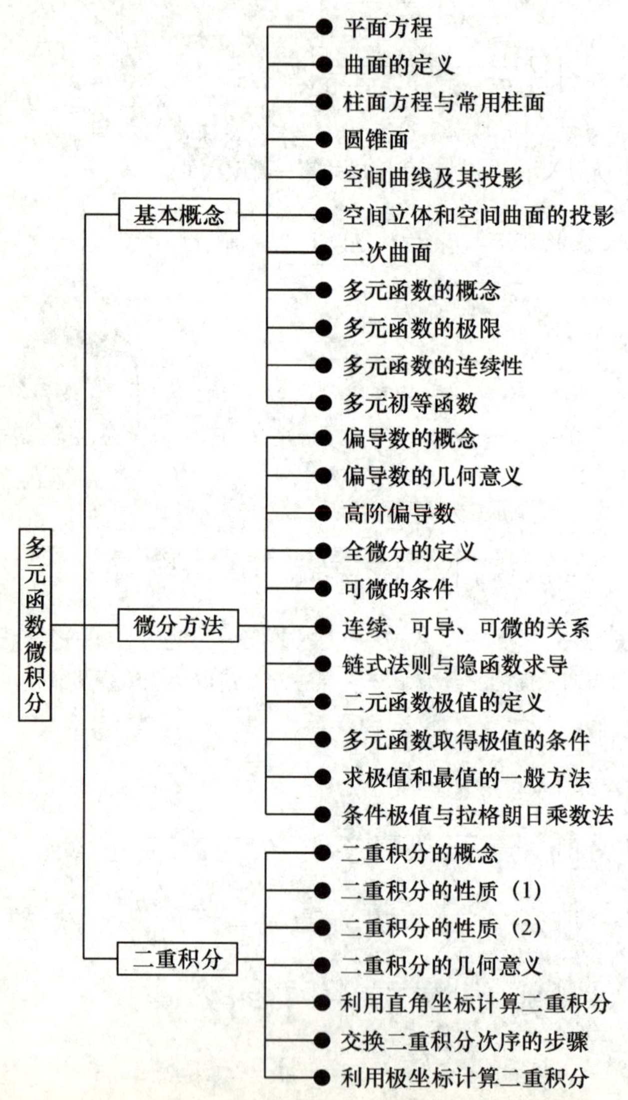

二、题型分析

题型1 多元函数的概念、极限与连续

解题思路 (1) 利用基本初等函数的定义域与基本性质求多元函数的定义域(见总习题六题1);

(2) 利用函数与复合函数定义求函数表达式(如例1);

(3) 利用多元函数的极限定义求极限(见总习题六题2(2));

(4) 利用变量替换将求多元函数极限的问题转化为求一元函数极限的问题(如例2);

(5) 判断多元函数的极限不存在,一般是通过证明沿不同的路径函数有不同的极限进行(见总习题六题3,又如例3);

(6) 讨论二元函数的连续与间断问题的方法与一元函数的情形类似,关键在于二元函数极限求法的不同(见总习题六题4).

例1 设 $z=x+y+f(x-y)$,且当 $y=0$ 时,$z=x^2$,求 z.

解 依题意,当 $y=0$ 时,得方程

$$x^2=x+f(x),$$

$$\therefore\quad f(x)=x^2-x.$$

$$f(x-y)=(x-y)^2-(x-y),$$

从而

$$z=x+y+f(x-y)=x+y+(x-y)^2-(x-y)=(x-y)^2+2y.$$

例2 求极限 $\lim\limits_{\substack{x\to0\\y\to0}}\dfrac{(y-x)x}{\sqrt{x^2+y^2}}$.

解 令 $x=\rho\cos\theta$, $y=\rho\sin\theta(\rho>0)$,则 $(x, y)\to(0, 0)$ 等价于 $\rho\to0$.

$$0\leqslant\left|\frac{(y-x)x}{\sqrt{x^2+y^2}}\right|=\frac{\rho^2\,|(\sin\theta-\cos\theta)\cos\theta|}{\rho}=\rho|(\sin\theta-\cos\theta)\cos\theta|\leqslant2\rho,$$

故

$$\lim_{\substack{x\to0\\y\to0}}\frac{(y-x)x}{\sqrt{x^2+y^2}}=0.$$

例3 讨论 $f(x, y)=\dfrac{ye^{\frac{1}{x^2}}}{y^2e^{\frac{2}{x^2}}+1}$ 在 $P_0(0, 0)$ 点是否存在极限.

解 取路径 $\Gamma_1:\begin{cases}y=0\\x\to0\end{cases}$,

$$\lim_{\substack{P\to P_0\\P\in\Gamma_1}} f(P)=\lim_{x\to 0}0=0;$$

又取另一路径 Γ_2：$\begin{cases}y=\mathrm{e}^{-\frac{1}{x^2}}\\x\to 0\end{cases}$，

$$\lim_{\substack{P\to P_0\\P\in\Gamma_2}} f(P)=\lim_{x\to 0}\frac{1}{2}=\frac{1}{2}.$$

所以 $f(x, y)$ 在 $P_0(0, 0)$ 不存在极限.

题型 2　利用偏导数和全微分概念解题

解题思路　(1) 已知二元函数的偏导数求二元函数，这实际上就是一元函数的积分问题，但要注意，当对其中一个变量积分时，积分常数是另一个变量的函数（如例 1）；

(2) 求函数的偏导数与全微分（见总习题六题 8，题 7，又如例 2）；

(3) 利用偏导数定义求分段函数在分段点处的偏导数（见总习题六题 9，又如例 3）；

(4) 用全微分定义验证一个可导函数的可微性，只需检验

$$\lim_{\rho\to 0}\frac{\Delta z-f'_x(x, y)+f'_y(x, y)}{\rho}=0.$$

若极限为 0，则 $z=f(x, y)$ 在 (x, y)处可微，否则不可微；其中

$$\rho=\sqrt{(\Delta x)^2+(\Delta y)^2}\ \text{（见总习题六题 10）};$$

(5) 讨论二元函数在分段点处偏导数的连续性（见总习题六题 11）.

例 1　设 $z(x, y)$ 满足 $\begin{cases}\dfrac{\partial z}{\partial x}=-\sin y+\dfrac{1}{1-xy},\\z(1, y)=\sin y\end{cases}$ 求 $z(x, y)$.

解　把 y 看作任意给定的常数，在题设方程两边对 x 积分，得

$$z(x, y)=-x\sin y-\frac{1}{y}\ln|1-xy|+\varphi(y),$$

其中 $\varphi(y)$ 为待定函数，代入题设条件，得

$$-\sin y-\frac{1}{y}\ln|1-y|+\varphi(y)=\sin y,$$

则
$$\varphi(y)=2\sin y+\frac{1}{y}\ln|1-y|.$$

因此，$z(x, y)=(2-x)\sin y+\dfrac{1}{y}\ln\left|\dfrac{1-y}{1-xy}\right|.$

例 2 求下列函数的偏导数与全微分：

设 $f(x, y)=x^2+(y-1)\arcsin\sqrt{\dfrac{y}{x}}$，求$\left.\dfrac{\partial f}{\partial x}\right|_{(2,1)}$.

解 只求$\left.\dfrac{\partial f}{\partial x}\right|_{(2,1)}$，先令 $y=1$ 再对 x 求导，得

$$\left.\frac{\partial f}{\partial x}\right|_{(2,1)}=\left.\frac{\mathrm{d}}{\mathrm{d}x}f(x,1)\right|_{x=2}=\left.\frac{\mathrm{d}}{\mathrm{d}x}(x^2)\right|_{x=2}=4.$$

例 3 设 $f(x, y)=\begin{cases}\dfrac{x^3y-xy^3}{x^2+y^2},\ (x,y)\neq(0,0)\\ 0,\ (x,y)=(0,0)\end{cases}$

(1)求 $f_x(0, 0)$，(2)求 $f_{xy}(0, 0)$.

解 由偏导数的定义

(1) $f_x(0,0)=\lim\limits_{\Delta x\to 0}\dfrac{f(\Delta x,0)-f(0,0)}{\Delta x}=0.$

(2)当 $x=0$，$y\neq 0$ 时，

$$f_x(0,y)=\lim_{\Delta x\to 0}\frac{f(\Delta x,y)-f(0,y)}{\Delta x}=\lim_{\Delta x\to 0}\frac{(\Delta x)^3y-y^3\Delta x}{((\Delta x)^2+y^2)\Delta x}=-y.$$

故 $$f_{xy}(0,0)=\lim_{\Delta y\to 0}\frac{f_x(0,\Delta x)-f_x(0,0)}{\Delta x}=\lim_{\Delta y\to 0}\frac{-\Delta y}{\Delta y}=-1.$$

题型 3 多元复合函数的偏导数的求法

解题思路 弄清函数的复合关系及偏导数的结构是正确求得偏导数的关键. a. 函数对某自变量的一阶偏导数，其项数等于与它有关的中间变量的个数；b. 每一项等于函数对中间变量的偏导数乘以该中间变量对其制定变量的偏导数. 常见题型：

(1) 运用偏导数与全微分的基本公式求偏导（如例 1）；

(2) 利用一阶全微分形式不变性（见总习题六题 17）；

(3) 求抽象的复合函数的偏导数，一定要设置中间变量，求高阶偏导数时，为简便起见，可用 1，2，3 等分别表示其第一、第二、第三个同级的中间变量，熟练掌握求复合函数偏导的链式法则的各种应用（见总习题六题 14，题 15，又如例 2）；

(4) 求函数的 n 阶偏导数（见总习题六题 16）；

(5) 变量替换下方程式的变形（如例 3）.

例 1 设 $\omega=f(t)$，$t=\varphi(xy, x^2+y^2)$，其中 f，φ 具有连续的二阶导数及偏导数，求$\dfrac{\partial^2\omega}{\partial x^2}$.

解 令 $u=xy$，$v=x^2+y^2$，则

$$\frac{\partial\omega}{\partial x}=f'(t)\frac{\partial t}{\partial x}=f'(t)\left(\frac{\partial t}{\partial u}\cdot\frac{\partial u}{\partial x}+\frac{\partial t}{\partial v}\cdot\frac{\partial v}{\partial x}\right)=f'(t)\left(y\frac{\partial t}{\partial u}+2x\frac{\partial t}{\partial v}\right),$$

$$\begin{aligned}\frac{\partial^2\omega}{\partial x^2}&=\frac{\partial}{\partial x}\left[f'(t)\left(y\frac{\partial t}{\partial u}+2x\frac{\partial t}{\partial v}\right)\right]\\&=f''(t)\cdot\frac{\partial t}{\partial x}\left(y\frac{\partial t}{\partial u}+2x\frac{\partial t}{\partial v}\right)+f'(t)\frac{\partial}{\partial x}\left(y\frac{\partial t}{\partial u}+2x\frac{\partial t}{\partial v}\right)\\&=f''(t)\left(y\frac{\partial t}{\partial u}+2x\frac{\partial t}{\partial v}\right)^2+f'(t)\left[y\left(\frac{\partial^2 t}{\partial u^2}\cdot y+\frac{\partial^2 t}{\partial u\partial v}\cdot 2x\right)\right.\\&\quad\left.+2\cdot\frac{\partial t}{\partial v}+2x\left(\frac{\partial^2 t}{\partial v\partial u}\cdot y+\frac{\partial^2 t}{\partial v^2}\cdot 2x\right)\right]\\&=f''(t)(y\varphi'_u+2x\varphi'_v)^2+f'(t)(y^2\varphi''_{uu}+4xy\varphi''_{uv}+4x^2\varphi''_{vv}+2\varphi'_v).\end{aligned}$$

例 2　设 $z=f(u)$，方程 $u=\varphi(u)+\int_y^x P(t)\mathrm{d}t$ 确定 u 是 x，y 的函数，其中 $f(u)$，$\varphi(u)$ 可微，$P(t)$，$\varphi'(u)$ 连续，且 $\varphi'(u)\neq 1$，求 $P(y)\frac{\partial z}{\partial x}+P(x)\frac{\partial z}{\partial y}$.

解　由 $z=f(u)$ 可得

$$\frac{\partial z}{\partial x}=f'(u)\frac{\partial u}{\partial x},\ \frac{\partial z}{\partial y}=f'(u)\frac{\partial u}{\partial y},\qquad ①$$

在方程 $u=\varphi(u)+\int_y^x P(t)\mathrm{d}t$ 两边分别对 x，y 求偏导，得

$$\frac{\partial u}{\partial x}=\varphi'(u)\frac{\partial u}{\partial x}+P(x),\ \frac{\partial u}{\partial y}=\varphi'(u)\frac{\partial u}{\partial y}-P(y)$$

$$\Rightarrow\frac{\partial u}{\partial x}=\frac{P(x)}{1-\varphi'(u)},\ \frac{\partial u}{\partial y}=\frac{-P(y)}{1-\varphi'(u)},\qquad ②$$

由 ①，② 有

$$P(y)\frac{\partial z}{\partial x}+P(x)\frac{\partial z}{\partial y}=P(y)f'(u)\frac{P(x)}{1-\varphi'(u)}+P(x)f'(u)\frac{-P(y)}{1-\varphi'(u)}=0.$$

例 3　用变换 $\begin{cases}u=x-2y\\v=x+ay\end{cases}$ 可把 $6\frac{\partial^2 z}{\partial x^2}+\frac{\partial^2 z}{\partial x\partial y}-\frac{\partial^2 z}{\partial y^2}=0$ 化简为 $\frac{\partial^2 z}{\partial u\partial v}=0$，求 a 值.

（96 数一考研题）

解　由题意知 $z=z(u,v)$，$u=x-2y$，$v=x+ay$，利用多元复合函数求偏导方法，有

$$\begin{aligned}&\frac{\partial z}{\partial x}=\frac{\partial z}{\partial u}+\frac{\partial z}{\partial v},\ \frac{\partial z}{\partial y}=-2\frac{\partial z}{\partial u}+a\frac{\partial z}{\partial v},\\&\frac{\partial^2 z}{\partial x^2}=\frac{\partial^2 z}{\partial u^2}+2\frac{\partial^2 z}{\partial u\partial v}+\frac{\partial^2 z}{\partial v^2},\\&\frac{\partial^2 z}{\partial x\partial y}=-2\frac{\partial^2 z}{\partial u^2}+(a-2)\frac{\partial^2 z}{\partial u\partial v}+a\frac{\partial^2 z}{\partial v^2},\\&\frac{\partial^2 z}{\partial y^2}=4\frac{\partial^2 z}{\partial u^2}-4a\frac{\partial^2 z}{\partial u\partial v}+a^2\frac{\partial^2 z}{\partial v^2}.\end{aligned}$$

将上述结果代入原方程，经整理后得，

$$(10+5a)\frac{\partial^2 z}{\partial u\partial v}+(6+a-a^2)\frac{\partial^2 z}{\partial v^2}=0,$$

依题意知 a 应满足

$$6+a-a^2=0,\ 且\ 10+5a\neq 0.$$

解之得 $a=3$.

题型 4　隐函数方程微分法

解题思路　隐函数偏导数的计算完全归结为复合函数求偏导. 计算前，首先要明确函数关系，哪些是自变量，哪些是因变量.

例 1　设 $z=z(x, y)$ 是由方程 $\mathrm{e}^{-xy}-2z+\mathrm{e}^z=0$ 所确定的二元函数，求 $\mathrm{d}z$ 及 $\frac{\partial^2 z}{\partial x^2}$.

解　在方程两边同时求微分，由一阶全微分形式的不变性及全微分的四则运算法则，得

$$\mathrm{e}^{-xy}\mathrm{d}(-xy)-2\mathrm{d}z+\mathrm{e}^z\mathrm{d}z=0,$$

整理得　$-\mathrm{e}^{-xy}(y\mathrm{d}x+x\mathrm{d}y)+(\mathrm{e}^z-2)\mathrm{d}z=0.$

解得　$\mathrm{d}z=\frac{\mathrm{e}^{-xy}(y\mathrm{d}x+x\mathrm{d}y)}{\mathrm{e}^z-2}.$

由 $\mathrm{d}z$ 表达式可得

$$\frac{\partial z}{\partial x}=\frac{y\mathrm{e}^{-xy}}{\mathrm{e}^z-2}.$$

利用复合函数的求导法则，得

$$\begin{aligned}\frac{\partial^2 z}{\partial x^2}&=\frac{\partial}{\partial x}\left(\frac{y\mathrm{e}^{-xy}}{\mathrm{e}^z-2}\right)=y\cdot\frac{-y\mathrm{e}^{-xy}(\mathrm{e}^z-2)-\mathrm{e}^{-xy}\mathrm{e}^z\frac{\partial z}{\partial x}}{(\mathrm{e}^z-2)^2}\\&=\frac{y\mathrm{e}^{-xy}}{(\mathrm{e}^z-2)^2}\left[-y(\mathrm{e}^z-2)-\mathrm{e}^z\frac{\partial z}{\partial x}\right]\\&=\frac{y\mathrm{e}^{-xy}}{(\mathrm{e}^z-2)^2}\left[-y(\mathrm{e}^z-2)-\mathrm{e}^z\frac{y\mathrm{e}^{-xy}}{\mathrm{e}^z-2}\right]\\&=\frac{-y^2\mathrm{e}^{-xy}}{(\mathrm{e}^z-2)^3}[(\mathrm{e}^z-2)^2+\mathrm{e}^{z-xy}].\end{aligned}$$

例 2　设 $\omega=f(x, y, u)$，其中 f 具有连续二阶偏导数，u 由方程 $u^5-5xy+5u=1$ 所确定，求 $\frac{\partial\omega}{\partial x}$，$\frac{\partial^2\omega}{\partial x^2}$.

解　ω 是 x，y，u 的函数，而 u 是由方程 $u^5-5xy+5u=1$ 所确定的 x，y 的隐函数，所以本题是关于隐函数的复合函数求偏导的问题，由 $u^5-5xy+5u=1$ 两端对 x 求偏导数，有

$$5u^4u'_x-5y+5u'_x=0\Rightarrow u'_x=\frac{y}{1+u^4}.$$

而 $\frac{\partial\omega}{\partial x}=f'_x+f'_u\cdot u'_x=f'_x+f'_u\frac{y}{1+u^4}.$

对上式求 x 的偏导数，注意其中 f'_x，f'_u 仍是 x，y，u 的函数，而 u 又是 x，y 的函数，故

$$\begin{aligned}\frac{\partial^2\omega}{\partial x^2}&=f''_{xx}+f''_{xu}u'_x+(f''_{ux}+f''_{uu}u'_x)\frac{y}{1+u^4}+yf'_u\frac{-4u^3u'_x}{(1+u^4)^2}\\&=f''_{xx}+\frac{2yf''_{xu}}{1+u^4}+\frac{y^2f''_{uu}}{(1+u^4)^2}-\frac{4u^3y^2f'_u}{(1+u^4)^3}.\end{aligned}$$

题型 5　多元函数的极值与最值问题

解题思路　(1) 由极值的定义讨论函数取得极值的条件（见总习题六题 22）；

(2) 求函数的无约束极值与最值（如例 1，又见总习题六题 25）；

(3) 拉格朗日乘数法：求目标函数 $z=f(x,y)$ 在条件 $\varphi(x,y)=0$ 下的极值点，先构造函数

$$F(x,y)=f(x,y)+\lambda\varphi(x,y),$$

其中 λ 为某常数，可由

$$\begin{cases}f_x(x,y)+\lambda\varphi_x(x,y)=0\\f_y(x,y)+\lambda\varphi_y(x,y)=0,\\\varphi(x,y)=0\end{cases}$$

解出 x，y，λ，其中 x，y 就是可能的极值点的坐标.

利用拉格朗日乘数法求条件极值在解决几何、物理和经济领域中的问题方面有广泛应用（见总习题六题 24，又如例 2）.

例 1　求函数 $z=x^4+y^4-x^2-2xy-y^2$ 的极值.

解　由题设可知

$$\begin{aligned}&z_x=4x^3-2x-2y,\ z_{xx}=12x^2-2,\ z_{xy}=-2,\\&z_y=4y^3-2x-2y,\ z_{yy}=12y^2-2.\end{aligned}$$

令 $z_x=0$，$z_y=0\Rightarrow$ 驻点 $(-1,-1)$，$(1,1)$，$(0,0)$.

在 $(-1,-1)$ 处，

$$A=z_{xx}(-1,-1)=10,\ B=z_{xy}(-1,-1)=-2,\ C=z_{yy}(-1,-1)=10.$$

因 $B^2-AC<0$，所以点 $(-1,-1)$ 是极小值点，极小值 $z(-1,-1)=-2$.

在点 (1, 1) 处,

$$A=z_{xx}(1,1)=10,\quad B=z_{xy}(1,1)=-2,\quad C=z_{yy}(1,1)=10.$$

由 $B^2-AC<0$, 知极小值 $z(1,1)=-2$.

在点 (0, 0) 处, 易见有 $B^2-AC=0$, 故无法断定. 需用其他方法来判别.

若 $y=x$, 则

$$z=2x^4-x^2-2x^2-x^2=2x^2(x^2-2),$$

在点 $(x, y)=(0, 0)$ 附近,

$$2x^2(x^2-2)<0=z(0,0).$$

若 $y=-x$, 则

$$z=2x^4-x^2+2x^2-x^2=2x^4>0=z(0,0),$$

故 (0, 0) 点不是极值点.

例 2 当 $x>0$, $y>0$, $z>0$ 时, 求函数 $u=\ln x+2\ln y+3\ln z$ 在球面 $x^2+y^2+z^2=6r^2$ 上的最大值, 并证明对任意的正实数 a, b, c 不等式

$$ab^2c^3\leqslant 108\left(\frac{a+b+c}{6}\right)^6 \text{ 都成立.}$$

解 令 $F(x,y,z,\lambda)=\ln x+2\ln y+3\ln z+\lambda(x^2+y^2+z^2-6r^2)$, 解方程组

$$F'_x=\frac{1}{x}+2\lambda x=0, \text{①}\quad F'_y=\frac{2}{y}+2\lambda y=0, \text{②}$$

$$F'_z=\frac{3}{z}+2\lambda z=0, \text{③}\quad x^2+y^2+z^2-6r^2=0. \text{④}$$

由 ①, ② 及 ①, ③ 分别得

$$y^2=2x^2,\ z^2=3x^2,$$

将它们代入 ④, 得: 驻点 $(x,y,z)=(r,\sqrt{2}r,\sqrt{3}r)$,

$$\max u=\ln r+2\ln(\sqrt{2}r)+3\ln(\sqrt{3}r)=\ln(6\sqrt{3}r^6),$$

即

$$\ln x+2\ln y+3\ln z\leqslant\ln(6\sqrt{3}r^6),$$

亦即

$$xy^2z^3\leqslant 6\sqrt{3}r^6\Rightarrow x^2y^4z^6\leqslant(6\sqrt{3})^2\cdot(r^2)^6$$

$$\Rightarrow x^2y^4z^6\leqslant 108\left(\frac{x^2+y^2+z^2}{6}\right)^6.$$

令 $x^2=a$，$y^2=b$，$z^2=c$，即证得

$$ab^2c^3\leqslant 108\left(\frac{a+b+c}{6}\right)^6.$$

题型 6　利用二重积分概念与性质解题

解题思路　(1) 判断积分的符号（如例 1）；

(2) 比较积分值大小与估计积分值（如例 2～例 3）；

(3) 与一元函数的定积分类似，常用积分区域的对称性与被积函数的奇偶性化简重积分的计算，例如，若积分区域 D 关于 x 轴，y 轴，原点对称，且被积函数 $f(x,y)$ 是关于 x 或 y 的奇函数，则二重积分

$$\iint_D f(x,y)\mathrm{d}x\mathrm{d}y=0 \text{（见总习题六题 33，又如例 4）；}$$

(4) 利用二重积分性质证明命题（如例 5）；

(5) 利用二重积分定义求极限（如例 6）；

(6) 利用二重积分中值定理求极限（如例 7）.

例 1　设 $I=\iint\limits_{x^2+y^2\leqslant 4}\sqrt[3]{1-x^2-y^2}\mathrm{d}x\mathrm{d}y$，则必有（　　）.

(A) $I>0$；　　(B) $I<0$；

(C) $I=0$；　　(D) $I\neq 0$，但其符号无法判定.

解　把区域 D：$x^2+y^2\leqslant 4$ 划分成三部分：

$$D_1: x^2+y^2\leqslant 1,\ D_2: 1\leqslant x^2+y^2\leqslant 2,\ D_3: 2\leqslant x^2+y^2\leqslant 4,$$

则 $D=D_1+D_2+D_3$，从而

$$I=\iint_D\sqrt[3]{1-x^2-y^2}\mathrm{d}x\mathrm{d}y=\left(\iint_{D_1}+\iint_{D_2}+\iint_{D_3}\right)\sqrt[3]{1-x^2-y^2}\mathrm{d}x\mathrm{d}y,$$

其中

$$I_1=\iint_{D_1}\sqrt[3]{1-x^2-y^2}\mathrm{d}x\mathrm{d}y\leqslant\iint_{D_1}\mathrm{d}x\mathrm{d}y=\pi,$$

$$I_2=\iint_{D_2}\sqrt[3]{1-x^2-y^2}\mathrm{d}x\mathrm{d}y=-\iint_{D_2}\sqrt[3]{x^2+y^2-1}\mathrm{d}x\mathrm{d}y<0,$$

$$I_3=\iint_{D_3}\sqrt[3]{1-x^2-y^2}\mathrm{d}x\mathrm{d}y=-\iint_{D_3}\sqrt[3]{x^2+y^2-1}\mathrm{d}x\mathrm{d}y<-\iint_{D_3}\mathrm{d}x\mathrm{d}y$$

$$=2\pi-4\pi=-2\pi.$$

于是 $I=I_1+I_2+I_3<0$，故应选(B).

例 2 判断下列积分值的大小：

$$I_1=\iint\limits_D \cos\sqrt{x^2+y^2}\,dxdy,\ I_2=\iint\limits_D \cos(x^2+y^2)\,dxdy,\ I_3=\iint\limits_D \cos(x^2+y^2)^2\,dxdy,$$

其中 $D=\{(x,y)\,|\,x^2+y^2\leqslant 1\}$，则 I_1，I_2，I_3 之间的大小顺序为（　　）.

(A) $I_3>I_2>I_1$；　　(B) $I_1>I_2>I_3$；

(C) $I_2>I_1>I_3$；　　(D) $I_3>I_1>I_2$.

解 应选(A). 由于当 $0\leqslant x^2+y^2\leqslant 1$ 时，有

$$0\leqslant (x^2+y^2)^2\leqslant x^2+y^2\leqslant\sqrt{x^2+y^2}\leqslant 1<\frac{\pi}{2},$$

而当 $0\leqslant u\leqslant\frac{\pi}{2}$ 时，$\cos u$ 是 u 的减函数，故当 $0\leqslant x^2+y^2\leqslant 1$，即 $(x,y)\in D$ 时，有

$$\cos(x^2+y^2)^2\geqslant\cos(x^2+y^2)\geqslant\cos\sqrt{x^2+y^2},$$

再由二重积分的性质，有

$$\iint\limits_D\cos(x^2+y^2)^2\,d\sigma\geqslant\iint\limits_D\cos(x^2+y^2)\,d\sigma\geqslant\iint\limits_D\cos\sqrt{x^2+y^2}\,d\sigma,$$

即　　$I_3\geqslant I_2\geqslant I_1$.

例 3 证明 $\iint\limits_{|x|+|y|\leqslant 1}4(\sqrt{xy}+x^2)\,d\sigma+\iint\limits_{|x|+|y|\leqslant 1}(4|xy|+y^2)\,d\sigma\leqslant 8.$

证 设 $I=\iint\limits_{|x|+|y|\leqslant 1}[4(\sqrt{xy}+|xy|)+(x^2+y^2)]\,d\sigma$，

因为 $0\leqslant|x|+|y|\leqslant 1$，因此 $x^2+y^2+2|xy|\leqslant 1$.

由于 $x^2+y^2\geqslant 2|xy|$，则有 $4|xy|\leqslant 1$，即 $|xy|\leqslant\frac{1}{4}$，

又 $x^2+y^2\leqslant 1-2|xy|\leqslant 1$，

故　　$4(\sqrt{xy}+|xy|)+(x^2+y^2)\leqslant 4\left(\frac{1}{2}+\frac{1}{4}\right)+1=4$，

$$I=\iint\limits_{|x|+|y|\leqslant 1}d\sigma=4(\sqrt{2})^2=8.$$

例 4 计算 $I=\iint\limits_D x[1+yf(x^2+y^2)]\,dxdy$，其中 D 由 $y=x^3$，$y=1$，$x=-1$

围成，f 是连续函数.

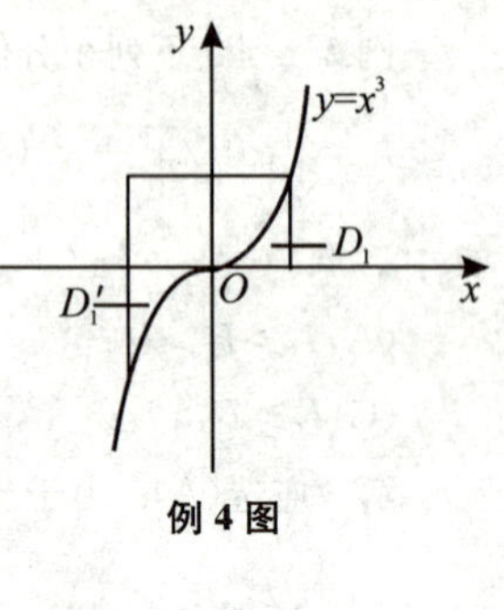

例 4 图

解　积分区域如题例 4 题所示，

$$\iint\limits_D x\mathrm{d}x\mathrm{d}y=\int_{-1}^{1}\mathrm{d}x\int_{x^3}^{1}x\mathrm{d}y$$

$$=\int_{-1}^{1}x(1-x^3)\mathrm{d}x=-\frac{2}{5},$$

$$\iint\limits_D xyf(x^2+y^2)\mathrm{d}x\mathrm{d}y=\iint\limits_{\substack{-1\leqslant x\leqslant 1\\0\leqslant y\leqslant 1}}xyf(x^2+y^2)\mathrm{d}x\mathrm{d}y$$

$$=0.$$

这里被积函数 $xyf(x^2+y^2)$ 关于 (x, y) 为偶函数，而 $D_1=\{(x, y)\mid 0\leqslant x\leqslant 1, 0\leqslant y\leqslant x^3\}$ 与 $D_1'=\{(x, y)\mid -1\leqslant x\leqslant 0, x^3\leqslant y\leqslant 0\}$ 关于原点对称

$$\Rightarrow\iint\limits_{D_1}xyf(x^2+y^2)\mathrm{d}x\mathrm{d}y=\iint\limits_{D_1'}xyf(x^2+y^2)\mathrm{d}x\mathrm{d}y,$$

$$\iint\limits_D xyf(x^2+y^2)\mathrm{d}x\mathrm{d}y=\iint\limits_{D-D_1'}xyf(x^2+y^2)\mathrm{d}x\mathrm{d}y+\iint\limits_{D_1'}xyf(x^2+y^2)\mathrm{d}x\mathrm{d}y$$

$$=\iint\limits_{\substack{-1\leqslant x\leqslant 1\\0\leqslant y\leqslant 1}}xyf(x^2+y^2)\mathrm{d}x\mathrm{d}y=0.$$

因此　　$I=-2/5$.

例 5　设 $f(x, y)$ 在有界闭域 D 上连续，若对 D 内的任一子区域 Ω 均有 $\iint\limits_\Omega f(x, y)\mathrm{d}\sigma=0$，则在区域 D 上 $f(x, y)=0$.

证　用反证法：假设在 D 内存在一点 (x_0, y_0)，使 $f(x_0, y_0)\neq 0$.

不妨设 $f(x_0, y_0)<0$，则存在 (x_0, y_0) 一个邻域 Ω 使对一切 $(x, y)\in\Omega$，

$$f(x, y)<\frac{1}{2}f(x_0, y_0)<0,$$

但此时 $\iint\limits_\Omega f(x, y)\mathrm{d}\sigma\leqslant\frac{1}{2}f(x_0, y_0)S(\Omega)<0$ 与题设相矛盾，故 $f(x, y)\equiv 0$.

证毕.

例 6　试用二重积分定义求极限 $\lim\limits_{n\to\infty}\frac{1}{n^3}\iint\limits_D[\sqrt{x^2+y^2}]\mathrm{d}\sigma$，其中 D 是圆域：$x^2+y^2\leqslant n^2$，$[\sqrt{x^2+y^2}]$ 是不大于 $\sqrt{x^2+y^2}$ 的最大整数，n 是正整数.

解 把 D 域分成 n 个子域 D_1, D_2, …, D_k, …, D_n, 其中 D_k 是圆环域 $(k-1)^2 \leqslant x^2+y^2 < k^2$, $k=1, 2, \cdots, n$. 由二重积分的定义，得

$$\begin{aligned}\iint\limits_D [\sqrt{x^2+y^2}]\mathrm{d}\sigma &= \sum_{k=1}^{n}\iint\limits_{D_k}[\sqrt{x^2+y^2}]\mathrm{d}\sigma = \sum_{k=1}^{n}(k-1)\iint\limits_{D_k}\mathrm{d}\sigma \\ &= \sum_{k=1}^{n}(k-1)[k^2-(k-1)^2]\pi \\ &= \pi\sum_{k=1}^{n}(2k^2-3k+1) \\ &= \left[\frac{n}{3}(n+1)(2n+1)-\frac{3}{2}n(n+1)+n\right]\pi \\ &= \left(\frac{2}{3}n^3-\frac{n^2}{2}-\frac{n}{6}\right)\pi.\end{aligned}$$

由此得到

$$\lim_{n\to\infty}\frac{1}{n^3}\iint\limits_D[\sqrt{x^2+y^2}]\mathrm{d}\sigma = \frac{2}{3}\pi.$$

例 7 设积分域 D 是以原点为中心，半径为 r 的圆域，则 $\lim\limits_{r\to 0}\dfrac{1}{\pi r^2}\iint\limits_D \mathrm{e}^{x^2+y^2}\cos(x+y)\mathrm{d}x\mathrm{d}y=($ $)$.

(A) πr^2； (B) 1； (C) $\dfrac{1}{\pi r^2}$； (D) 0.

解 由二重积分的中值定理可知，$\exists(\xi, \eta)\in D$, 使

$$\iint\limits_D \mathrm{e}^{x^2+y^2}\cos(x+y)\mathrm{d}x\mathrm{d}y = \mathrm{e}^{\xi^2+\eta^2}\cos(\xi+\eta)\cdot\pi r^2,$$

于是，原式 $=\lim\limits_{r\to 0}\mathrm{e}^{\xi^2+\eta^2}\cos(\xi+\eta)=1$, 故应选(B).

题型 7 交换积分次序与计算累次积分

解题思路 (1) 交换积分次序，基本步骤：

a. 由所给累次积分的上下限写出表达积分区域的不等式组；

b. 由该不等式组画出积分区域的草图；

c. 按要求重新确定积分上下限（见总习题六题 28(1), (2)). 两种坐标系（极坐标系和直角坐标系）中累次积分的转换也按相同方法解决（如例 1).

(2) 若所给累次积分含有 $\int\dfrac{\sin x}{x}\mathrm{d}x$, $\int\mathrm{e}^{\frac{1}{x}}\mathrm{d}x$, … 等积分时，一般要通过交换积分次序使其后积分（见总习题六题 28(1), (2)).

(3) 交换积分次序证明积分等式（如例 2).

例1　把积分 $\iint\limits_D f(x, y)\mathrm{d}x\mathrm{d}y$ 表示为极坐标形式的二次积分，其中积分区域 D：$x^2 \leqslant y \leqslant 1$，$-1 \leqslant x \leqslant 1$.

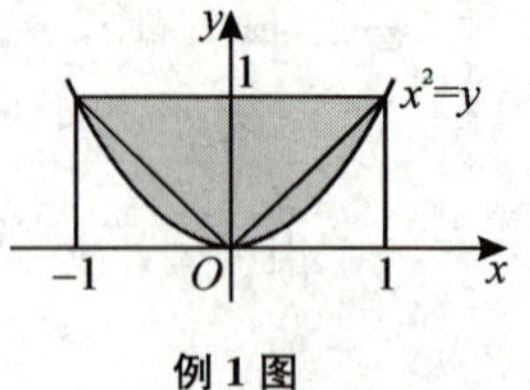

例 1 图

解　积分区域边界的极坐标形式为

$$r\sin\theta = 1,\ r = \tan\theta \cdot \sec\theta;$$

从而积分区域 D 的极坐标形式为

$$\begin{cases}0 \leqslant \theta \leqslant \pi/4 \\ 0 \leqslant r \leqslant \tan\theta \cdot \sec\theta\end{cases} \text{和} \begin{cases}\pi/4 \leqslant \theta \leqslant 3\pi/4 \\ 0 \leqslant r \leqslant \csc\theta\end{cases} \text{及} \begin{cases}3\pi/4 \leqslant \theta \leqslant \pi \\ 0 \leqslant r \leqslant \tan\theta \cdot \sec\theta\end{cases},$$

故

$$\begin{aligned}\iint\limits_D f(x, y)\mathrm{d}x\mathrm{d}y &= \int_0^{\pi/4} \mathrm{d}\theta \int_0^{\tan\theta \cdot \sec\theta} f(r\cos\theta, r\sin\theta) \cdot r\mathrm{d}r \\ &\quad + \int_{\pi/4}^{3\pi/4} \mathrm{d}\theta \int_0^{\csc\theta} f(r\cos\theta, r\sin\theta) \cdot r\mathrm{d}r \\ &\quad + \int_{3\pi/4}^{\pi} \mathrm{d}\theta \int_0^{\tan\theta \cdot \sec\theta} f(r\cos\theta, r\sin\theta) \cdot r\mathrm{d}r.\end{aligned}$$

例 2　设 $f(x)$ 在 $[a,b]$ 上连续，试证：

$$\int_a^b \mathrm{d}x \int_a^x (x-y)^{n-2} f(y)\mathrm{d}y = \frac{1}{n-1}\int_a^b (b-y)^{n-1} f(y)\mathrm{d}y.$$

证

$$\begin{aligned}&\int_a^b \mathrm{d}x \int_a^x (x-y)^{n-2} f(y)\mathrm{d}y \\ &= \int_a^b \left[f(y) \int_y^b (x-y)^{n-2}\mathrm{d}x \right]\mathrm{d}y \\ &= \int_a^b \frac{1}{n-1}(x-y)^{n-1}\Big|_y^b f(y)\mathrm{d}y \\ &= \frac{1}{n-1}\int_a^b (b-y)^{n-1} f(y)\mathrm{d}y.\end{aligned}$$

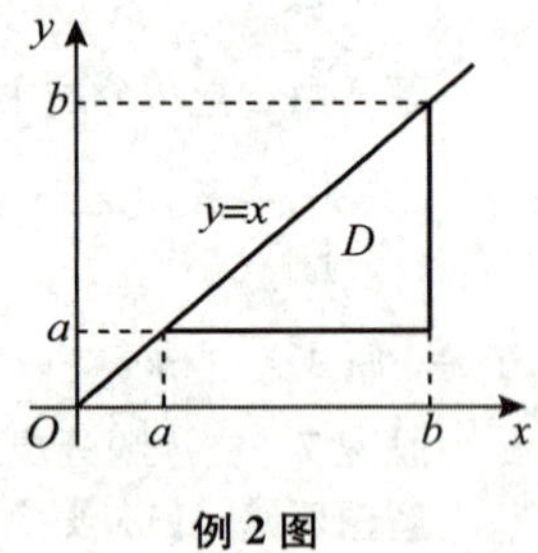

例 2 图

题型 8　二重积分的计算

解题思路　(1) 求适宜直角坐标系的二重积分，一般情况下，当积分区域不是圆、球或旋转体时，可利用直角坐标系计算. 特别地，若积分区域为矩形或立方体时，更适宜用直角坐标系进行计算 (如例 1).

(2) 求适宜极坐标系的二重积分，当积分区域为圆形、圆环形、扇形域、扇形环域或区域边界在极坐标系下能比较简单地表示时，可利用极坐标系计算之 (如例 2，又见总习题六题 35).

(3) 有些情况下，对具体的问题要具体分析，对所给问题选择合适的坐标系进行计算（见总习题六题 35(3)）.

例 1 计算 $\iint\limits_D \frac{x^2}{y^2}\mathrm{d}\sigma$，其中 D 由 $y=x$，$y=\frac{1}{x}$，$x=2$ 围成.

解 积分区域为 X 型（见例 1 图）

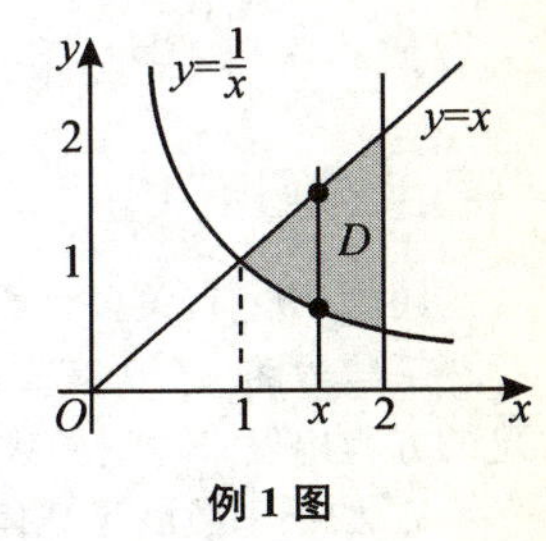

例 1 图

$$D:\ \frac{1}{x}\leqslant y\leqslant x,\ 1\leqslant x\leqslant 2$$

$$\iint\limits_D \frac{x^2}{y^2}\mathrm{d}\sigma=\int_1^2\mathrm{d}x\int_{\frac{1}{x}}^{x}\frac{x^2}{y^2}\mathrm{d}y=\int_1^2\left(-\frac{x^2}{y}\right)\Big|_{\frac{1}{x}}^{x}\mathrm{d}x$$

$$=\int_1^2(x^3-x)\mathrm{d}x=\frac{9}{4}.$$

例 2 计算 $\iint\limits_D\sqrt{x^2+y^2}\mathrm{d}\sigma$，其中 D 是由心形线 $r=a(1+\cos\theta)$ 和圆 $r=a$ 所围成的面积（取圆外部，见例 2 图）.

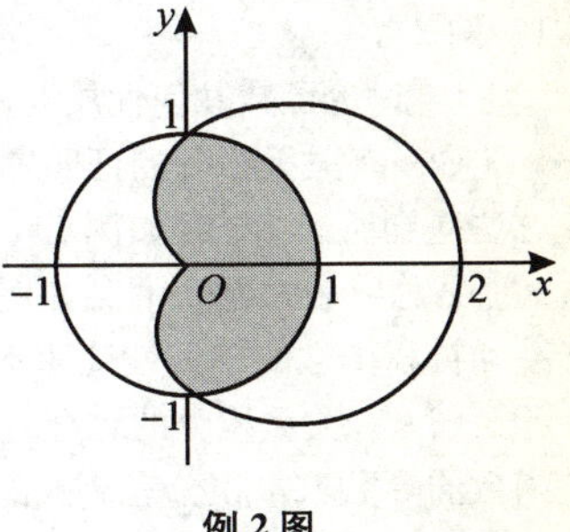

例 2 图

解 $\iint\limits_D\sqrt{x^2+y^2}\mathrm{d}\sigma=\int_{-\frac{\pi}{2}}^{\frac{\pi}{2}}\mathrm{d}\theta\int_a^{a(1+\cos\theta)}r\cdot r\mathrm{d}r$

$$=\frac{1}{3}\int_{-\frac{\pi}{2}}^{\frac{\pi}{2}}a^3[(1+\cos\theta)^3-1]\mathrm{d}\theta$$

$$=a^3\left(\frac{22}{9}+\frac{\pi}{2}\right).$$

题型 9　分段函数的二重积分

解题思路　(1) 对被积函数为分段函数的重积分，一般是将被积函数及其积分区域的图形先画出来，然后，根据被积函数在积分区域内的具体情况进行讨论并计算之（见总习题六题 37）；

(2) 被积函数含有绝对值的重积分，实际上也属于分段函数的重积分，计算时要先画出积分区域，以及使被积函数中绝对值为零分界曲线或分界曲面，对积分区域分块讨论并去掉绝对值，再按重积分计算的一般方法计算之（见总习题六题 38，题 39，又如例 1）.

例 1 计算 $I=\iint\limits_D|y-x^2|\mathrm{d}\sigma$，其中

$$D:\ -1\leqslant x\leqslant 1,\ 0\leqslant y\leqslant 1.$$

解 先去掉绝对值符号，如例 1 图所示：

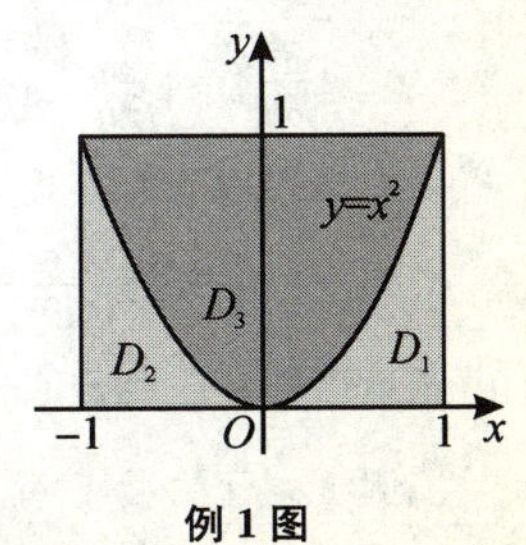

例 1 图

$$I=\iint\limits_D|y-x^2|\mathrm{d}\sigma$$

$$= \iint\limits_{D_1+D_2} (x^2 - y)\mathrm{d}\sigma + \iint\limits_{D_3} (y - x^2)\mathrm{d}\sigma$$

$$= \int_{-1}^{1} \mathrm{d}x \int_{0}^{x^2} (x^2 - y)\mathrm{d}y + \int_{-1}^{1} \mathrm{d}x \int_{x^2}^{1} (y - x^2)\mathrm{d}y$$

$$= \frac{11}{15}.$$

题型 10　有关多元函数微积分的综合题

解题思路　(1) 有关多元函数微分学的综合题，重点是从函数及其偏导数满足的方程出发来讨论函数本身具有的性态.

a. 如果函数满足某偏导方程，可通过适当的变换来更好地研究其形态(如例 1～例 2)；

b. 讨论函数几何性质与其偏导方程的关系 (如例 3).

(2) 有关重积分的证明题，主要通过交换积分次序，设立辅助原函数等计算方法得到所证结论 (如例 4)，利用重积分性质和常用代数不等式证明积分不等式 (见总习题六题 39，又如例 5)，利用矩形区域上累次积分与重积分之间的关系和被积函数的单调性证明不等式 (如例 6) 等.

(3) 有关重积分的综合题，结合其它运算，如：结合洛必达法则和积分上限函数的导数求重积分表达式的极限 (如例 7)；由积分表达式确定被积函数的表达式 (如例 8) 等.

例 1　用变换 $\begin{cases} u = x - 2y \\ v = x + ay \end{cases}$，可把 $6\dfrac{\partial^2 z}{\partial x^2} + \dfrac{\partial^2 z}{\partial x \partial y} - \dfrac{\partial^2 z}{\partial y^2} = 0$ 化简为 $\dfrac{\partial^2 z}{\partial u \partial v} = 0$，求 a 值.

解　$\dfrac{\partial z}{\partial x} = \dfrac{\partial z}{\partial u} + \dfrac{\partial z}{\partial v}$，$\dfrac{\partial z}{\partial y} = -2\dfrac{\partial z}{\partial u} + a\dfrac{\partial z}{\partial v}$，

$$\frac{\partial^2 z}{\partial x^2} = \frac{\partial^2 z}{\partial u^2} + 2\frac{\partial^2 z}{\partial u \partial v} + \frac{\partial^2 z}{\partial v^2},$$

$$\frac{\partial^2 z}{\partial x \partial y} = -2\frac{\partial^2 z}{\partial u^2} + (a-2)\frac{\partial^2 z}{\partial u \partial v} + a\frac{\partial^2 z}{\partial v^2},$$

$$\frac{\partial^2 z}{\partial y^2} = 4\frac{\partial z}{\partial u} - 4a\frac{\partial^2 z}{\partial u \partial v} + a^2\frac{\partial^2 z}{\partial v^2},$$

将以上结果代入原方程，经整理后得

$$(10+5a)\frac{\partial^2 z}{\partial u \partial v} + (6+a-a^2)\frac{\partial^2 z}{\partial v^2} = 0,$$

由题意可知 a 应满足 $6+a-a^2=0$，且 $10a+5a \neq 0 \Rightarrow a=3$.

例 2　设对任意的 x 和 y，有 $\left(\dfrac{\partial f}{\partial x}\right)^2 + \left(\dfrac{\partial f}{\partial y}\right)^2 = 4$，用变量替换

$\begin{cases}x=uv\\ y=\frac{1}{2}(u^2-v^2)\end{cases}$ 将函数 $f=(x,\ y)$ 变换成函数 $g(u,\ v)$，试求满足关系式：

$a\left(\frac{\partial g}{\partial u}\right)^2-b\left(\frac{\partial g}{\partial v}\right)^2=u^2+v^2$ 中的常数 a 和 b

解 由条件，得 $g(u,\ v)=f\left[uv,\ \frac{1}{2}(u^2-v^2)\right]$

$$\frac{\partial g}{\partial u}=\frac{\partial f}{\partial x}\cdot\frac{\partial x}{\partial u}+\frac{\partial f}{\partial y}\cdot\frac{\partial y}{\partial u}=v\frac{\partial f}{\partial x}+u\frac{\partial f}{\partial y}, \quad ①$$

$$\frac{\partial g}{\partial v}=\frac{\partial f}{\partial x}\cdot\frac{\partial x}{\partial v}+\frac{\partial f}{\partial y}\cdot\frac{\partial y}{\partial v}=u\frac{\partial f}{\partial x}-v\frac{\partial f}{\partial y} \quad ②$$

将①，②代入题设中的关系式，得

$$a\left(v\frac{\partial f}{\partial x}+u\frac{\partial f}{\partial y}\right)^2-b\left(u\frac{\partial f}{\partial x}-v\frac{\partial f}{\partial y}\right)^2=u^2+v^2$$

化简之

$$(av^2-bu^2)\left(\frac{\partial f}{\partial x}\right)^2+(2a+2b)uv\frac{\partial f}{\partial x}\cdot\frac{\partial f}{\partial y}+(av^2-bu^2)\left(\frac{\partial f}{\partial y}\right)^2=u^2+v^2$$

所以 $2a+2b=0$，得 $a=-b$。

于是$(av^2+au^2)\left[\left(\frac{\partial f}{\partial x}\right)^2+\left(\frac{\partial f}{\partial y}\right)^2\right]=u^2+v^2$，

又因为$\left(\frac{\partial f}{\partial x}\right)^2+\left(\frac{\partial f}{\partial y}\right)^2=4$，所以 $4a(v^2+u^2)=u^2+v^2$

可得 $a=\frac{1}{4}$，从而 $b=-\frac{1}{4}$.

例 3 设 $z=f(x,\ y)$ 二次可微，且$\frac{\partial f}{\partial y}\neq 0$，试证对任意的常数 c，$f(x,\ y)=c$ 为一直线的充要条件是

$$\left(\frac{\partial f}{\partial y}\right)^2\frac{\partial^2 f}{\partial x^2}-2\frac{\partial f}{\partial x}\cdot\frac{\partial f}{\partial y}\cdot\frac{\partial^2 f}{\partial x\partial y}+\left(\frac{\partial f}{\partial y}\right)^2\frac{\partial^2 f}{\partial y^2}=0.$$

证 由 $f(x,\ y)=c$ 确定了隐函数 $y=y(x)$，且$\frac{\mathrm{d}y}{\mathrm{d}x}=-\frac{f_x}{f_y}$，

$$\frac{\mathrm{d}^2 y}{\mathrm{d}x^2}=\frac{f_y\left(-f_{xx}-f_{xy}\frac{\mathrm{d}y}{\mathrm{d}x}\right)+\left(f_{yx}+f_{yy}\frac{\mathrm{d}y}{\mathrm{d}x}\right)f_x}{f_y^2}$$

$$=-\frac{f_{xx}f_y^2-2f_{xy}f_xf_y+f_{yy}f_x^2}{f_y^3}.$$

因此 $y=y(x)$，即 $f(x,\ y)=c$ 为直线的充要条件是$\frac{\mathrm{d}^2 y}{\mathrm{d}x^2}=0$.

由上推导式，有

$$\frac{\partial^2 f}{\partial x^2}\left(\frac{\partial f}{\partial y}\right)^2-2\frac{\partial f}{\partial y}\cdot\frac{\partial f}{\partial x}\cdot\frac{\partial^2 f}{\partial x\partial y}+\frac{\partial^2 f}{\partial y^2}\left(\frac{\partial f}{\partial x}\right)^2=0.$$

证毕.

例 4　设 $f(x)$ 在区间 $[0,1]$ 上连续，证明：

$$\int_0^1 f(x)\mathrm{d}x\int_x^1 f(y)\mathrm{d}y=\frac{1}{2}\left(\int_0^1 f(x)\mathrm{d}x\right)^2.$$

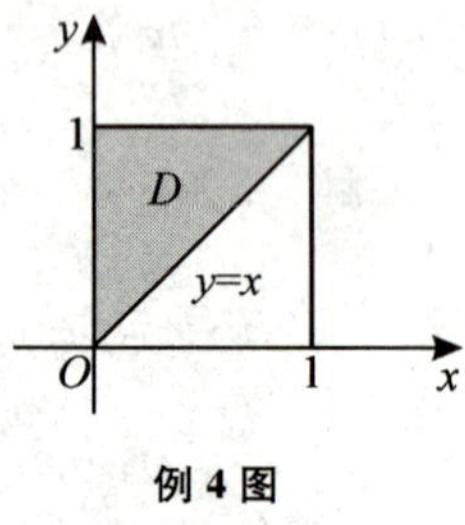

例 4 图

证　改变积分次序，则

$$\begin{aligned}\int_0^1 f(x)\mathrm{d}x\int_x^1 f(y)\mathrm{d}y&=\int_0^1 f(y)\mathrm{d}y\int_0^y f(x)\mathrm{d}x\\&=\int_0^1 f(x)\mathrm{d}x\int_0^x f(y)\mathrm{d}y,\end{aligned}$$

故

$$\begin{aligned}\int_0^1 f(x)\mathrm{d}x\int_x^1 f(y)\mathrm{d}y&=\frac{1}{2}\left[\int_0^1 f(x)\mathrm{d}x\int_x^1 f(y)\mathrm{d}y+\int_0^1 f(x)\mathrm{d}x\int_0^x f(y)\mathrm{d}y\right]\\&=\frac{1}{2}\int_0^1 f(x)\mathrm{d}x\int_0^1 f(y)\mathrm{d}y=\frac{1}{2}\left(\int_0^1 f(x)\mathrm{d}x\right)^2.\end{aligned}$$

例 5　设 $f(x)$ 在$[0,1]$上连续，证明：$\int_0^1 \mathrm{e}^{f(x)}\mathrm{d}x\int_0^1 \mathrm{e}^{-f(x)}\mathrm{d}x\geqslant 1$.

证　记 $D=\{(x,y)\mid 0\leqslant x\leqslant 1,\ 0\leqslant y\leqslant 1\}$，由 $\mathrm{e}^u\geqslant 1+u$，有

$$\begin{aligned}\text{左式}&=\iint_D \mathrm{e}^{f(x)-f(y)}\mathrm{d}x\mathrm{d}y\geqslant\iint_D[1+f(x)-f(y)]\mathrm{d}x\mathrm{d}y\\&=\iint_D \mathrm{d}x\mathrm{d}y+\iint_D f(x)\mathrm{d}x\mathrm{d}y-\iint_D f(y)\mathrm{d}x\mathrm{d}y=1+0=1.\end{aligned}$$

例 6　设函数 $f(x)$ 为 $[0,1]$ 上的单调减少且恒大于零的连续函数，证明：

$$\frac{\int_0^1 xf^2(x)\mathrm{d}x}{\int_0^1 xf(x)\mathrm{d}x}\leqslant\frac{\int_0^1 f^2(x)\mathrm{d}x}{\int_0^1 f(x)\mathrm{d}x}.$$

证　令

$$\begin{aligned}I&=\int_0^1 xf(x)\mathrm{d}x\int_0^1 f^2(x)\mathrm{d}x-\int_0^1 xf^2(x)\mathrm{d}x\cdot\int_0^1 f(x)\mathrm{d}x\\&=\int_0^1 xf(x)\mathrm{d}x\int_0^1 f^2(y)\mathrm{d}y-\int_0^1 f(x)\mathrm{d}x\cdot\int_0^1 yf^2(y)\mathrm{d}y\\&=\int_0^1\int_0^1 f^2(y)f(x)(x-y)\mathrm{d}x\mathrm{d}y,\end{aligned}\qquad ①$$

又

$$\begin{aligned}I&=\int_0^1 yf(y)\mathrm{d}y\int_0^1 f^2(x)\mathrm{d}x-\int_0^1 f(y)\mathrm{d}y\int_0^1 xf^2(x)\mathrm{d}x\\&=\int_0^1\int_0^1 f(y)f^2(x)(y-x)\mathrm{d}x\mathrm{d}y,\end{aligned}\qquad ②$$

①＋② 得

$$2I=\int_0^1\int_0^1 f(x)f(y)(x-y)[f(y)-f(x)]\mathrm{d}x\mathrm{d}y.$$

由题设 $f(x)>0$ 且在 $[0,1]$ 上单调递减，所以当 $y\geqslant x$ 时，$f(y)\leqslant f(x)$. 故 $2I\geqslant 0$，即 $I\geqslant 0$.

证毕.

例 7 求极限 $I=\lim\limits_{x\to 0}\int_0^{\frac{x}{2}}\mathrm{d}t\int_{\frac{x}{2}}^{t}\dfrac{\mathrm{e}^{-(t-u)^2}}{1-\mathrm{e}^{-x^2/4}}\mathrm{d}u.$

解 交换累次积分的顺序，并由洛必达法则，原函数存在定理等求之，且不妨设 $x>0$（$x<0$ 类似）.

$$I=\lim_{x\to 0^+}\frac{-\int_0^{\frac{x}{2}}\mathrm{d}t\int_t^{\frac{x}{2}}\mathrm{e}^{-(t-u)^2}\mathrm{d}u}{1-\mathrm{e}^{-x^2/4}}=\lim_{x\to 0^+}\frac{-\int_0^{\frac{x}{2}}\mathrm{d}u\int_0^{u}\mathrm{e}^{-(t-u)^2}\mathrm{d}t}{1-\mathrm{e}^{-x^2/4}}$$

$$=\lim_{x\to 0^+}\frac{-\frac{1}{2}\int_0^{\frac{x}{2}}\mathrm{e}^{-\left(t-\frac{x}{2}\right)^2}\mathrm{d}t}{(x/2)\cdot\mathrm{e}^{-x^2/4}}\xlongequal{y=t-\frac{x}{2}}-\lim_{x\to 0^+}\frac{\int_{-x/2}^{0}\mathrm{e}^{-y^2}\mathrm{d}y}{x\mathrm{e}^{-x^2/4}}$$

$$=-\lim_{x\to 0^+}\frac{(1/2)\cdot\mathrm{e}^{-x^2/4}}{\mathrm{e}^{-x^2/4}(1-x^2/2)}=-\lim_{x\to 0^+}\frac{1}{2-x^2}=-\frac{1}{2}.$$

例 8 设函数 $f(x)$连续，$f(0)=2,F(t)=\iint\limits_{x^2+y^2\leqslant t^2}(x^2+y^2)\mathrm{d}x\mathrm{d}y(t\geqslant 0)$，求 $F''(0)$.

解 从积分域 $x^2+y^2\leqslant t^2$ 及被积函数 $f(x^2+y^2)$的形式可知极坐标计算方便.

$$F(t)=\iint\limits_{\rho\leqslant t}f(\rho^2)\rho\mathrm{d}\rho\mathrm{d}\theta=\int_0^{2\pi}\mathrm{d}\theta\int_0^t f(\rho^2)\rho\mathrm{d}\rho=2\pi\int_0^t f(\rho^2)\rho\mathrm{d}\rho$$

$\because F'(t)=2t\pi f(t^2)$，$\therefore F'(0)=0$.

由于只告知 $f(x)$连续，没有告知 $f(x)$可导，所以求 $F''(0)$时，只能用二阶导数的定义求，故

$$F''(0)=\lim_{\substack{t\to 0^+\\(\because t\geqslant 0)}}\frac{F'(t)-F'(0)}{t-0}=\lim_{t\to 0^+}\frac{2t\pi f(t^2)}{t}$$

$$=\lim_{t\to 0^+}2\pi f(t^2)=2\pi f(0)=2\pi,（\because f(0)=1）.$$

三、总习题六解答

1. 求函数 $z=\sqrt{(x^2+y^2-a^2)(2a^2-x^2-y^2)}\,(a>0)$ 的定义域.

解 由 $(x^2+y^2-a^2)(2a^2-x^2-y^2)\geqslant 0$

$$\Rightarrow\begin{cases}x^2+y^2-a^2\geqslant 0\\2a^2-x^2-y^2\geqslant 0\end{cases}\text{或}\begin{cases}x^2+y^2-a^2\leqslant 0\\2a^2-x^2-y^2\leqslant 0\end{cases}\Rightarrow a^2\leqslant x^2+y^2\leqslant 2a^2,$$

所求定义域 $D=\{(x, y)\,|\,a^2\leqslant x^2+y^2\leqslant 2a^2\}$.

2. 求下列极限：

(1) $\lim\limits_{\substack{x\to\infty\\y\to a}}\left(1+\dfrac{1}{x}\right)^{\frac{x^2}{x+y}}$.

解　因为已知极限存在，故

$$\text{原式}=\lim_{x\to\infty}\left[\lim_{y\to a}\left(1+\frac{1}{x}\right)^{\frac{x^2}{x+y}}\right]=\lim_{x\to\infty}\left[\left(1+\frac{1}{x}\right)^{x}\right]^{\frac{x}{x+a}}=\mathrm{e}^1=\mathrm{e}.$$

(2) $\lim\limits_{\substack{x\to\infty\\y\to\infty}}\dfrac{x+y}{x^2-xy+y^2}$.

解　$0\leqslant\left|\dfrac{x+y}{x^2-xy+y^2}\right|\leqslant\dfrac{|x+y|}{x^2+y^2-|xy|}\leqslant\dfrac{|x+y|}{2|xy|-|xy|}\leqslant\dfrac{|x|+|y|}{|xy|}=\dfrac{1}{|y|}+\dfrac{1}{|x|}$

$\because\quad\lim\limits_{\substack{x\to\infty\\y\to\infty}}\left(\dfrac{1}{|y|}+\dfrac{1}{|x|}\right)=0.$

由夹逼法则，$\lim\limits_{\substack{x\to\infty\\y\to\infty}}\dfrac{x+y}{x^2-xy+y^2}=0.$

3. 试判断极限 $\lim\limits_{\substack{x\to 0\\y\to 0}}\dfrac{x^2y}{x^4+y^2}$是否存在.

解　令 $y=x$，则

$$\lim_{\substack{x\to 0\\y\to 0}}\frac{x^2y}{x^4+y^2}=\lim_{\substack{x\to 0\\y=x}}\frac{x^3}{x^4+x^2}=\lim_{x\to 0}\frac{x}{1+x^2}=0.$$

令 $y=x^2$，则

$$\lim_{\substack{x\to 0\\y\to 0}}\frac{x^2y}{x^4+y^2}=\lim_{\substack{x\to 0\\y=x}}\frac{x^4}{x^4+x^4}=\frac{1}{2}.$$

故原极限不存在.

4. 讨论二元函数 $f(x, y)=\begin{cases}(x+y)\cos\dfrac{1}{x}, & x\neq 0\\0, & x=0\end{cases}$在点 (0，0) 处的连续性.

解　当 $x=0$ 时，$f(x, y)=0$，当 $x\neq 0$ 时，

$$|f(x, y)|=\left|(x+y)\cos\frac{1}{x}\right|\leqslant|x+y|,$$

故对 $\forall(x, y)$ 都有 $|f(x, y)|\leqslant|x+y|$，又

$$\lim_{(x, y)\to(0, 0)}(x+y)=0,$$

故 $$\lim_{(x, y)\to(0, 0)}f(x, y)=0=f(0, 0),$$

即 $f(x, y)$ 在 $(0, 0)$ 点连续.

5. 求下列函数的偏导数：

(1) $z=\int_0^{xy}e^{-t^2}dt$.

解 $\frac{\partial z}{\partial x}=e^{-(xy)^2}\cdot y=ye^{-x^2y^2}$；$\frac{\partial z}{\partial y}=xe^{-x^2y^2}$.

(2) $u=\arctan(x-y)^z$.

解 $\frac{\partial u}{\partial x}=\frac{z(x-y)^{z-1}}{1+(x-y)^{2z}}$；$\frac{\partial u}{\partial y}=-\frac{z(x-y)^{z-1}}{1+(x-y)^{2z}}$；$\frac{\partial u}{\partial z}=\frac{(x-y)^z\ln|x-y|}{1+(x-y)^{2z}}$.

6. 设 $r=\sqrt{x^2+y^2+z^2}$，试证明 $\frac{\partial^2 r}{\partial x^2}+\frac{\partial^2 r}{\partial y^2}+\frac{\partial^2 r}{\partial z^2}=\frac{2}{r}$.

证 $\frac{\partial r}{\partial x}=\frac{x}{\sqrt{x^2+y^2+z^2}}=\frac{x}{r}$，$\frac{\partial^2 r}{\partial x^2}=\frac{1}{r^2}\left(1\cdot r-x\frac{\partial r}{\partial x}\right)=\frac{1}{r^2}\left(r-\frac{x^2}{r}\right)=\frac{r^2-x^2}{r^3}$；

由于 r 关于 x、y、z 的对称性，同理可得：

$$\frac{\partial^2 r}{\partial y^2}=\frac{r^2-y^2}{r^3},\ \frac{\partial^2 r}{\partial z^2}=\frac{r^2-z^2}{r^3},$$

$$\therefore\quad \frac{\partial^2 r}{\partial x^2}+\frac{\partial^2 r}{\partial y^2}+\frac{\partial^2 r}{\partial z^2}=\frac{1}{r^3}[3r^2-(x^2+y^2+z^2)]=\frac{2r^2}{r^3}=\frac{2}{r}.$$

7. 求 $u(x, y, z)=x^yy^zz^x$ 的全微分.

解 在 $u(x, y, z)=x^yy^zz^x$ 两边取对数得

$$\ln u=y\ln x+z\ln y+x\ln z.$$

对上式两端求微分，得

$$\begin{aligned}\frac{du}{u}&=\ln x dy+\frac{y}{x}dx+\ln y dz+\frac{z}{y}dy+\ln z dx+\frac{x}{z}dz\\&=\left(\frac{y}{x}+\ln z\right)dx+\left(\frac{z}{y}+\ln x\right)dy+\left(\frac{x}{z}+\ln y\right)dz,\end{aligned}$$

即 $$du=u\left[\left(\frac{y}{x}+\ln z\right)dx+\left(\frac{z}{y}+\ln x\right)dy+\left(\frac{x}{z}+\ln y\right)dz\right].$$

故
$$du=x^y y^z z^x\left[\left(\frac{y}{x}+\ln z\right)dx+\left(\frac{z}{y}+\ln x\right)dy+\left(\frac{x}{z}+\ln y\right)dz\right].$$

8. 设 $z=(x^2+y^2)e^{-\arctan\frac{y}{x}}$，求 dz，$\frac{\partial^2 z}{\partial x\partial y}$.

解　由一阶微分形式不变性及微分四则运算法则得

$$\begin{aligned}dz&=e^{-\arctan\frac{y}{x}}d(x^2+y^2)+(x^2+y^2)d(e^{-\arctan\frac{y}{x}})\\&=e^{-\arctan\frac{y}{x}}\left[2xdx+2ydy-(x^2+y^2)\frac{1}{1+y^2/x^2}\cdot\frac{xdy-ydx}{x^2}\right]\\&=e^{-\arctan\frac{y}{x}}(2xdx+2ydy-xdy+ydx)\\&=e^{-\arctan\frac{y}{x}}[(2x+y)dx+(2y-x)dy],\end{aligned}$$

由 dz 的表达式得

$$\frac{\partial z}{\partial x}=e^{-\arctan\frac{y}{x}}(2x+y).$$

对 y 求导得

$$\frac{\partial^2 z}{\partial x\partial y}=e^{-\arctan\frac{y}{x}}\left[1-\frac{1}{1+y^2/x^2}\cdot\frac{1}{x}(2x+y)\right]=e^{-\arctan\frac{y}{x}}\frac{y^2-x^2-xy}{x^2+y^2}.$$

9. 设 $f(x,y)=\begin{cases}\frac{x^2y}{x^2+y^2}, & x^2+y^2\neq 0\\ 0, & x^2+y^2=0\end{cases}$，求 $f_x(x,y)$ 及 $f_y(x,y)$.

解　①当 $x^2+y^2\neq 0$ 时，

$$f_x(x,y)=\frac{\partial}{\partial x}\left(\frac{x^2y}{x^2+y^2}\right)=\frac{2xy\cdot(x^2+y^2)-x^2y\cdot(2x)}{(x^2+y^2)^2}=\frac{2xy^3}{(x^2+y^2)^2};$$

$$f_y(x,y)=\frac{\partial}{\partial y}\left(\frac{x^2y}{x^2+y^2}\right)=\frac{x^2(x^2+y^2)-2y\cdot x^2y}{(x^2+y^2)^2}=\frac{x^2(x^2-y^2)}{(x^2+y^2)^2}.$$

②当 $x^2+y^2=0$ 时，

$$f_x(0,0)=\lim_{\Delta x\to 0}\frac{f(0+\Delta x,0)-f(0,0)}{\Delta x}=\lim_{\Delta x\to 0}\frac{0-0}{\Delta x}=0,$$

$$f_y(0,0)=\lim_{\Delta y\to 0}\frac{f(0+\Delta y,0)-f(0,0)}{\Delta y}=\lim_{\Delta y\to 0}\frac{0-0}{\Delta y}=0,$$

$$\therefore\quad f_x(x,y)=\begin{cases}\frac{2xy^3}{(x^2+y^2)^2}, & x^2+y^2\neq 0\\ 0, & x^2+y^2=0\end{cases},$$

$$f_y(x, y)=\begin{cases}\dfrac{x^2(x^2-y^2)}{(x^2+y^2)^2}, & x^2+y^2\neq 0\\ 0, & x^2+y^2=0\end{cases}.$$

10. 设 $f(x, y)=\begin{cases}\dfrac{\sqrt{|xy|}}{x^2+y^2}\sin(x^2+y^2), & 当\ x^2+y^2\neq 0\\ 0, & 当\ x^2+y^2=0\end{cases}$，讨论 $f(x, y)$ 在点 $(0, 0)$ 处的可微性.

解 $\Delta z=f(\Delta x, \Delta y)-f(0, 0)=\dfrac{\sqrt{|\Delta x\Delta y|}}{(\Delta x)^2+(\Delta y)^2}\sin[(\Delta x)^2+(\Delta y)^2]$，

$$f'_x(0, 0)=\lim_{\Delta x\to 0}\frac{f(0+\Delta x, 0)-f(0, 0)}{\Delta x}=0,$$

$$f'_y(0, 0)=\lim_{\Delta y\to 0}\frac{f(0, 0+\Delta y)-f(0, 0)}{\Delta y}=0,$$

令
$$\alpha=\Delta z-f'_x(0, 0)\Delta x-f'_y(0, 0)\Delta y=\frac{\sqrt{|\Delta x\Delta y|}}{(\Delta x)^2+(\Delta y)^2}\sin[(\Delta x)^2+(\Delta y)^2],$$

$$\lim_{\rho\to 0}\frac{\alpha}{\rho}\xrightarrow{令\ \Delta y=\Delta x}\lim_{\Delta x\to 0}\frac{\sqrt{(\Delta x)^2}}{\sqrt{2(\Delta x)^2}}\cdot\frac{\sin 2(\Delta x)^2}{2(\Delta x)^2}=\frac{1}{\sqrt{2}}\neq 0,$$

故 $z=f(x, y)$ 在 $(0, 0)$ 点不可微.

11. 设 $f(x, y)=\begin{cases}(x^2+y^2)\sin\dfrac{1}{x^2+y^2}, & x^2+y^2\neq 0\\ 0, & x^2+y^2=0\end{cases}$，问在点 $(0, 0)$ 处，

(1) 偏导数是否存在？(2) 偏导数是否连续？(3) 是否可微？说明理由.

解 (1) $f'_x(0, 0)=\lim\limits_{\Delta x\to 0}\dfrac{f(\Delta x, 0)-f(0, 0)}{\Delta x}=\lim\limits_{\Delta x\to 0}\Delta x\sin\dfrac{1}{(\Delta x)^2}=0.$

同理，$f'_y(0, 0)=0$，故在点 $(0, 0)$ 处，两个偏导数存在.

(2) 当 $x^2+y^2\neq 0$ 时，有

$$\frac{\partial f}{\partial x}=2x\sin\frac{1}{x^2+y^2}-\frac{2x}{x^2+y^2}\cos\frac{1}{x^2+y^2},$$

$$\frac{\partial f}{\partial y}=2y\sin\frac{1}{x^2+y^2}-\frac{2y}{x^2+y^2}\cos\frac{1}{x^2+y^2},$$

考虑点 $P(x, y)$ 沿直线 $y=x$ 趋于 $(0, 0)$ 时，则有

$$\lim_{y=x\to 0}\frac{\partial f}{\partial x}=\lim_{y=x\to 0}\left(2x\sin\frac{1}{2x^2}-\frac{1}{x}\cos\frac{1}{2x^2}\right)$$

$$=\lim_{x\to 0}\left(2x\sin\frac{1}{2x^2}-\frac{1}{x}\cos\frac{1}{2x^2}\right)\text{不存在}.$$

故$\frac{\partial f}{\partial x}$在点 (0, 0) 处不连续，同理$\frac{\partial f}{\partial y}$在点 (0, 0) 处也不连续.

(3) $\Delta u=f(\Delta x,\Delta y)-f(0,0)=[(\Delta x)^2+(\Delta y)^2]\sin\frac{1}{(\Delta x)^2+(\Delta y)^2}$.

$$\begin{aligned}\frac{\Delta u-\mathrm{d}u}{\rho}&=\frac{\Delta u-[f'_x(0,0)\Delta x+f'_y(0,0)\Delta y]}{\sqrt{(\Delta x)^2+(\Delta y)^2}}\\&=\frac{[(\Delta x)^2+(\Delta y)^2]\sin\frac{1}{(\Delta x)^2+(\Delta y)^2}}{\sqrt{(\Delta x)^2+(\Delta y)^2}}\\&=\sqrt{(\Delta x)^2+(\Delta y)^2}\sin\frac{1}{(\Delta x)^2+(\Delta y)^2}.\end{aligned}$$

所以 $\lim\limits_{\rho\to 0}\frac{\Delta u-\mathrm{d}u}{\rho}=\lim\limits_{\rho\to 0}\rho\sin\frac{1}{\rho^2}=0$.

故 $f(x,y)$ 在点 (0, 0) 处可微且 $\mathrm{d}u=0$.

12. 设 $u=\frac{\mathrm{e}^{ax}(y-z)}{a^2+1}$，$y=a\sin x$，$z=\cos x$，求$\frac{\mathrm{d}u}{\mathrm{d}x}$.

解
$$\begin{aligned}\frac{\mathrm{d}u}{\mathrm{d}x}&=\frac{\partial u}{\partial x}+\frac{\partial u}{\partial y}\frac{\mathrm{d}y}{\mathrm{d}x}+\frac{\partial u}{\partial z}\frac{\mathrm{d}z}{\mathrm{d}x}\\&=\frac{a\mathrm{e}^{ax}(y-z)}{a^2+1}+\frac{\mathrm{e}^{ax}}{a^2+1}\cdot a\cos x-\frac{\mathrm{e}^{ax}}{a^2+1}\cdot(-\sin x)\\&=\frac{\mathrm{e}^{ax}}{a^2+1}[a^2\sin x-a\cos x+a\cos x+\sin x]=\mathrm{e}^{ax}\sin x.\end{aligned}$$

13. 设 $z=xy+xF(u)$，而 $u=\frac{y}{x}$，$F(u)$为可导函数，证明 $x\frac{\partial z}{\partial x}+y\frac{\partial z}{\partial y}=z+xy$.

证
$$\frac{\partial z}{\partial x}=y+F(u)+xF'(u)\cdot\left(-\frac{y}{x^2}\right),$$
$$\frac{\partial z}{\partial y}=x+xF'(u)\cdot\frac{1}{x}=x+F'(u),$$

所以
$$\begin{aligned}\text{左式}&=xy+xF(u)-yF'(u)+xy+yF'(u)\\&=xy+[xy+xF(u)]=xy+z.\end{aligned}$$

14. 设 $z=f(2x-y,y\sin x)$，其中 $f(u,v)$ 具有二阶连续偏导数，求$\frac{\partial^2 z}{\partial x\partial y}$.

解 $\frac{\partial z}{\partial x}=\frac{\partial z}{\partial u}\frac{\partial u}{\partial x}+\frac{\partial z}{\partial v}\frac{\partial v}{\partial x}=f'_1\cdot 2+f'_2\cdot y\cos x=2f'_1+y\cos xf'_2$,

$$\frac{\partial^2 z}{\partial x\partial y}=2[f''_{11}\cdot(-1)+f''_{12}\cdot\sin x]+\cos x\cdot f'_2$$
$$+y\cos x[f''_{21}\cdot(-1)+f''_{22}\cdot\sin x]$$
$$=-2f''_{11}+(2\sin x-y\cos x)f''_{12}+y\sin x\cos x f''_{22}+\cos x f'_2.$$

注意到 f 有连续二阶偏导数时，$f''_{12}=f''_{21}$.

15. 设 $z=f(u, x, y)$，$u=xe^y$，其中 f 具有连续的二阶偏导数，求$\frac{\partial^2 z}{\partial x\partial y}$.

解 $\frac{\partial z}{\partial x}=f'_u\cdot\frac{\partial u}{\partial x}+f'_x=e^y f'_u+f'_x$，

$$\frac{\partial^2 z}{\partial x\partial y}=e^y\cdot f'_u+e^y\left(f''_{uu}\cdot\frac{\partial u}{\partial y}+f''_{uy}\right)+f''_{xu}\cdot\frac{\partial u}{\partial y}+f''_{xy}$$
$$=e^y f'_u+e^y(xe^y f''_{uu}+f''_{uy})+xe^y f''_{xu}+f''_{xy}$$
$$=xe^{2y}f''_{uu}+e^y f''_{uy}+xe^y f''_{xu}+f''_{xy}+e^y f'_u.$$

16. 设 $u=\frac{x+y}{x-y}(x\neq y)$，求$\frac{\partial^{m+n}u}{\partial x^m\partial y^n}$($m$，$n$ 为自然数).

解 $u=\frac{x+y}{x-y}=\frac{2x}{x-y}-1.$

$$\frac{\partial^n u}{\partial y^n}=\frac{2x\cdot n!}{(x-y)^{n+1}}=\frac{2(x-y)+2y}{(x-y)^{n+1}}n!\ =\frac{2n!}{(x-y)^n}+\frac{2y}{(x-y)^{n+1}}n!.$$
$$\frac{\partial^{m+n}u}{\partial x^m\partial y^n}=\frac{\partial^m}{\partial x^m}\left(\frac{\partial^n u}{\partial y^n}\right)=\frac{2n(-1)^m(m+n-1)!}{(x-y)^{m+n}}+\frac{2y(-1)^m(m+n)!}{(x-y)^{m+n+1}}$$
$$=\frac{2(-1)^m(m+n-1)!\ (my+nx)}{(x-y)^{m+n+1}}.$$

17. 设 $z=z(x, y)$ 为由方程 $xyz+\sqrt{x^2+y^2+z^2}=\sqrt{2}$所确定的隐函数，求$\frac{\partial z}{\partial x}$和$\frac{\partial z}{\partial y}$.

解 利用一阶全微分形式的不变性，对题设方程两边求微分得到

$$yz\mathrm{d}x+xz\mathrm{d}y+xy\mathrm{d}z+\frac{x\mathrm{d}x+y\mathrm{d}y+z\mathrm{d}z}{\sqrt{x^2+y^2+z^2}}=0,$$

合并同类项，并从中解出 dz，得

$$\frac{z+xy\sqrt{x^2+y^2+z^2}}{\sqrt{x^2+y^2+z^2}}\mathrm{d}z=-\frac{x+yz\sqrt{x^2+y^2+z^2}}{\sqrt{x^2+y^2+z^2}}\mathrm{d}x$$
$$-\frac{y+zx\sqrt{x^2+y^2+z^2}}{\sqrt{x^2+y^2+z^2}}\mathrm{d}y,$$

$$\mathrm{d}z=-\frac{x+yz\sqrt{x^2+y^2+z^2}}{z+xy\sqrt{x^2+y^2+z^2}}\mathrm{d}x-\frac{y+zx\sqrt{x^2+y^2+z^2}}{z+xy\sqrt{x^2+y^2+z^2}}\mathrm{d}y,$$

$$\therefore\quad \frac{\partial z}{\partial x}=-\frac{x+yz\sqrt{x^2+y^2+z^2}}{z+xy\sqrt{x^2+y^2+z^2}},\ \frac{\partial z}{\partial y}=-\frac{y+zx\sqrt{x^2+y^2+z^2}}{z+xy\sqrt{x^2+y^2+z^2}}.$$

18. 设方程 $F\left(\frac{x}{z},\frac{y}{z}\right)=0$ 确定了函数 $z=z(x,y)$，求$\frac{\partial z}{\partial x}$，$\frac{\partial z}{\partial y}$.

解　方法一　设 $u=\frac{x}{z}$，$v=\frac{y}{z}$，则

$$\frac{\partial F}{\partial x}=\frac{\partial F}{\partial u}\cdot\frac{\partial u}{\partial x}+\frac{\partial F}{\partial v}\cdot\frac{\partial v}{\partial x}=\frac{1}{z}\frac{\partial F}{\partial u},$$

$$\frac{\partial F}{\partial y}=\frac{\partial F}{\partial u}\cdot\frac{\partial u}{\partial y}+\frac{\partial F}{\partial v}\cdot\frac{\partial v}{\partial y}=\frac{1}{z}\frac{\partial F}{\partial v},$$

$$\frac{\partial F}{\partial z}=\frac{\partial F}{\partial u}\cdot\frac{\partial u}{\partial z}+\frac{\partial F}{\partial v}\cdot\frac{\partial v}{\partial z}=-\frac{x}{z^2}\frac{\partial F}{\partial u}-\frac{y}{z^2}\frac{\partial F}{\partial v},$$

代入计算公式得

$$\frac{\partial z}{\partial x}=-\frac{\frac{\partial F}{\partial x}}{\frac{\partial F}{\partial z}}=-\frac{\frac{1}{z}\frac{\partial F}{\partial u}}{-\frac{x}{z^2}\frac{\partial F}{\partial u}-\frac{y}{z^2}\frac{\partial F}{\partial v}}=\frac{z\frac{\partial F}{\partial u}}{x\frac{\partial F}{\partial u}+y\frac{\partial F}{\partial v}},$$

$$\frac{\partial z}{\partial y}=-\frac{\frac{\partial F}{\partial y}}{\frac{\partial F}{\partial z}}=\frac{z\frac{\partial F}{\partial v}}{x\frac{\partial F}{\partial u}+y\frac{\partial F}{\partial v}}.$$

方法二　由题设 $F\left(\frac{x}{z},\frac{y}{z}\right)=0$，两边对 x 求偏导数得：

$$\frac{\partial F}{\partial u}\left(\frac{x}{z}\right)_x'+\frac{\partial F}{\partial v}\left(\frac{y}{z}\right)_x'=0.$$

即

$$\frac{\partial F}{\partial u}\frac{z-x\frac{\partial z}{\partial x}}{z^2}+\frac{\partial F}{\partial v}\frac{-y\frac{\partial z}{\partial x}}{z^2}=0\Rightarrow\frac{\partial z}{\partial x}=\frac{z\frac{\partial F}{\partial u}}{x\frac{\partial F}{\partial u}+y\frac{\partial F}{\partial v}}.$$

同理可得

$$\frac{\partial z}{\partial y}=\frac{z\frac{\partial F}{\partial v}}{x\frac{\partial F}{\partial u}+y\frac{\partial F}{\partial v}}.$$

方法三　对方程 $F\left(\frac{x}{z},\frac{y}{z}\right)=0$ 两端关于 x，y，z 求全微分.

$$\mathrm{d}F=\frac{\partial F}{\partial x}\mathrm{d}x+\frac{\partial F}{\partial y}\mathrm{d}y+\frac{\partial F}{\partial z}\mathrm{d}z=0.$$

即
$$\frac{1}{z}\frac{\partial F}{\partial u}\mathrm{d}x+\frac{1}{z}\frac{\partial F}{\partial v}\mathrm{d}y+\left(-\frac{x}{z^2}\frac{\partial F}{\partial u}-\frac{y}{z^2}\frac{\partial F}{\partial v}\right)\mathrm{d}z=0,$$

$$\left(\frac{x}{z^2}\frac{\partial F}{\partial u}+\frac{y}{z^2}\frac{\partial F}{\partial v}\right)\mathrm{d}z=\frac{1}{z}\frac{\partial F}{\partial u}\mathrm{d}x+\frac{1}{z}\frac{\partial F}{\partial v}\mathrm{d}y,$$

$$\mathrm{d}z=\frac{z\dfrac{\partial F}{\partial u}}{x\dfrac{\partial F}{\partial u}+y\dfrac{\partial F}{\partial v}}\mathrm{d}x+\frac{z\dfrac{\partial F}{\partial v}}{x\dfrac{\partial F}{\partial u}+y\dfrac{\partial F}{\partial v}}\mathrm{d}y,$$

所以
$$\frac{\partial z}{\partial x}=\frac{z\dfrac{\partial F}{\partial u}}{x\dfrac{\partial F}{\partial u}+y\dfrac{\partial F}{\partial v}},\ \frac{\partial z}{\partial y}=\frac{z\dfrac{\partial F}{\partial v}}{x\dfrac{\partial F}{\partial u}+y\dfrac{\partial F}{\partial v}}.$$

19. 设 z 为由方程 $f(x+y, y+z)=0$ 所确定的函数，求 $\mathrm{d}z$，$\dfrac{\partial^2 z}{\partial x^2}$.

解 由 $f(x+y, y+z)=0$ 两边对 x 求导

$$f_1'\cdot 1+f_2' z_x=0,\ z_x=-\frac{f_1'}{f_2'},$$

同理
$$f_1'\cdot 1+f_2'(1+z_y)=0,\ z_y=-\frac{f_1'+f_2'}{f_2'}.$$

$$\mathrm{d}z=\frac{\partial z}{\partial x}\mathrm{d}x+\frac{\partial z}{\partial y}\mathrm{d}y=-\frac{1}{f_2'}[f_1'\mathrm{d}x+(f_1'+f_2')\mathrm{d}y]$$

而
$$\frac{\partial^2 z}{\partial x^2}=\frac{\partial}{\partial x}\left(-\frac{f_1'}{f_2'}\right)=-\frac{[(f_{11}''+f_{12}''z_x)f_2'-f_1'(f_{21}''+f_{22}''z_x)]}{(f_2')^2}$$
$$=\frac{f_{12}''f_1'-f_2'f_{11}''}{f_2'^2}+\frac{f_{21}''f_1'f_2'-f_{22}''f_1'^2}{f_2'^3}.$$

20. 设 $z^3-3xyz=a^3$，求$\dfrac{\partial^2 z}{\partial x\partial y}$.

解 可先用公式求一阶偏导数，再用复合求导法则逐阶求之.
记 $F(x, y, z)=z^3-3xyz-a^3$，则

$$\frac{\partial z}{\partial x}=-\frac{-3yz}{3z^2-3xy}=\frac{yz}{z^2-xy},\ \frac{\partial z}{\partial y}=-\frac{-3xz}{3z^2-3xy}=\frac{xz}{z^2-xy},$$

$$\therefore\ \frac{\partial^2 z}{\partial x\partial y}=\frac{\partial}{\partial y}\left(\frac{yz}{z^2-xy}\right)=\frac{(z+yz_y)(z^2-xy)-yz(2z\cdot z_y-x)}{(z^2-xy)^2}$$

$$=\frac{\left(z+y\frac{xz}{z^2-xy}\right)(z^2-xy)-yz\left(2z\frac{xz}{z^2-xy}-x\right)}{(z^2-xy)^2}$$

$$=\frac{z^5-2xyz^3+x^2y^2z+xyz^3-x^2y^2z-2xyz^3+xyz^3-x^2y^2z}{(z^2-xy)^3}$$

$$=\frac{z^5-2xyz^3-x^2y^2z}{(z^2-xy)^3}=\frac{z(z^4-2xyz^2-x^2y^2)}{(z^2-xy)^3}.$$

21. 求函数 $f(x,\ y)=\ln(1+x^2+y^2)+1-\frac{x^3}{15}-\frac{y^2}{4}$ 的极值.

解　令 $\begin{cases} f'_x=\frac{2x}{1+x^2+y^2}-\frac{x^2}{5}=0 \\ f'_y=\frac{2y}{1+x^2+y^2}-\frac{y}{2}=0 \end{cases}$，得驻点 $(0,\ 0)$，$(2,\ 0)$，$(0,\ \sqrt{3})$，$(0,\ -\sqrt{3})$，则

$$A=f''_{xx}=\frac{2(1+y^2-x^2)}{(1+x^2+y^2)^2}-\frac{2x}{5},\ B=f''_{xy}=\frac{-4xy}{(1+x^2+y^2)^2},$$

$$C=f''_{yy}=\frac{2(1+x^2-y^2)}{(1+x^2+y^2)^2}-\frac{1}{2}.$$

① 在 $(0,\ 0)$ 处，$A=2>0$，$B=0$，$C=3/2$，$B^2-AC=-3<0$，是极小值点，极小值 $f(0,\ 0)=1$.

② 在 $(2,\ 0)$ 处，$A=-\frac{26}{25}<0$，$B=0$，$C=-\frac{1}{10}$，$B^2-AC<0$，是极大值点，极大值 $f(2,\ 0)=\ln 5+\frac{7}{15}$.

③ 在 $(0,\ \sqrt{3})$ 处，$A=\frac{1}{2}$，$B=0$，$C=-\frac{3}{4}$，$B^2-AC>0$，不是极值点.

④ 在 $(0,\ -\sqrt{3})$ 处，$A=\frac{1}{2}$，$B=0$，$C=-\frac{3}{4}$，$B^2-AC>0$，不是极值点.

22. 设函数 $f(x,\ y)$ 在点 $O\,(0,\ 0)$ 及其邻域内连续，且

$$\lim_{\substack{x\to 0\\ y\to 0}}\frac{f(x,\ y)-f(0,\ 0)}{x^2+1-x\sin y-\cos^2 y}=A<0$$

讨论 $f(x,\ y)$ 在点 $O\,(0,\ 0)$ 处是否有极值，如果有，是极大值还是极小值？

解　因为

$$x^2+1-x\sin y-\cos^2 y=\left(x-\frac{1}{2}\sin y\right)^2+\frac{3}{4}\sin^2 y>0,$$

且 $$\lim_{\substack{x\to 0\\ y\to 0}}\frac{f(x, y)-f(0, 0)}{x^2+1-x\sin y-\cos^2 y}=A<0,$$

所以存在 $O(0, 0)$ 的邻域，使在其内有

$$f(x, y)-f(0, 0)<0,\text{ 即 } f(0, 0)>f(x, y),$$

故 $f(x, y)$ 在点 $O(0, 0)$ 有极大值.

23. 将正数 a 分成三个正数 x, y, z，使 $f=x^m y^n z^p$ 最大，其中 m, n, p 均为已知数.

解 只需求出使 $\ln f$ 为最大的 x, y, z. 设 $L=m\ln x+n\ln y+p\ln z+\lambda(x+y+z-a)$,

令 $$\begin{cases}L_x=\dfrac{m}{x}+\lambda=0\\ L_y=\dfrac{n}{y}+\lambda=0\\ L_z=\dfrac{p}{z}+\lambda=0\\ x+y+z-a=0\end{cases}\Rightarrow\begin{cases}x=\dfrac{ma}{m+n+p}\\ y=\dfrac{na}{m+n+p},\\ z=\dfrac{pa}{m+n+p}\end{cases}$$

由于 f 连续，且在边界

$$\begin{cases}x+y+z=a\\ x=0\end{cases},\ \begin{cases}x+y+z=a\\ y=0\end{cases},\ \begin{cases}x+y+z=a\\ z=0\end{cases}$$

上 $f=0$，所以 f 的最大值应在区域内部取得.

函数 f 在闭区域上的最大值显然存在，而在区域上 f 只有唯一一个驻点，所以该点必是 f 的最大值点，即当

$$x=\frac{ma}{m+n+p},\ y=\frac{na}{m+n+p},\ z=\frac{pa}{m+n+p},$$

$f=x^m y^n z^p$ 有最大值.

24. 某厂家生产的一种产品同时在两个市场销售，售价分别为 p_1 和 p_2，销售量分别为 q_1 和 q_2，需求函数分别为 $q_1=24-0.2p_1$ 和 $q_2=10-0.05p_2$，总成本函数为

$$C=35+40(q_1+q_2).$$

试问：厂家如何确定商品在两个市场的售价，才能使得获得的总利润最大？最大总利润为多少？

解　总收入函数与总利润函数分别为：

$$R=p_1q_1+p_2q_2=24p_1-0.2p_1^2+10p_2-0.05p_2^2;$$

$$L=R-C=32p_1-0.2p_1^2+12p_2-0.05p_2^2-1\,395;$$

现在求二元函数 $L(p_1, p_2)$ 的最大值.

由极值的必要条件，解方程组：

$$\begin{cases}\dfrac{\partial L}{\partial p_1}=32-0.4p_1=0\\ \dfrac{\partial L}{\partial p_2}=12-0.1p_2=0\end{cases},$$

得唯一驻点 (80, 120)，由问题的实际意义，知最大总利润存在，故当 $p_1=80$，$p_2=120$ 时，厂家所获得的总利润最大，最大总利润为：

$$L_{\max}=605(\text{单位}).$$

25. 某公司可通过电台及报纸两种方式做销售某种商品的广告. 根据统计资料，销售收入 R(万元) 与电台广告费用 x_1(万元) 及报纸广告费用 x_2(万元) 之间的关系有如下的经验公式：

$$R=15+14x_1+32x_2-8x_1x_2-2x_1^2-10x_2^2$$

(1) 在广告费用不限的情况下，求最优广告策略；

(2) 若广告费用为 1.5 万元，求相应的最优广告策略.

解　(1) 利润函数

$$L=R-(x_1+x_2)=15+13x_1+31x_2-8x_1x_2-2x_1^2-10x_2^2.$$

令　　$L'_{x_1}=13-8x_2-4x_1=0$，$L'_{x_2}=31-8x_1-20x_2=0$，

得 $x_1=0.75$，$x_2=1.25$.

又因 $A=L''_{x_1x_1}=-4$，$B=L''_{x_1x_2}=-8$，$C=L''_{x_2x_2}=-20$，而 $B^2-AC=-16<0$，且 $A=-4<0$，所以当 $x_1=0.75$，$x_2=1.25$ 时，利润达到最大.

(2) 约束条件 $x_1+x_2=1.5$，则拉格朗日函数为

$$F(x_1, x_2, \lambda)=15+13x_1+31x_2-8x_1x_2-2x_1^2-10x_2^2+\lambda(x_1+x_2-1.5),$$

令$\begin{cases}F'_{x_1}=13-8x_2-4x_1+\lambda=0\\ F'_{x_2}=31-8x_1-20x_2+\lambda=0\\ F'_{x_\lambda}=x_1+x_2-1.5=0\end{cases}$，得$\begin{cases}x_1=0\\ x_2=1.5\end{cases}$.

所以当 $x_2=1.5$，即全部用作报纸广告可使利润达到最大.

26. 计算下列二重积分：

(1) $\iint\limits_D \frac{x^2}{y^2}\mathrm{d}x\mathrm{d}y$，其中 D 是由 $xy=2$，$y=1+x^2$ 及 $x=2$ 所围成的区域.

解 视 D 为 X 型区间：

$$1\leqslant x\leqslant 2,\ \frac{2}{x}\leqslant y\leqslant 1+x^2,$$

$$\therefore \iint\limits_D \frac{x^2}{y^2}\mathrm{d}x\mathrm{d}y=\int_1^2\mathrm{d}x\int_{\frac{2}{x}}^{1+x^2}\frac{x^2}{y^2}\mathrm{d}y$$

$$=\int_1^2\left(-1+\frac{1}{1+x^2}+\frac{x^3}{2}\right)\mathrm{d}x$$

$$=\frac{7}{8}+\arctan 2-\frac{\pi}{4}.$$

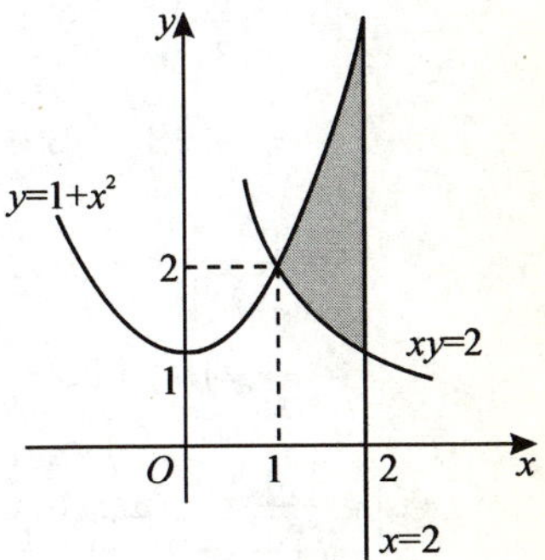

题 26（1）图

(2) $\iint\limits_D 6x^2y^2\mathrm{d}x\mathrm{d}y$，其中 D 是由 $y=x$，$y=-x$ 及 $y=2-x^2$ 所围成的在 x 轴上方的区域.

解 视 D 为 X 型区间：

因为 $f(x,y)=6x^2y^2$ 具有

$$f(-x,y)=f(x,y).$$

故利用区域关于 y 轴的对称性有：

$$\iint\limits_D 6x^2y^2\mathrm{d}x\mathrm{d}y=2\iint\limits_{D_1}6x^2y^2\mathrm{d}x\mathrm{d}y$$

$$=2\int_0^1\mathrm{d}x\int_x^{2-x^2}6x^2y^2\mathrm{d}y$$

$$=2\int_0^1[2x^2(2-x^2)^3-2x^5]\mathrm{d}x$$

$$=\frac{1\,066}{315};$$

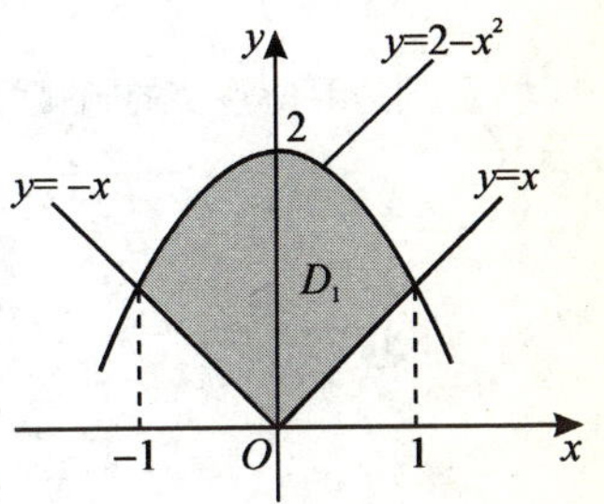

题 26（2）图

(3) $\iint\limits_D \frac{y^3}{x}\mathrm{d}\sigma$，其中 D：$x^2+y^2\leqslant 1$，$0\leqslant y\leqslant\sqrt{\frac{3}{2}x}$.

解 积分区域 D 如题 26（3）图所示，从 D 的形状看，似乎应先对 x 积分，但从被积函数来看，这样会对第二次积分带来困难，故选择先对 y 积分，易知题设两曲线的交点为 $\left(\frac{1}{2},\frac{\sqrt{3}}{2}\right)$，

$$
\begin{aligned}
I &= \iint\limits_{D} \frac{y^3}{x}\mathrm{d}x\mathrm{d}y = \iint\limits_{D_1} \frac{y^3}{x}\mathrm{d}x\mathrm{d}y + \iint\limits_{D_2} \frac{y^3}{x}\mathrm{d}x\mathrm{d}y \\
&= \int_0^{\frac{1}{2}} \frac{\mathrm{d}x}{x}\int_0^{\sqrt{\frac{3}{2}x}} y^3\mathrm{d}y + \int_{\frac{1}{2}}^{1} \frac{\mathrm{d}x}{x}\int_0^{\sqrt{1-x^2}} y^3\mathrm{d}y \\
&= \frac{1}{4}\cdot\frac{9}{4}\int_0^{\frac{1}{2}} x\mathrm{d}x + \frac{1}{4}\int_{\frac{1}{2}}^{1} \frac{(1-x^2)^2}{x}\mathrm{d}x \\
&= \frac{9}{32}x^2\Big|_0^{\frac{1}{2}} + \frac{1}{4}\int_{\frac{1}{2}}^{1}\left(\frac{1}{x}-2x+x^3\right)\mathrm{d}x \\
&= \frac{9}{128} + \frac{1}{4}\left(\ln x - x^2 + \frac{1}{4}x^4\right)\Big|_{\frac{1}{2}}^{1} = \frac{1}{4}\ln 2 - \frac{15}{256}.
\end{aligned}
$$

题 26 (3) 图

(4) $\iint\limits_{D} \frac{\mathrm{d}\sigma}{\sqrt{2a-x}}$ $(a>0)$，其中 D 是由圆心在点 (a, a)，半径为 a 且与坐标轴相切的圆周的较短一段弧和坐标轴所围成的区域.

解 圆的方程为

$$(x-a)^2+(y-a)^2=a^2,$$

区域 D 的边界所涉及的圆弧为

$$y=a-\sqrt{2ax-x^2},$$

所以

$$
\begin{aligned}
\iint\limits_{D} \frac{\mathrm{d}\sigma}{\sqrt{2a-x}} &= \int_0^a \frac{\mathrm{d}x}{\sqrt{2a-x}}\int_0^{a-\sqrt{2ax-x^2}}\mathrm{d}y = \int_0^a \frac{1}{\sqrt{2a-x}}(a-\sqrt{2ax-x^2})\mathrm{d}x \\
&= \int_0^a\left(\frac{a}{\sqrt{2a-x}}-\sqrt{x}\right)\mathrm{d}x = \left(-2a\sqrt{2a-x}-\frac{2}{3}x^{\frac{3}{2}}\right)\Big|_0^a \\
&= \left(2\sqrt{2}-\frac{8}{3}\right)a^{\frac{3}{2}}.
\end{aligned}
$$

注： 本题的积分域涉及圆，虽可以考虑使用极坐标系，但这段圆弧的极坐标表达式并不简单，同时被积函数化为极坐标后也会增加难度，所以使用直角坐标系较为简单.

27. 改变下列二次积分的积分次序：

(1) $\int_0^{2\pi}\mathrm{d}x\int_0^{\sin x} f(x, y)\mathrm{d}y$.

解 积分区域（见题 27(1)图）

$$D:\begin{cases}0\leqslant x\leqslant 2\pi\\ 0\leqslant y\leqslant \sin x\end{cases}, D=D_1\cup D_2.$$

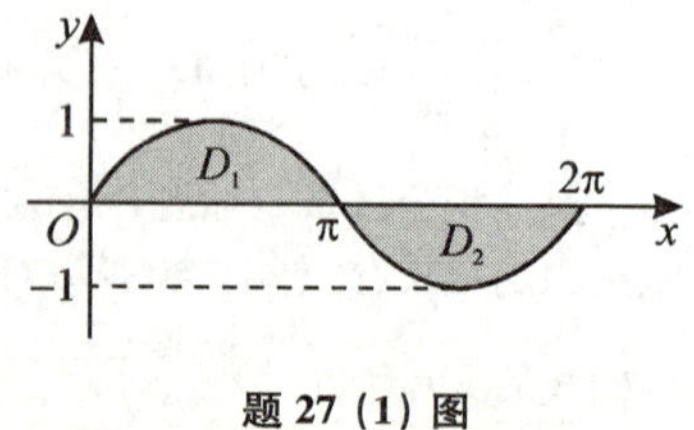

题 27 (1) 图

$$D_1:\begin{cases}\arcsin y\leqslant x\leqslant \pi-\arcsin y\\ 0\leqslant y\leqslant 1\end{cases};$$

$$D_2:\begin{cases}\pi-\arcsin y\leqslant x\leqslant 2\pi+\arcsin y\\ -1\leqslant y\leqslant 0\end{cases}.$$

故 $I=\int_{-1}^{0}\mathrm{d}y\int_{\pi-\arcsin y}^{2\pi+\arcsin y}f(x,y)\mathrm{d}x+\int_{0}^{1}\mathrm{d}y\int_{\arcsin y}^{\pi-\arcsin y}f(x,y)\mathrm{d}x.$

(2) $\int_0^{2a}\mathrm{d}x\int_{\sqrt{2ax-x^2}}^{\sqrt{2ax}}f(x,y)\mathrm{d}y\,(a>0).$

解 积分区域（见题 27(2)图）

$$D:\begin{cases}0\leqslant x\leqslant 2a\\ \sqrt{2ax-x^2}\leqslant y\leqslant \sqrt{2ax}\end{cases},$$

将 D 分成 D_1，D_2 及 D_3 三部分.

$$D_1:\frac{y^2}{2a}\leqslant x\leqslant a-\sqrt{a^2-y^2},\ 0\leqslant y\leqslant a;$$

$$D_2:\frac{y^2}{2a}\leqslant x\leqslant 2a,\ a\leqslant y\leqslant 2a;$$

$$D_3:a+\sqrt{a^2-y^2}\leqslant x\leqslant 2a,\ 0\leqslant y\leqslant a.$$

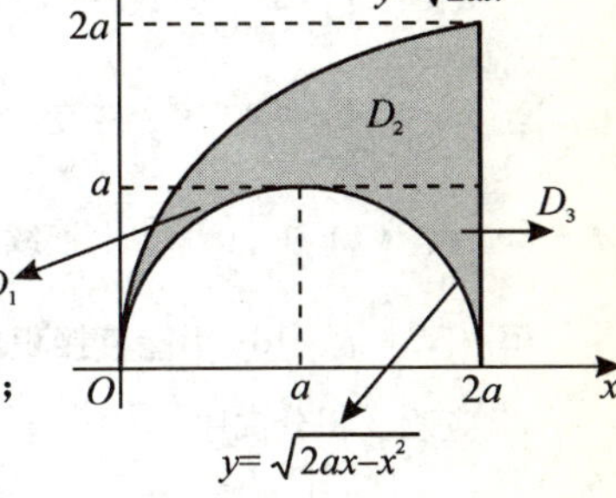

题 27 (2) 图

故 $$I=\int_0^a\mathrm{d}y\int_{\frac{y^2}{2a}}^{a-\sqrt{a^2-y^2}}f(x,y)\mathrm{d}x+\int_a^{2a}\mathrm{d}y\int_{\frac{y^2}{2a}}^{2a}f(x,y)\mathrm{d}x$$
$$+\int_0^a\mathrm{d}y\int_{a+\sqrt{a^2-y^2}}^{2a}f(x,y)\mathrm{d}x.$$

28. 计算下列二次积分：

(1) $\int_0^1\mathrm{d}x\int_x^{\sqrt{x}}\frac{\sin y}{y}\mathrm{d}y.$

解 因$\frac{\sin y}{y}$，$\mathrm{e}^{\frac{1}{y}}$与 $\sin\frac{1}{y}$的原函数都不是初等函数，所以不能先对 y 积分，必须交换积分顺序，积分区域如题 28 (1) 图所示，

$$\int_0^1\mathrm{d}x\int_x^{\sqrt{x}}\frac{\sin y}{y}\mathrm{d}y=\int_0^1\frac{\sin y}{y}\mathrm{d}y\int_{y^2}^{y}\mathrm{d}x$$
$$=\int_0^1\frac{\sin y}{y}(y-y^2)\mathrm{d}y=\int_0^1\sin y\mathrm{d}y-\int_0^1 y\sin y\mathrm{d}y$$
$$=-\cos y\Big|_0^1+y\cos y\Big|_0^1-\int_0^1\cos y\mathrm{d}y$$
$$=1-\cos 1+\cos 1-\sin y\Big|_0^1=1-\sin 1.$$

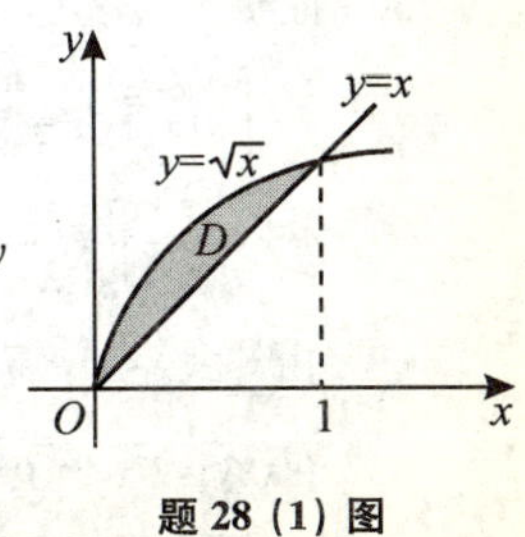

题 28 (1) 图

(2) $\int_{\frac{1}{4}}^{\frac{1}{2}}\mathrm{d}y\int_{\frac{1}{2}}^{\sqrt{y}}\mathrm{e}^{\frac{y}{x}}\mathrm{d}x+\int_{\frac{1}{2}}^{1}\mathrm{d}y\int_{y}^{\sqrt{y}}\mathrm{e}^{\frac{y}{x}}\mathrm{d}x$.

解　第一，二个积分的积分区域分别为

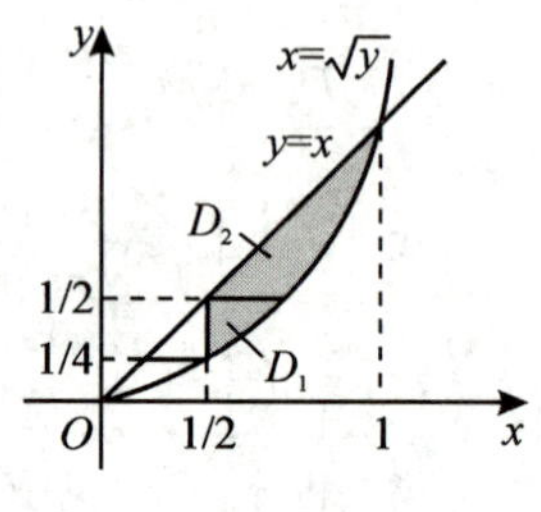

题 28 (2) 图

$$D_1:\begin{cases}\dfrac{1}{2}\leqslant x\leqslant\sqrt{y}\\ \dfrac{1}{4}\leqslant y\leqslant\dfrac{1}{2}\end{cases},D_2:\begin{cases}y\leqslant x\leqslant\sqrt{y}\\ \dfrac{1}{2}\leqslant y\leqslant 1\end{cases}.$$

$$I=\int_{\frac{1}{2}}^{1}\mathrm{d}x\int_{x^2}^{x}\mathrm{e}^{\frac{y}{x}}\mathrm{d}y=\int_{\frac{1}{2}}^{1}x\mathrm{e}^{\frac{y}{x}}\Big|_{x^2}^{x}\mathrm{d}x$$

$$=\int_{\frac{1}{2}}^{1}x(\mathrm{e}-\mathrm{e}^{x})\mathrm{d}x=\frac{1}{2}\left(\frac{3}{4}\mathrm{e}-\mathrm{e}^{\frac{1}{2}}\right).$$

29. 设 $f(x)$ 在 $[0,1]$ 上连续，并设$\int_0^1 f(x)\mathrm{d}x=A$，求$\int_0^1\mathrm{d}x\int_x^1 f(x)f(y)\mathrm{d}y$.

解　$\because\int_x^1 f(y)\mathrm{d}y$ 不能直接积出，

$\therefore$ 应改变积分次序.

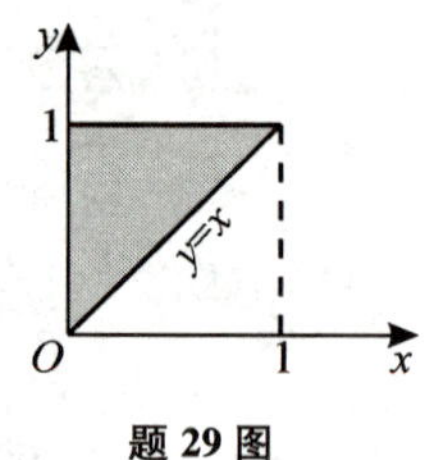

题 29 图

令 $I=\int_0^1\mathrm{d}x\int_x^1 f(x)f(y)\mathrm{d}y$，则

$$\text{原式}=\int_0^1\mathrm{d}y\int_0^y f(x)f(y)\mathrm{d}x$$

$$=\int_0^1 f(x)\mathrm{d}x\int_0^x f(y)\mathrm{d}y,$$

故
$$2I=\int_0^1 f(x)\mathrm{d}x\int_x^1 f(y)\mathrm{d}y+\int_0^1 f(x)\mathrm{d}x\int_0^x f(y)\mathrm{d}y$$

$$=\int_0^1 f(x)\mathrm{d}x\left[\left(\int_0^x+\int_x^1\right)f(y)\mathrm{d}y\right]=\int_0^1 f(x)\mathrm{d}x\int_0^1 f(y)\mathrm{d}y=A^2.$$

$$\therefore\quad I=\frac{A^2}{2}.$$

30. 证明

$$\int_a^b\mathrm{d}x\int_a^x(x-y)^{n-2}f(y)\mathrm{d}y=\frac{1}{n-1}\int_a^b(b-y)^{n-1}f(y)\mathrm{d}y.$$

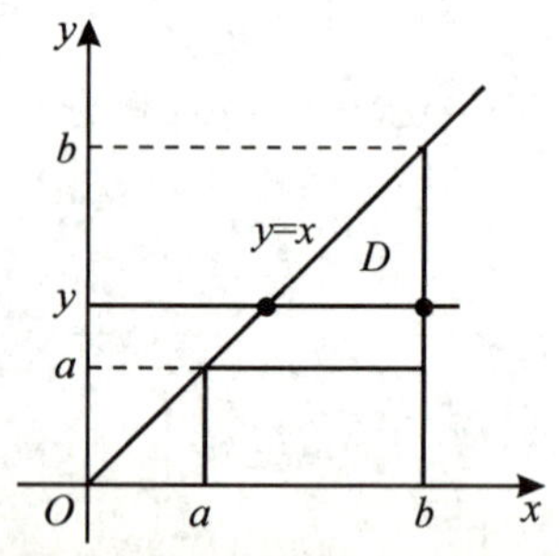

题 30 图

证　由等式左端，易见积分区域

D：$a\leqslant x\leqslant b$，$a\leqslant y\leqslant x$，

如题 30 图所示，交换积分次序.

$$\int_a^b dx\int_a^x (x-y)^{n-2}f(y)dy = \int_a^b dy\int_y^b (x-y)^{n-2}f(y)dx$$
$$= \int_a^b f(y)\left[\frac{1}{n-1}(x-y)^{n-1}\right]\Big|_y^b dy$$
$$= \frac{1}{n-1}\int_a^b (b-y)^{n-1}f(y)dy.$$

31. 设 $f(x)$ 在区间 $[a, b]$ 上连续，证明：

$$\left[\int_a^b f(x)dx\right]^2 \leqslant (b-a)\int_a^b f^2(x)dx.$$

证 D：$a\leqslant x\leqslant b$，$a\leqslant y\leqslant b$. 则

$$\left[\int_a^b f(x)dx\right]^2 = \int_a^b f(x)dx\int_a^b f(y)dy = \iint_D f(x)f(y)d\sigma,$$

由于 $[f(x)-f(y)]^2\geqslant 0$，$f(x)f(y)\leqslant\frac{1}{2}[f^2(x)+f^2(y)]$.

$$\therefore\quad \iint_D f(x)f(y)d\sigma \leqslant \iint_D \frac{1}{2}[f^2(x)+f^2(y)]d\sigma = \iint_D f^2(x)d\sigma$$
$$= \int_a^b dy\int_a^b f^2(x)dx = (b-a)\int_a^b f^2(x)dx$$
$$\Rightarrow \left[\int_a^b f(x)dx\right]^2 \leqslant (b-a)\int_a^b f^2(x)dx.$$

32. 计算 $I = \iint\limits_{x^2+y^2\leqslant a^2} (x^2+2\sin x+3y+4)d\sigma$.

解 积分区域是 $x^2+y^2\leqslant a^2$，显然关于 x 轴、y 轴、原点对称，于是

$$\iint\limits_{x^2+y^2\leqslant a^2} (-2\sin x+3y)d\sigma = 0.$$

又
$$\iint\limits_{x^2+y^2\leqslant a^2} x^2 d\sigma = \iint\limits_{x^2+y^2\leqslant a^2} y^2 d\sigma = \frac{1}{2}\iint\limits_{x^2+y^2\leqslant a^2} (x^2+y^2)d\sigma$$
$$= \frac{1}{2}\int_0^{2\pi} d\theta\int_0^a \rho^3 d\rho = \frac{\pi}{4}a^4,$$

$$\iint\limits_{x^2+y^2\leqslant a^2} 4d\sigma = 4\pi a^2,$$

故
$$I = \frac{\pi}{4}a^4 + 4\pi a^2.$$

33. 计算 $\iint\limits_D \sqrt{x^2+y^2}\,d\sigma$，其中区域 D 由 $y=x$，$x=a(a>0)$ 及 x 轴所围成.

解　
$$\text{原式}=\int_0^{\frac{\pi}{4}}d\theta\int_0^{\frac{a}{\cos\theta}}\sqrt{r^2\cos^2\theta+r^2\sin^2\theta}\cdot r\,dr$$
$$=\int_0^{\frac{\pi}{4}}\frac{a^3}{3\cos^3\theta}d\theta$$
$$=\frac{a^3}{3}\int_0^{\frac{\pi}{4}}\sqrt{1+\tan^2\theta}\,d(\tan\theta)$$
$$=\frac{a^3}{3}\left[\frac{\tan\theta}{2}\sqrt{1+\tan^2\theta}+\frac{1}{2}\ln(\tan\theta+\sqrt{1+\tan^2\theta})\right]\Bigg|_0^{\frac{\pi}{4}}$$
$$=\frac{a^3}{6}[\sqrt{2}+\ln(1+\sqrt{2})].$$

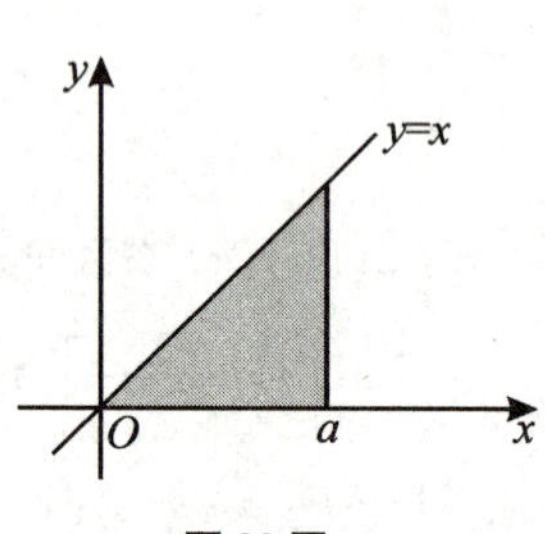

题 33 图

34. 计算 $\iint\limits_D xy\,d\sigma$，其中 D 是由曲线 $y=\sqrt{1-x^2}$，$x^2+(y-1)^2=1$ 与 y 轴所围成的在右上方的区域部分.

解　选用极坐标系，所涉及的两个圆的极坐标方程为 $r=1$ 与 $r=2\sin\theta$，交点的极坐标为 $(1,\pi/6)$(如题 34 图所示)，则

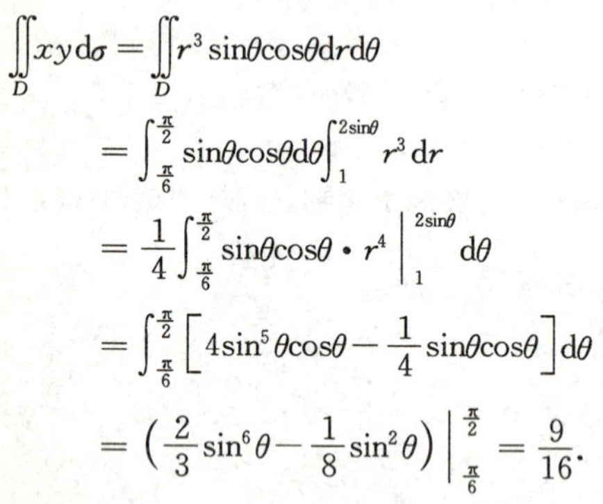
$$\iint\limits_D xy\,d\sigma=\iint\limits_D r^3\sin\theta\cos\theta\,dr\,d\theta$$
$$=\int_{\frac{\pi}{6}}^{\frac{\pi}{2}}\sin\theta\cos\theta\,d\theta\int_1^{2\sin\theta}r^3\,dr$$
$$=\frac{1}{4}\int_{\frac{\pi}{6}}^{\frac{\pi}{2}}\sin\theta\cos\theta\cdot r^4\Big|_1^{2\sin\theta}d\theta$$
$$=\int_{\frac{\pi}{6}}^{\frac{\pi}{2}}\left[4\sin^5\theta\cos\theta-\frac{1}{4}\sin\theta\cos\theta\right]d\theta$$
$$=\left(\frac{2}{3}\sin^6\theta-\frac{1}{8}\sin^2\theta\right)\Big|_{\frac{\pi}{6}}^{\frac{\pi}{2}}=\frac{9}{16}.$$

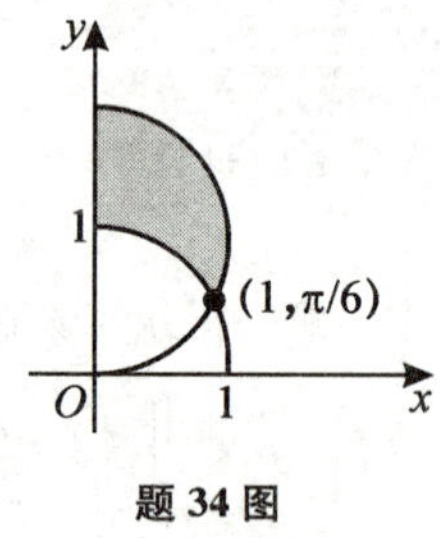

题 34 图

35. 选用适当的坐标计算下列各题：

(1) $\iint\limits_D (x^2+y^2)\,d\sigma$，其中 D 是由直线 $y=x$，$y=x+a$，$y=a$，$y=3a$ $(a>0)$ 所围成的闭区域.

解　积分区域 D 为：$D=\{(x,y)\,|\,a\leqslant y\leqslant 3a,\ y-a\leqslant x\leqslant y\}$，所以

$$\iint_D (x^2+y^2)\mathrm{d}\sigma = \int_a^{3a}\mathrm{d}y\int_{y-a}^{y}(x^2+y^2)\mathrm{d}x$$

$$=\int_a^{3a}\left[\frac{1}{3}x^3+xy^2\right]_{y-a}^{y}\mathrm{d}y=\int_a^{3a}\left(2ay^2-a^2y+\frac{a^3}{3}\right)\mathrm{d}y$$

$$=\left(\frac{2a}{3}y^3-\frac{a^2}{2}y^2+\frac{a^3}{3}y\right)\Big|_a^{3a}=14a^4.$$

(2) $\iint\limits_D (x+y)\mathrm{d}\sigma$，其中区域 D：$x^2+y^2-2Rx\leqslant 0$.

解 利用极坐标计算，积分区域 D：$\begin{cases}-\dfrac{\pi}{2}\leqslant\varphi\leqslant\dfrac{\pi}{2},\\ 0\leqslant\rho\leqslant 2R\cos\varphi\end{cases}$

$$\iint_D (x+y)\mathrm{d}\sigma=\int_{-\frac{\pi}{2}}^{\frac{\pi}{2}}\mathrm{d}\varphi\int_0^{2R\cos\varphi}(\rho\cos\varphi+\rho\sin\varphi)\rho\mathrm{d}\rho$$

$$=\int_{-\frac{\pi}{2}}^{\frac{\pi}{2}}\frac{1}{3}\rho^3(\cos\varphi+\sin\varphi)\Big|_0^{2R\cos\varphi}\mathrm{d}\varphi$$

$$=\frac{8}{3}R^3\int_{-\frac{\pi}{2}}^{\frac{\pi}{2}}(\cos^4\varphi+\underbrace{\sin\varphi\cos^3\varphi}_{\text{奇函数}})\mathrm{d}\varphi$$

$$=\frac{16}{3}R^3\int_0^{\frac{\pi}{2}}\cos^4\varphi\mathrm{d}\varphi=\frac{16}{3}R^3\cdot\frac{3}{4}\cdot\frac{1}{2}\cdot\frac{\pi}{2}=\pi R^3.$$

(3) $\iint\limits_D e^{\frac{y}{x+y}}\mathrm{d}x\mathrm{d}y$，其中 D 是由 $x=0$，$y=0$ 及 $x+y=1$ 所围成的平面区域.

解 注意到被积函数在直角坐标系下不能用有限形式表示，但

$$e^{\frac{y}{x+y}}=e^{\frac{1}{1+x/y}}=f(x/y),$$

故积分有可能在极坐标系下计算出.

直线 $x+y=1$ 的极坐标方程为 $\rho=\dfrac{1}{\cos\theta+\sin\theta}$，故

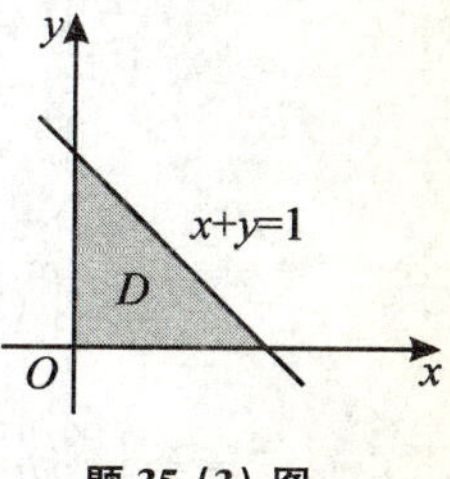

题 35 (3) 图

$$I=\int_0^{\frac{\pi}{2}}\mathrm{d}\theta\int_0^{\frac{1}{\cos\theta+\sin\theta}}e^{\frac{\sin\theta}{\cos\theta+\sin\theta}}\cdot\rho\mathrm{d}\rho$$

$$=\int_0^{\frac{\pi}{2}}e^{\frac{\sin\theta}{\cos\theta+\sin\theta}}\frac{1}{2}\rho^2\Big|_0^{\frac{1}{\cos\theta+\sin\theta}}\mathrm{d}\theta$$

$$=\frac{1}{2}\int_0^{\frac{\pi}{2}}e^{\frac{\sin\theta}{\cos\theta+\sin\theta}}\frac{\mathrm{d}\theta}{(\cos\theta+\sin\theta)^2}$$

$$=\frac{1}{2}\int_0^{\frac{\pi}{2}}e^{\frac{\sin\theta}{\cos\theta+\sin\theta}}\mathrm{d}\left(\frac{\sin\theta}{\cos\theta+\sin\theta}\right)=\frac{1}{2}(e-1).$$

36. 计算 $I=\iint\limits_D f(x,y)\mathrm{d}\sigma$，其中

$$f(x,y)=\begin{cases}\mathrm{e}^{-(x+y)}, & x>0,\ y>0\\ 0, & \text{其它}\end{cases},$$

D 由 $x+y=a$，$x+y=b$，$y=0$ 和 $y=b+a$ 所围成 $(b>a>0)$.

解　如题36图所示，由 $f(x,y)$ 的表达式知，

$$D=D_1\cup D_2\cup D_3,$$

在 D_1 上，$f(x,y)=0$，于是

$$\iint\limits_{D_1} f(x,y)\mathrm{d}\sigma=0,$$

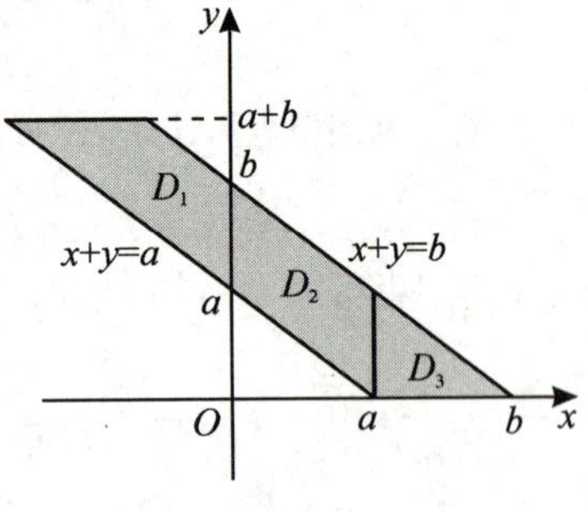

题36图

因而

$$\begin{aligned}I&=\iint\limits_{D_2}\mathrm{e}^{-(x+y)}\mathrm{d}\sigma+\iint\limits_{D_3}\mathrm{e}^{-(x+y)}\mathrm{d}\sigma\\&=\int_0^a\mathrm{d}x\int_{a-x}^{b-x}\mathrm{e}^{-(x+y)}\mathrm{d}y+\int_a^b\mathrm{d}x\int_0^{b-x}\mathrm{e}^{-(x+y)}\mathrm{d}y\\&=a\mathrm{e}^{-a}-b\mathrm{e}^{-b}+\mathrm{e}^{-a}-\mathrm{e}^{-b}.\end{aligned}$$

37. 计算 $I=\iint\limits_D(|x^2+y^2-2x|)\mathrm{d}x\mathrm{d}y$，其中 D：$x^2+y^2\leqslant 4$.

解　为去掉被积函数的绝对值，将积分区域分成如题37图所示的两个部分：

$$D_1:2x\leqslant x^2+y^2\leqslant 4;\quad D_2:x^2+y^2\leqslant 2x.$$

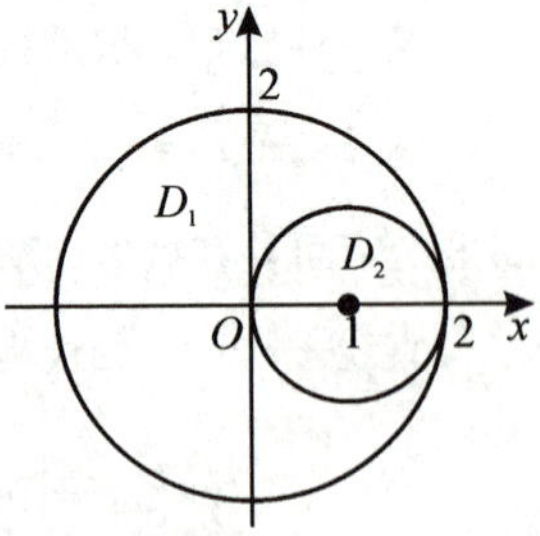

题37图

$$\begin{aligned}I&=\iint\limits_{D_1}(x^2+y^2-2x)\mathrm{d}x\mathrm{d}y\\&\quad+\iint\limits_{D_2}(2x-x^2-y^2)\mathrm{d}x\mathrm{d}y\\&=\iint\limits_{D_1+D_2}(x^2+y^2-2x)\mathrm{d}x\mathrm{d}y\\&\quad+2\iint\limits_{D_2}(2x-x^2-y^2)\mathrm{d}x\mathrm{d}y\\&=\int_0^{2\pi}\mathrm{d}\theta\int_0^2(r^2-2r\cos\theta)r\mathrm{d}r+2\int_{-\frac{\pi}{2}}^{\frac{\pi}{2}}\mathrm{d}\theta\int_0^{2\cos\theta}(2r\cos\theta-r^2)r\mathrm{d}r\\&=\int_0^{2\pi}\left(\frac{r^4}{4}-\frac{2}{3}r^3\cos\theta\right)\bigg|_0^2\mathrm{d}\theta+2\int_{-\frac{\pi}{2}}^{\frac{\pi}{2}}\left(\frac{2}{3}r^3\cos\theta-\frac{r^4}{4}\right)\bigg|_0^{2\cos\theta}\mathrm{d}\theta\end{aligned}$$

$$= \int_0^{2\pi}\left(4-\frac{16}{3}\cos\theta\right)\mathrm{d}\theta + 2\int_{-\frac{\pi}{2}}^{\frac{\pi}{2}}\left(\frac{16}{3}\cos^4\theta - 4\cos^4\theta\right)\mathrm{d}\theta$$

$$= \left(4\theta - \frac{16}{3}\sin\theta\right)\Big|_0^{2\pi} + 4\int_0^{\frac{\pi}{2}}\frac{4}{3}\cos^4\theta\mathrm{d}\theta = 8\pi + \frac{16}{3}\cdot\frac{3\cdot 1}{4\cdot 2}\cdot\frac{\pi}{2} = 9\pi.$$

38. 计算 $I=\iint\limits_D \sqrt{1-\sin^2(x+y)}\mathrm{d}x\mathrm{d}y$，其中 D 是由直线 $y=x$，$y=0$，$x=\frac{\pi}{2}$ 所围成.

解 $I=\iint\limits_D |\cos(x+y)|\mathrm{d}x\mathrm{d}y$，

划分积分区域 D 以去掉绝对值，如题 38 图所示.

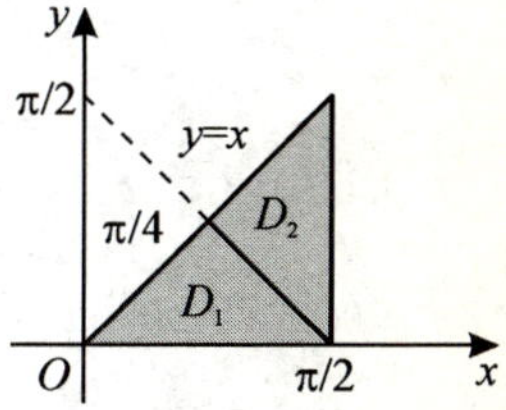

$$I=\iint\limits_{D_1}\cos(x+y)\mathrm{d}x\mathrm{d}y + \iint\limits_{D_2} -\cos(x+y)\mathrm{d}x\mathrm{d}y$$

$$= \int_0^{\frac{\pi}{4}}\mathrm{d}y\int_y^{\frac{\pi}{2}-y}\cos(x+y)\mathrm{d}x - \int_{\frac{\pi}{4}}^{\frac{\pi}{2}}\mathrm{d}x\int_{\frac{\pi}{2}-x}^{x}\cos(x+y)\mathrm{d}y$$

$$= \int_0^{\frac{\pi}{4}}\sin(x+y)\Big|_y^{\frac{\pi}{2}-y}\mathrm{d}y - \int_{\frac{\pi}{4}}^{\frac{\pi}{2}}\sin(x+y)\Big|_{\frac{\pi}{2}-x}^{x}\mathrm{d}x$$

$$= \int_0^{\frac{\pi}{4}}(1-\sin 2y)\mathrm{d}y - \int_{\frac{\pi}{4}}^{\frac{\pi}{2}}(\sin 2x - 1)\mathrm{d}x = \frac{\pi}{2}-1.$$

题 38 图

39. 设 $f(x)\in C[a, b]$，$f(x)>0$，证明：

$$\int_a^b f(x)\mathrm{d}x\int_a^b\frac{\mathrm{d}x}{f(x)} \geqslant (b-a)^2.$$

证 化为二重积分证之.

记 $D=[a, b; a, b]$，由不等式 $A^2+B^2\geqslant 2AB$，有

$$左边 = \frac{1}{2}\left[\int_a^b f(x)\mathrm{d}x\int_a^b\frac{\mathrm{d}y}{f(y)} + \int_a^b f(y)\mathrm{d}y\int_a^b\frac{\mathrm{d}x}{f(x)}\right]$$

$$= \frac{1}{2}\iint\limits_D\left[\frac{f(x)}{f(y)}+\frac{f(y)}{f(x)}\right]\mathrm{d}x\mathrm{d}y$$

$$= \iint\limits_D\frac{f^2(x)+f^2(y)}{2f(x)f(y)}\mathrm{d}x\mathrm{d}y$$

$$\geqslant \iint\limits_D\frac{2f(x)f(y)}{2f(x)f(y)}\mathrm{d}x\mathrm{d}y = D = (b-a)^2.$$

40. 计算下列曲线所围成的面积：

(1) $y=\sin x$，$y=\cos x$，$x=0$.

解 面积 $S=\iint\limits_{D}\mathrm{d}\sigma=\int_{0}^{\frac{\pi}{4}}\mathrm{d}x\int_{\sin x}^{\cos x}\mathrm{d}y=\int_{0}^{\frac{\pi}{4}}(\cos x-\sin x)\mathrm{d}x=\sqrt{2}-1.$

(2) $y=x^2$，$y=4x-x^2$.

解 两曲线交点为 (0，0)，(2，4).

$$
\begin{aligned}
S&=\int_{0}^{2}\mathrm{d}x\int_{x^2}^{4x-x^2}\mathrm{d}y=\int_{0}^{2}(4x-2x^2)\mathrm{d}x\\
&=\left(2x^2-\frac{2}{3}x^3\right)\Big|_{0}^{2}=\frac{8}{3}.
\end{aligned}
$$

第 7 章　无穷级数

19 世纪上半叶，法国数学家柯西建立了严密的无穷级数的理论基础，使得无穷级数成为一个威力强大的数学工具，例如，它使我们能把许多函数表示成无穷多项式，并告诉我们把它截断成有限多项式带来多少误差. 这些无穷多项式（称为幂级数）不仅提供了可微函数的有效的多项式逼近，而且还有许多其它的实际应用. 它还能使我们将更广泛的具有第一类间断点的函数表示成正弦函数和余弦函数项的无穷级数，称为傅里叶级数，这种表示形式在科学和工程技术领域中具有非常重要的应用. 从以上角度可见，无穷级数在表达函数、研究函数的性质、计算函数值以及求解方程等方面都有着重要的应用. 研究无穷级数及其和，可以说是研究数列及其极限的另一种形式，但无论是研究极限的存在性还是计算极限，无穷级数这种形式都显示出了巨大的优越性.

本章教学基本要求：

1. 了解级数的收敛、发散以及收敛级数的和等概念；

2. 掌握几何级数，p—级数的收敛与发散的条件，知道调和级数的敛散性；

3. 掌握收敛级数的必要条件及收敛级数的基本性质；

4. 熟练掌握正项级数的比较判别法、达朗贝尔（比值）判别法与柯西（根值）判别法；

5. 掌握交错级数的莱布尼茨判别法；

6. 了解任意项级数的绝对收敛与条件收敛的概念，掌握绝对收敛与条件收敛的判别法；

7. 了解幂级数及其收敛半径、收敛区域、和函数等概念，会求收敛半径和收敛域；

8. 了解幂级数在收敛区间内的基本性质（和函数的连续性，逐项微分和逐项积分），会求一些简单幂级数的和函数；

9. 掌握 e^x，$\sin x$，$\cos x$，$\ln(1+x)$ 及 $(1+x)^n$ 的麦克劳林展开式，会用它们将一些简单的函数间接展开成幂级数.

§7.1　常数项级数的概念和性质

一、主要知识归纳

表 7—1—1　　常数项级数及其收敛概念

数项级数	由数列 $\{u_n\}$ 构成的无穷多项的和的形式： $u_1+u_2+u_3+\cdots+u_n+\cdots$ 称为常数项级数，简称（数项）级数，记为 $\sum\limits_{n=1}^{\infty}u_n$，即 $\sum\limits_{n=1}^{\infty}u_n=u_1+u_2+u_3+\cdots+u_n+\cdots,$ 其中 $u_n=f(n)$ 称为一般项.
部分和	1° 级数 $\sum\limits_{n=1}^{\infty}u_n$ 的前 n 项的和 $s_n=\sum\limits_{i=1}^{n}u_i=u_1+u_2+u_3+\cdots+u_n$ 称为级数 $\sum\limits_{n=1}^{\infty}u_n$ 的部分和.
	2°$\{s_n\}$：s_1，s_2，…，s_n，… 称为部分和序列.
	3° 部分和与一般项关系：$u_n=s_n-s_{n-1}$.
收敛与发散	1° 若 $\lim\limits_{n\to\infty}s_n=s$（有限值）， 则称级数 $\sum\limits_{n=1}^{\infty}u_n$ 收敛，并称 s 为级数的和，记为 $\sum\limits_{n=1}^{\infty}u_n=s.$
	2° 若 $\lim\limits_{n\to\infty}s_n$ 不存在或为无穷大，则称级数发散.

表 7—1—2　　收敛级数的基本性质

① 若 $\sum\limits_{n=1}^{\infty}u_n=s$，$k$ 为常数，则级数 $\sum\limits_{n=1}^{\infty}ku_n$ 也收敛，且 $\sum\limits_{n=1}^{\infty}ku_n=k\sum\limits_{n=1}^{\infty}u_n$.

② 若 $\sum\limits_{n=1}^{\infty}u_n=s$，$\sum\limits_{n=1}^{\infty}v_n=\sigma$，则 $\sum\limits_{n=1}^{\infty}(u_n\pm v_n)$ 也收敛，且

$$\sum_{n=1}^{\infty}(u_n\pm v_n)=\sum_{n=1}^{\infty}u_n\pm\sum_{n=1}^{\infty}v_n=s\pm\sigma.$$

③ 在级数中去掉、加上或改变有限项，不改变级数的敛散性（收敛时其和会改变）.

续前表

④	若$\sum u_n$收敛，则对其任意加括号所成新级数仍收敛且其和不变，反之未必.
⑤	对级数$\sum u_n$，如加括号所成新级数发散，则原级数发散.
⑥	若$\sum u_n$收敛，则$\lim\limits_{n\to\infty} u_n = \lim\limits_{n\to\infty}(s_{n+1} - s_n) = 0$.

说明：性质⑤、⑥常用来作为级数发散的判别法.

二、典型例题分析

例 1 判别级数$\frac{1}{2}+\frac{1}{10}+\frac{1}{2^2}+\frac{1}{2\times 10}+\cdots+\frac{1}{2^n}+\frac{1}{10n}+\cdots$是否收敛.

解 将所给级数每相邻两项加括号得到新级数

$$\sum_{n=1}^{\infty}\left(\frac{1}{2^n+10n}\right).$$

因为$\sum\limits_{n=1}^{\infty}\frac{1}{2^n}$收敛，而级数$\sum\limits_{n=1}^{\infty}\frac{1}{10n}=\frac{1}{10}\sum\limits_{n=1}^{\infty}\frac{1}{n}$发散，所以级数$\sum\limits_{n=1}^{\infty}\left(\frac{1}{2^n+10n}\right)$发散，根据性质 3 的推论 1，去括号后的级数

$$\frac{1}{2}+\frac{1}{10}+\frac{1}{2^2}+\frac{1}{2\times 10}+\cdots+\frac{1}{2^n}+\frac{1}{10n}+\cdots$$

也发散.

例 2 判别级数$\sum\limits_{n=1}^{\infty}(\sqrt{n+2}-2\sqrt{n+1}+\sqrt{n})$敛散性.

解 一般项为

$$\begin{aligned}u_n &= \sqrt{n+2}-2\sqrt{n+1}+\sqrt{n}\\ &=(\sqrt{n+2}-\sqrt{n+1})-(\sqrt{n+1}-\sqrt{n})\\ &=\frac{1}{\sqrt{n+2}+\sqrt{n+1}}-\frac{1}{\sqrt{n+1}+\sqrt{n}},\end{aligned}$$

从而前 n 项的部分和为

$$\begin{aligned}S_n &= u_1+u_2+\cdots+u_n\\ &=\frac{1}{\sqrt{n+2}+\sqrt{n+1}}-\frac{1}{\sqrt{2}+1}=\frac{1}{\sqrt{n+2}+\sqrt{n+1}}+1-\sqrt{2}.\end{aligned}$$

$$\therefore \lim_{n\to\infty}S_n=\lim_{n\to\infty}\left[\frac{1}{\sqrt{n+2}+\sqrt{n+1}}+1-\sqrt{2}\right]=1-\sqrt{2},$$

故原级数收敛.

小结：常数项无穷级数与数列紧密相关，级数的收敛性可以归结到部分和数列的极限，所以数列的极限判定准则（如单调有界必有极限）和求解技巧（裂项相消、错位相减等方法）均可参照.

例 3　判断级数 $\sum\limits_{n=2}^{\infty}\frac{(-1)^n}{\sqrt{n+(-1)^n}}$ 的敛散性.

解　用级数敛散性的定义来判别. 因为

$$S_{2n}=\left(\frac{1}{\sqrt{3}}-\frac{1}{\sqrt{2}}\right)+\left(\frac{1}{\sqrt{5}}-\frac{1}{\sqrt{4}}\right)+\cdots+\left(\frac{1}{\sqrt{2n+1}}-\frac{1}{\sqrt{2n}}\right)$$

是一单调减少数列，且

$$S_{2n}=-\frac{1}{\sqrt{2}}+\left(\frac{1}{\sqrt{3}}-\frac{1}{\sqrt{4}}\right)+\cdots+\left(\frac{1}{\sqrt{2n-1}}-\frac{1}{\sqrt{2n}}\right)+\frac{1}{\sqrt{2n+1}}>-\frac{1}{\sqrt{2}}$$

即数列 $\{S_{2n}\}$ 有下界，故 $\lim\limits_{n\to\infty}S_{2n}=S$. 又 $\lim\limits_{n\to\infty}S_{2n+1}=0$，所以

$$\lim_{n\to\infty}S_{2n+1}=\lim_{n\to\infty}(S_{2n}+u_{2n+1})=S$$

从而 $\lim\limits_{n\to\infty}S_n=S$，即原级数收敛.

三、习题 7—1 解答

1. 写出下列级数的前五项：

(1) $\sum\limits_{n=1}^{\infty}\frac{1+n}{1+n^2}$；

(2) $\sum\limits_{n=1}^{\infty}\frac{1\cdot 3\cdots\cdot(2n-1)}{2\cdot 4\cdots\cdot 2n}$；

(3) $\sum\limits_{n=1}^{\infty}\frac{(-1)^{n-1}}{3^n}$；

(4) $\sum\limits_{n=1}^{\infty}\frac{n!}{n^n}$.

解　(1) $\frac{1+1}{1+1^2}+\frac{1+2}{1+2^2}+\frac{1+3}{1+3^2}+\frac{1+4}{1+4^2}+\frac{1+5}{1+5^2}+\cdots$

$$=1+\frac{3}{5}+\frac{2}{5}+\frac{5}{17}+\frac{3}{13}+\cdots.$$

(2) $\frac{1}{2}+\frac{3}{8}+\frac{15}{48}+\frac{105}{384}+\frac{945}{3\,840}+\cdots$.

(3) $\frac{1}{3}-\frac{1}{3^2}+\frac{1}{3^3}-\frac{1}{3^4}+\frac{1}{3^5}-\cdots$.

(4) $1+\frac{2}{2^2}+\frac{3!}{3^3}+\frac{4!}{4^4}+\frac{5!}{5^5}+\cdots$.

2. 写出下列级数的一般项：

(1) $\frac{2}{1}-\frac{3}{2}+\frac{4}{3}-\frac{5}{4}+\frac{6}{5}-\frac{7}{6}+\cdots$;

(2) $-\frac{3}{1}+\frac{4}{4}-\frac{5}{9}+\frac{6}{16}-\frac{7}{25}+\frac{8}{36}-\cdots$;

(3) $\frac{\sqrt{x}}{2}+\frac{x}{2\cdot 4}+\frac{x\sqrt{x}}{2\cdot 4\cdot 6}+\frac{x^2}{2\cdot 4\cdot 6\cdot 8}+\cdots$;

(4) $\frac{a^2}{3}-\frac{a^3}{5}+\frac{a^4}{7}-\frac{a^5}{9}+\cdots$;

(5) $1+\frac{1}{2}+3+\frac{1}{4}+5+\frac{1}{6}+\cdots$;

(6) $\frac{2}{2}x+\frac{2^2}{5}x^2+\frac{2^3}{10}x^3+\frac{2^4}{17}x^4+\cdots$.

解 (1) $u_n=(-1)^{n-1}\frac{n+1}{n}$.

(2) $u_n=(-1)^n\frac{n+2}{n^2}$.

(3) $u_n=\frac{x^{n/2}}{(2n)!!}=\frac{x^{n/2}}{2\cdot 4\cdot 6\cdots(2n)}$.

(4) $u_n=(-1)^{n-1}\frac{a^{n+1}}{2n+1}$.

(5) $u_n=n^{(-1)^{n+1}}$.

(6) $u_n=\frac{(2x)^n}{n^2+1}$.

3. 根据级数收敛与发散的定义判定下列级数的收敛性：

(1) $\sum\limits_{n=1}^{\infty}(\sqrt{n+2}-2\sqrt{n+1}+\sqrt{n})$.

解 一般项为

$$u_n=\sqrt{n+2}-2\sqrt{n+1}+\sqrt{n}=(\sqrt{n+2}-\sqrt{n+1})-(\sqrt{n+1}-\sqrt{n})$$
$$=\frac{1}{\sqrt{n+2}+\sqrt{n+1}}-\frac{1}{\sqrt{n+1}+\sqrt{n}},$$

从而前 n 项的部分和为

$$s_n=u_1+u_2+\cdots+u_n$$
$$=\frac{1}{\sqrt{n+2}+\sqrt{n+1}}-\frac{1}{\sqrt{2}+1}=\frac{1}{\sqrt{n+2}+\sqrt{n+1}}+1-\sqrt{2}.$$

$$\therefore \lim_{n\to\infty} s_n = \lim_{n\to\infty}\left[\frac{1}{\sqrt{n+2}+\sqrt{n+1}}+1-\sqrt{2}\right]=1-\sqrt{2}.$$

故原级数收敛.

(2) $\frac{1}{1\cdot 6}+\frac{1}{6\cdot 11}+\cdots+\frac{1}{(5n-4)(5n+1)}+\cdots$.

解

$$\begin{aligned} s_n &= \frac{1}{1\cdot 6}+\frac{1}{6\cdot 11}+\cdots+\frac{1}{(5n-4)(5n+1)} \\ &= \frac{1}{5}\left(1-\frac{1}{6}+\frac{1}{6}-\frac{1}{11}+\cdots+\frac{1}{5n-4}-\frac{1}{5n+1}\right) \\ &= \frac{1}{5}\left(1-\frac{1}{5n+1}\right)=\frac{1}{5}-\frac{1}{5(5n+1)} \end{aligned}$$

因为 $\lim\limits_{n\to+\infty} s_n = \frac{1}{5} < +\infty$，所以，原级数收敛.

4. 判定下列级数的收敛性：

(1) $-\frac{8}{9}+\frac{8^2}{9^2}-\frac{8^3}{9^3}+\cdots+(-1)^n\frac{8^n}{9^n}+\cdots$.

解　此为等比级数，公比 $q=-\frac{8}{9}$，且 $|q|<1$，故此级数收敛于

$$\frac{a_1}{1-q}=\frac{-\frac{8}{9}}{1+\frac{8}{9}}=-\frac{8}{17}.$$

(2) $\frac{1}{3}+\frac{1}{6}+\frac{1}{9}+\frac{1}{12}+\cdots+\frac{1}{3n}+\cdots$.

解　级数的一般项 $u_n=\frac{1}{3}\cdot\frac{1}{n}$，由调和级数的发散性和级数的性质可知，题设级数发散.

(3) $\sum\limits_{n=1}^{\infty}\frac{3n^n}{(1+n)^n}$.

解　级数的一般项 $u_n=\frac{3n^n}{(1+n)^n}$，因为

$$\lim_{n\to\infty} u_n = 3\lim_{n\to\infty}\frac{1}{\left(1+\frac{1}{n}\right)^n}=\frac{3}{\mathrm{e}}\neq 0,$$

所以，原级数发散.

(4) $\sum\limits_{n=1}^{\infty} n^2\left(1-\cos\frac{1}{n}\right)$.

解　因为

$$\lim_{n\to\infty}n^2\left(1-\cos\frac{1}{n}\right)=\lim_{n\to\infty}2n^2\cdot\sin^2\frac{1}{2n}=\lim_{n\to\infty}\frac{1}{2}\left[\frac{\sin\frac{1}{2n}}{\frac{1}{2n}}\right]^2=\frac{1}{2}\neq 0,$$

即级数的一般项不趋于零，故原级数发散.

(5) $\sum_{n=1}^{\infty}\left(\frac{\ln^n 2}{2^n}+\frac{1}{3^n}\right)$.

解 $\sum_{n=1}^{\infty}\left(\frac{\ln^n 2}{2^n}+\frac{1}{3^n}\right)=\sum_{n=1}^{\infty}\left[\left(\frac{\ln 2}{2}\right)^n+\left(\frac{1}{3}\right)^n\right]$.

$\because \left|\frac{\ln 2}{2}\right|<1,\ \left|\frac{1}{3}\right|<1$.

$\therefore \sum_{n=1}^{\infty}\left(\frac{\ln 2}{2}\right)^n,\ \sum_{n=1}^{\infty}\left(\frac{1}{3}\right)^n$ 均收敛 $\Rightarrow$ 原级数收敛.

(6) $\sum_{n=1}^{\infty}\frac{n^{n+\frac{1}{n}}}{\left(n+\frac{1}{n}\right)^n}$.

解 当 $n\to\infty$ 时，有

$$u_n=\frac{n^n\cdot n^{\frac{1}{n}}}{n^n\left(1+\frac{1}{n^2}\right)^n}=\frac{n^{\frac{1}{n}}}{\left[\left(1+\frac{1}{n^2}\right)^{n^2}\right]^{\frac{n}{n^2}}}\to\frac{1}{1}=1,$$

即 $\lim_{n\to\infty}u_n\neq 0$.

5. 求收敛几何级数的和 s 与部分和 s_n 之差 $(s-s_n)$.

解 $s=a+aq+\cdots+aq^{n-1}+aq^n+\cdots$,

$s_n=a+aq+\cdots+aq^{n-1}$,

所以 $(s-s_n)=aq^n+aq^{n+1}+aq^{n+2}+\cdots=\frac{aq^n}{1-q}$.

6. 求级数 $\sum_{n=1}^{\infty}\frac{1}{n(n+1)(n+2)}$ 的和.

解 方法一 因为 $\frac{1}{n(n+1)(n+2)}=\frac{1/2}{n}+\frac{-1}{n+1}+\frac{1/2}{n+2}$.

注意到上式右端三项系数之和为零.

$$\begin{aligned}\therefore S_n=&\left(\frac{1}{2}\cdot\frac{1}{1}-\frac{1}{1+1}+\frac{1}{2}\cdot\frac{1}{1+2}\right)+\left(\frac{1}{2}\cdot\frac{1}{2}-\frac{1}{2+1}+\frac{1}{2}\cdot\frac{1}{2+2}\right)\\&+\left(\frac{1}{2}\cdot\frac{1}{3}-\frac{1}{3+1}+\frac{1}{2}\cdot\frac{1}{3+2}\right)+\cdots\\&+\left(\frac{1}{2}\cdot\frac{1}{n}-\frac{1}{n+1}+\frac{1}{2}\cdot\frac{1}{n+2}\right)\end{aligned}$$

$$=\frac{1}{4}-\frac{1}{2}\cdot\frac{1}{n+1}-\frac{1}{2}\cdot\frac{1}{n+2}$$

$$\Rightarrow S=\lim_{n\to\infty}S_n=\frac{1}{4}.$$

方法二　由 $\frac{1}{n(n+1)(n+2)}=\frac{1}{2}\left[\frac{1}{n(n+1)}-\frac{1}{(n+1)(n+2)}\right].$

$$\therefore S_n=\sum_{n=1}^{\infty}\frac{1}{2}\left[\frac{1}{k(k+1)}-\frac{1}{(k+1)(k+2)}\right]$$

$$=\frac{1}{2}\left[\frac{1}{1\cdot 2}-\frac{1}{(n+1)(n+2)}\right]$$

$$\Rightarrow S=\lim_{n\to\infty}S_n=\frac{1}{4}.$$

7. 求常数项级数 $\sum\limits_{n=1}^{\infty}\frac{n}{3^n}$ 之和.

解　令 $S_n=\sum\limits_{k=1}^{n}\frac{k}{3^k}=\frac{1}{3}+\frac{2}{3^2}+\frac{3}{3^3}+\cdots+\frac{n}{3^n}$, 则

$$3S_n=\sum_{k=1}^{n}\frac{k}{3^{k-1}}=1+\frac{2}{3}+\frac{3}{3^2}+\cdots+\frac{n}{3^{n-1}}.$$

两式相减得

$$2S_n=1+\frac{1}{3}+\frac{1}{3^2}+\cdots+\frac{1}{3^{n-1}}-\frac{n}{3^n}=\frac{1-\frac{1}{3^n}}{1-\frac{1}{3}}-\frac{n}{3^n}.$$

故该级数的和

$$\sum_{n=1}^{\infty}\frac{n}{3^n}=\lim_{n\to\infty}S_n=\frac{1}{2}\lim_{n\to\infty}\left(\frac{1-\frac{1}{3^n}}{1-\frac{1}{3}}-\frac{n}{3^n}\right)=\frac{3}{4}.$$

8. 设级数 $\sum\limits_{n=1}^{\infty}a_n$ 的前 n 项和为 $s_n=\frac{1}{n+1}+\cdots+\frac{1}{n+n}$, 求级数的一般项 a_n 及和 s.

解　$a_n=s_n-s_{n-1}$

$$=\left(\frac{1}{n+1}+\cdots+\frac{1}{n+n}\right)-\left(\frac{1}{(n-1)+1}+\cdots+\frac{1}{(n-1)+(n-1)}\right)$$

$$=\frac{1}{n+(n-1)}+\frac{1}{n+n}-\frac{1}{(n-1)+1}=\frac{1}{2n-1}+\frac{1}{2n}-\frac{1}{n}$$

$$=\frac{1}{2n-1}-\frac{1}{2n}.$$

故级数 $\sum_{n=1}^{\infty} a_n$ 的和

$$s=\lim_{n\to\infty}s_n=\lim_{n\to\infty}\frac{1}{n}\left(\frac{1}{1+\frac{1}{n}}+\frac{1}{1+\frac{2}{n}}+\cdots+\frac{1}{1+\frac{n}{n}}\right)$$

$$=\int_0^1\frac{1}{1+x}\mathrm{d}x=\ln 2.$$

§7.2　正项级数的判别法

一、主要知识归纳

表 7—2—1　　**正项级数的判别法**

<table>
<tr><td colspan="3">设 $\sum u_n$，$\sum v_n$ 均为正项级数，即 $u_n\geqslant 0$，$v_n\geqslant 0(n=1, 2, \cdots)$.</td></tr>
<tr><td>基本定理</td><td colspan="2">$\sum_{n=1}^{\infty}u_n$ 收敛 $\Leftrightarrow$ 部分和序列 $\{s_n\}$ 有上界.</td></tr>
<tr><td rowspan="4">比较判别法</td><td rowspan="2">不等式形式</td><td>1° 若存在常数 k，使 $u_n\leqslant kv_n(n\geqslant N)$，
则由 $\sum v_n$ 收敛 $\Rightarrow \sum u_n$ 收敛；
由 $\sum u_n$ 发散 $\Rightarrow \sum v_n$ 发散.</td></tr>
<tr><td>2° 与 p－级数比较：
若有 $p>1$，使 $u_n\leqslant\frac{k}{n^p}(n\geqslant N)$，则 $\sum u_n$ 收敛；
若 $u_n\geqslant\frac{k}{n}(n\geqslant N)$，则 $\sum u_n$ 发散.</td></tr>
<tr><td rowspan="2">极限形式</td><td>1° 若 $\lim_{n\to\infty}\frac{u_n}{v_n}=l$，则
① 当 $0<l<+\infty$ 时，$\sum u_n$ 与 $\sum v_n$ 同时收敛，同时发散；
② 当 $l=0$ 时，由 $\sum v_n$ 收敛 $\Rightarrow \sum u_n$ 收敛；
③ 当 $l=+\infty$ 时，由 $\sum v_n$ 发散 $\Rightarrow \sum u_n$ 发散.</td></tr>
<tr><td>2° 与 p－级数比较：
① 若有 $p>1$，使 $\lim_{n\to\infty}n^p u_n=l$，$0\leqslant l<+\infty$，
则 $\sum u_n$ 收敛；
② 若有 $p\leqslant 1$，使 $\lim_{n\to\infty}n^p u_n=l$，$0\leqslant l<+\infty$，
则 $\sum u_n$ 发散.</td></tr>
</table>

续前表

达朗贝尔判别法	不等式形式	① 若$\frac{u_{n+1}}{u_n}\leqslant r<1$，则$\sum u_n$ 收敛； ② 若$\frac{u_{n+1}}{u_n}\geqslant 1$，则$\sum u_n$ 发散（因$\lim\limits_{n\to\infty}u_n\neq 0$）.
	极限形式	若$\lim\limits_{n\to\infty}\frac{u_{n+1}}{u_n}=\rho$，$(0\leqslant\rho\leqslant+\infty)$，则 ① 当$\rho<1$时，$\sum u_n$ 收敛； ② 当$\rho>1$时，$\sum u_n$ 发散； ③ 当$\rho=1$时，$\sum u_n$ 可能收敛，也可能发散.
柯西判别法	不等式形式	① 若$\sqrt[n]{u_n}\leqslant r<1$，则$\sum u_n$ 收敛； ② 若$\sqrt[n]{u_n}\geqslant 1$，则$\sum u_n$ 发散（因$\lim\limits_{n\to\infty}u_n\neq 0$）.
	极限形式	若$\sqrt[n]{u_n}=\rho$，$(0\leqslant\rho\leqslant+\infty)$，则 ① 当$\rho<1$时，$\sum u_n$ 收敛； ② 当$\rho>1$时，$\sum u_n$ 发散； ③ 当$\rho=1$时，$\sum u_n$ 可能收敛，也可能发散.

二、典型例题分析

例 1　设 $a_n=\int_0^{\frac{\pi}{4}}\tan^n x\mathrm{d}x$，证明级数$\sum\limits_{n=1}^{\infty}\frac{a_n}{n^\lambda}(\lambda>0)$ 收敛.

证　由 $a_n=\int_0^{\frac{\pi}{4}}\tan^n x\mathrm{d}x<\int_0^{\frac{\pi}{4}}\tan^n x\sec^2 x\mathrm{d}x$

$$=\int_0^{\frac{\pi}{4}}\tan^n x\mathrm{d}(\tan x)=\frac{1}{n+1}\left(\tan^{n+1}x\Big|_0^{\frac{\pi}{4}}\right)=\frac{1}{n+1}<\frac{1}{n}$$

得 $0<\frac{a_n}{n^\lambda}<\frac{1}{n^{1+\lambda}}$. 因为 $1+\lambda>1$，所以$\sum\limits_{n=1}^{\infty}\frac{1}{n^{1+\lambda}}$ 收敛，

由比较判别法知 $\sum\limits_{n=1}^{\infty}\frac{a_n}{n^\lambda}$ 收敛.

小结：在使用比较判别法时，有时需在比较之前对级数适当放缩以便与 p—级数、几何级数等常见级数比较.

例 2 级数$\sum_{n=1}^{\infty}\frac{1}{n^p}$，当$p>1$时收敛，有人说，因为$1+\frac{1}{n}>1$，故级数$\sum_{n=1}^{\infty}\frac{1}{n^{1+\frac{1}{n}}}$收敛，你认为他的说法对吗？

解 不对. 前者p一级数的p是一常数，与n无关，而后者$1+\frac{1}{n}$与n有关，事实上

$$\lim_{n\to\infty}\frac{\frac{1}{n^{1+\frac{1}{n}}}}{\frac{1}{n}}=\lim_{n\to\infty}(\sqrt[n]{n})^{-1}=1,$$

由级数$\sum_{n=1}^{\infty}\frac{1}{n}$的发散性，可知级数$\sum_{n=1}^{\infty}\frac{1}{n^{1+\frac{1}{n}}}$也发散.

小结： 此题实质上说明了函数的极限$\left(1+\frac{1}{n}\to1,\ n\to\infty\right)$与函数本身$\left(1+\frac{1}{n}>1\right)$的性质在无穷远处即$n\to\infty$时的迥异.

例 3 判别级数$\sum_{n=1}^{\infty}\frac{(n+a)^n}{n^{n+a}}$的敛散性.

解 记$u_n=\frac{(n+a)^n}{n^{n+a}}=\frac{n^n\left(1+\frac{a}{n}\right)^n}{n^n n^a}=\frac{\left(1+\frac{a}{n}\right)^n}{n^a}$，采用比较法的极限形式，取$v_n=\frac{1}{n^a}$，因

$$\lim_{n\to\infty}\frac{u_n}{v_n}=\lim_{n\to\infty}\left(1+\frac{a}{n}\right)^n=\mathrm{e}^a\neq0,$$

所以原级数与级数$\sum_{n=1}^{\infty}\frac{1}{n^a}$具有相同的敛散性，从而知

当$a>1$时，级数$\sum_{n=1}^{\infty}\frac{(n+a)^n}{n^{n+a}}$收敛；

当$a\leqslant1$时，级数$\sum_{n=1}^{\infty}\frac{(n+a)^n}{n^{n+a}}$发散.

小结： 若级数的一般项含有关于n的幂形式$(f(n))^a$（a为常数）的项，可考虑用比较判别法的极限形式，此法有一个优点：由于等价无穷小的两个变式分别作为两个级数的一般项时，对应级数的收敛性一致，那么我们可以把一般项

是非幂形式的级数利用等价无穷小转换到收敛性熟悉的一般项为幂形式的级数.

例 4　判别级数 $\sum_{n=1}^{\infty}\frac{a^n n!}{n^n}(a>0)$ 的敛散性.

解　采取比值判别法，由于

$$\lim_{n\to\infty}\frac{u_{n+1}}{u_n}=\lim_{n\to\infty}\frac{a^{n+1}(n+1)!}{(n+1)^{n+1}}\cdot\frac{n^n}{a^n\cdot n!}=\lim_{n\to\infty}\frac{a}{\left(1+\frac{1}{n}\right)^n}=\frac{a}{\mathrm{e}},$$

所以当 $0<a<\mathrm{e}$ 时，原级数收敛；当 $a>\mathrm{e}$ 时，原级数发散；当 $a=\mathrm{e}$ 时，比值法失效.

但此时注意到：

$$数列\ x_n=\left(1+\frac{1}{n}\right)^n 严格单调增加，且\left(1+\frac{1}{n}\right)^n<\mathrm{e},$$

于是 $\frac{u_{n+1}}{u_n}=\frac{\mathrm{e}}{x^n}>1$，即 $u_{n+1}>u_n$，
故 $u_n>u_1=\mathrm{e}$，由此得到 $\lim\limits_{n\to\infty}u_n\neq 0$，
所以当 $a=\mathrm{e}$ 时原级数发散.

小结：当级数一般项含有关于 n 的函数阶乘项 $f(n)!$ 或关于 n 的指数形式 $a^{f(n)}$（a 为常数）时，可考虑用比值判别法，另外，当级数一般项仅含或者可以化归到仅含 $a^{f(n)}$（a 为常数）的形式且 $f(n)$ 为 n 的幂形式时，常用根值判别法.

例 5　判别下面级数的收敛性

$$\sum_{n=1}^{\infty}\frac{n+2}{2^n}.$$

解　方法一　$\because u_n=\frac{n+2}{2^n}$，

$$\lim_{n\to\infty}\frac{u_{n+1}}{u_n}=\lim_{n\to\infty}\frac{n+3}{2^{n+1}}\cdot\frac{2^n}{n+2}=\lim_{n\to\infty}\frac{n+3}{2(n+2)}=\frac{1}{2}<1,$$

$\therefore$ 级数 $\sum_{n=1}^{\infty}\frac{n+2}{2^n}$ 收敛.

方法二　因 $\lim\limits_{n\to\infty}\sqrt[n]{\frac{n+2}{2^n}}=\frac{\lim\limits_{n\to\infty}\sqrt[n]{n+2}}{2}=\frac{1}{2}<1$，故原级数收敛.

小结：由于级数一般项含指数形式 2^n，我们可用比值判别法和根值判别法.

例 6　利用根式判别法判别 $\sum\limits_{n=1}^{\infty} 2^{-n-(-1)^n}$ 的敛散性.

解　记 $u_n = 2^{-n-(-1)^n}$，于是

$$\lim_{n\to\infty}\sqrt[n]{u_n} = \lim_{n\to\infty}\sqrt[n]{2^{-n-(-1)^n}} = \lim_{n\to\infty}2^{-1-\frac{(-1)^n}{n}} = \frac{1}{2} < 1.$$

故级数 $\sum\limits_{n=1}^{\infty} 2^{-n-(-1)^n}$ 收敛.

小结：一般地，当级数的一般项仅含或者可以化归到仅含 $a^{f(n)}$（a 为常数）的形式且 $f(n)$ 为 n 的幂形式时，常用根值判别法。

三、习题 7—2 解答

1. 用比较判别法或其极限判别形式判别下列级数的收敛性：

(1) $\sum\limits_{n=1}^{\infty} \dfrac{1+n}{1+n^2}$；　　(2) $\sum\limits_{n=1}^{\infty} \dfrac{1}{n^2+1}$；

(3) $\sum\limits_{n=1}^{\infty} \dfrac{1}{(n+1)(n+4)}$；　　(4) $\sum\limits_{n=1}^{\infty} \dfrac{1}{n\sqrt{n+1}}$；

(5) $\sum\limits_{n=1}^{\infty} \sin\dfrac{\pi}{2^n}$；　　(6) $\sum\limits_{n=1}^{\infty} \dfrac{1}{na+b}(a>0,\ b>0)$；

(7) $\sum\limits_{n=1}^{\infty} \dfrac{1}{\sqrt{n}}\sin\dfrac{2}{\sqrt{n}}$；　　(8) $\sum\limits_{n=1}^{\infty} \dfrac{1}{1+a^n}(a>0)$.

解　(1) $\because u_n = \dfrac{1+n}{1+n^2} > \dfrac{1+n}{n+n^2} = \dfrac{1}{n}$，

由调和级数 $\sum\limits_{n=1}^{\infty} \dfrac{1}{n}$ 的发散性和比较审敛法，易知题设级数也发散.

(2) 因 $\dfrac{1}{n^2+1} < \dfrac{1}{n^2}$，而 $\sum\limits_{n=1}^{\infty} \dfrac{1}{n^2}(p=2>1)$ 收敛，所以 $\sum\limits_{n=1}^{\infty} \dfrac{1}{n^2+1}$ 收敛.

(3) 通项 $u_n = \dfrac{1}{(n+1)(n+4)}$，与 $p-$级数（取 $p=2$）比较，

$$\because \lim_{n\to\infty}\left[\frac{\dfrac{1}{(n+1)(n+4)}}{\dfrac{1}{n^2}}\right] = \lim_{n\to\infty}\frac{n^2}{(n+1)(n+4)} = 1,$$

由 $p>1$，知原级数收敛.

(4) 因 $\dfrac{1}{n\sqrt{n+1}}<\dfrac{1}{n\sqrt{n}}=\dfrac{1}{n^{3/2}}$，而 $\sum\limits_{n=1}^{\infty}\dfrac{1}{n^{3/2}}$ 收敛 $\left(p=\dfrac{3}{2}>1\right)$，所以 $\sum\limits_{n=1}^{\infty}\dfrac{1}{n\sqrt{n+1}}$ 收敛.

(5) 通项 $u_n=\sin\dfrac{\pi}{2^n}$，与几何级数 $\sum\limits_{n=1}^{\infty}\dfrac{\pi}{2^n}$ 比较之，

$$\because \lim_{n\to\infty}\left(\frac{\sin\frac{\pi}{2^n}}{\frac{\pi}{2^n}}\right)=1,$$

由几何级数 $\sum\limits_{n=1}^{\infty}\dfrac{\pi}{2^n}$ 收敛，知题设级数也收敛.

(6) $\lim\limits_{n\to\infty}\left(\dfrac{\frac{1}{na+b}}{\frac{1}{n}}\right)=\lim\limits_{n\to\infty}\dfrac{n}{na+b}=\dfrac{1}{a}>0$，

由于 $\sum\limits_{n=1}^{\infty}\dfrac{1}{n}$ 发散，所以题设级数也发散.

(7) $\because \lim\limits_{n\to\infty}\dfrac{\frac{1}{\sqrt{n}}\sin\frac{2}{\sqrt{n}}}{\frac{2}{n}}=1$，

而级数 $\sum\limits_{n=1}^{\infty}\dfrac{2}{n}$ 发散，故级数 $\sum\limits_{n=1}^{\infty}\dfrac{1}{\sqrt{n}}\sin\dfrac{2}{\sqrt{n}}$ 也发散.

(8) 需要讨论参数 a 不同的取值情况.

当 $a\leqslant 1$ 时，通项 $u_n=\dfrac{1}{1+a^n}\geqslant\dfrac{1}{1+1}=\dfrac{1}{2}\Rightarrow\lim\limits_{n\to\infty}u_n\neq 0$，不满足收敛的必要条件，此时题设级数发散.

当 $a>1$ 时，$\dfrac{1}{a}<1$，这时 $u_n=\dfrac{1}{1+a^n}<\dfrac{1}{a^n}=\left(\dfrac{1}{a}\right)^n$，由几何级数 $\sum\limits_{n=1}^{\infty}\left(\dfrac{1}{a}\right)^n\left(0<\dfrac{1}{a}<1\right)$ 收敛，知题设级数也收敛.

2. 用比值判别法判别下列级数的收敛性：

(1) $\sum\limits_{n=1}^{\infty}\dfrac{3^n}{n\cdot 2^n}$；

(2) $\dfrac{1}{2}+\dfrac{3}{2^2}+\dfrac{5}{2^3}+\dfrac{7}{2^4}+\cdots$；

(3) $\sum\limits_{n=1}^{\infty}\dfrac{1}{2^{2n-1}(2n-1)}$；

(4) $1+\dfrac{5}{2!}+\dfrac{5^2}{3!}+\dfrac{5^3}{4!}+\cdots$；

(5) $\frac{2}{1\cdot 2}+\frac{2^2}{2\cdot 3}+\frac{2^3}{3\cdot 4}+\frac{2^4}{4\cdot 5}+\cdots$；

(6) $\sum\limits_{n=1}^{\infty}\frac{a^n}{n^k}(a>0)$；

(7) $\sum\limits_{n=1}^{\infty}\frac{4^n}{5^n-3^n}$；

(8) $\sum\limits_{n=1}^{\infty}n\left(\frac{3}{5}\right)^n$.

解 (1) $\lim\limits_{n\to\infty}\frac{u_{n+1}}{u_n}=\lim\limits_{n\to\infty}\left[\frac{\frac{3^{n+1}}{(n+1)2^{n+1}}}{\frac{3^n}{n\cdot 2^n}}\right]=\lim\limits_{n\to\infty}\left(\frac{3}{2}\cdot\frac{n}{n+1}\right)=\frac{3}{2}>1$,

由比值判别法知，题设级数发散.

(2) 因为

$$\lim_{n\to\infty}\frac{u_{n+1}}{u_n}=\lim_{n\to\infty}\frac{2n+1}{2^{n+1}}\cdot\frac{2^n}{2n-1}=\frac{1}{2}<1.$$

所以题设级数收敛.

(3) 因为

$$\begin{aligned}\lim_{n\to\infty}\frac{u_{n+1}}{u_n}&=\lim_{n\to\infty}\frac{1}{2^{2n+1}\cdot(2n+1)}\cdot 2^{2n-1}\cdot(2n-1)\\&=\lim_{n\to\infty}\frac{2n-1}{4\cdot(2n+1)}=\frac{1}{4}<1,\end{aligned}$$

所以题设级数收敛.

(4) 因为

$$\lim_{n\to\infty}\frac{u_{n+1}}{u_n}=\lim_{n\to\infty}\frac{5^n}{(n+1)!}\cdot\frac{n!}{5^{n-1}}=0,$$

所以此级数收敛.

(5) $\lim\limits_{n\to\infty}\frac{2^{n+1}}{(n+1)\cdot(n+2)}\cdot\frac{n(n+1)}{2^n}=\lim\limits_{n\to\infty}\frac{2n}{n+2}=2>1$,

所以此级数发散.

(6) $\because\ \lim\limits_{n\to\infty}\frac{u_{n+1}}{u_n}=\lim\limits_{n\to\infty}\left(\frac{n}{n+1}\right)^k\cdot a=a$,

$\therefore$ ① 当 $0<a<1$ 时，原级数收敛；

② 当 $a>1$ 时，原级数发散；

③当 $a=1$ 时，由 p— 级数知，当 $k>1$ 时，原级数收敛；当 $k\leqslant 1$ 时，原级数发散.

(7) $\because\ \lim\limits_{n\to\infty}\frac{u_{n+1}}{u_n}=4\lim\limits_{n\to\infty}\frac{5^n-3^n}{5^{n+1}-3^{n+1}}=4\lim\limits_{n\to\infty}\frac{1-\left(\frac{3}{5}\right)^n}{5-3\left(\frac{3}{5}\right)^n}=\frac{4}{5}<1.$

$\therefore$ 原级数收敛.

(8) 用比值法求解.

$$\because \frac{u_{n+1}}{u_n}=\frac{(n+1)\left(\frac{3}{5}\right)^{n+1}}{n\left(\frac{3}{5}\right)^n}=\frac{n+1}{n}.\left(\frac{3}{5}\right),$$

而 $\lim\limits_{n\to\infty}\frac{3}{5}\frac{n+1}{n}=\frac{3}{5}$,

$\therefore$ 级数 $\sum\limits_{n=1}^{\infty}n\left(\frac{3}{5}\right)^n$ 收敛.

3. 用根值判别法判别下列级数的收敛性:

(1) $\sum\limits_{n=1}^{\infty}\left(\frac{n}{2n+1}\right)^n$.

解　$\lim\limits_{n\to\infty}\sqrt[n]{u_n}=\lim\limits_{n\to\infty}\sqrt[n]{\left(\frac{n}{2n+1}\right)^n}=\lim\limits_{n\to\infty}\frac{n}{2n+1}=\frac{1}{2}<1$,

所以该级数收敛.

(2) $\sum\limits_{n=1}^{\infty}\frac{1}{[\ln(n+1)]^n}$.

解　利用根值判别法,

$$\lim_{n\to\infty}\sqrt[n]{u_n}=\lim_{n\to\infty}\frac{1}{\ln(n+1)}=0<1,$$

故原级数收敛.

(3) $\sum\limits_{n=1}^{\infty}\left(\frac{n}{3n-1}\right)^{2n-1}$.

解

$$\lim_{n\to\infty}\sqrt[n]{u_n}=\lim_{n\to\infty}\left(\frac{n}{3n-1}\right)^{\frac{2n-1}{n}}=\lim_{n\to\infty}\left(\frac{n}{3n-1}\right)^{2-\frac{1}{n}}$$

$$=\exp\left[\lim_{n\to\infty}\left(2-\frac{1}{n}\right)\ln\left(\frac{n}{3n-1}\right)\right]=e^{2\ln\frac{1}{3}}$$

$$=\left(\frac{1}{3}\right)^2<1,$$

所以该级数收敛.

(4) $\sum\limits_{n=1}^{\infty}\frac{3^n}{\left(\frac{n+1}{n}\right)^{n^2}}$.

解　$\because \lim\limits_{n\to\infty}\sqrt[n]{u_n}=\lim\limits_{n\to\infty}\frac{3}{\left(\frac{n+1}{n}\right)^n}=\frac{3}{e}>1$,

∴ 原级数发散.

(5) $\sum\limits_{n=1}^{\infty}\left(\frac{3n^2}{n^2+1}\right)^n$.

解　$\because \lim\limits_{n\to\infty}\sqrt[n]{u_n}=\lim\limits_{n\to\infty}\frac{3n^2}{n^2+1}=3>1$,

∴ 原级数发散.

(6) $\sum\limits_{n=1}^{\infty}\frac{3^n}{1+e^n}$.

解　$\lim\limits_{n\to\infty}\sqrt[n]{u_n}=\lim\limits_{n\to\infty}\frac{3}{\sqrt[n]{1+e^n}}=\lim\limits_{n\to\infty}\frac{3/e}{\sqrt[n]{\frac{1}{e^n}+1}}=\frac{3/e}{1}=\frac{3}{e}>1$,

∴ 原级数发散.

4. 在下列各题中,由公式定义的级数 $\sum\limits_{n=1}^{\infty}a_n$,哪些收敛?哪些发散?对你的回答给出理由.

(1) $a_1=2$, $a_{n+1}=\frac{1+\sin n}{n}a_n$.

解　(1) 当 $n>1$ 时,用比值判别法

$$\frac{a_{n+1}}{a_n}=\frac{1+\sin n}{n}\to 0(n\to+\infty)$$

所以级数 $\sum\limits_{n=1}^{\infty}a_n$ 收敛.

(2) $a_1=\frac{1}{3}$, $a_{n+1}=\frac{3n-1}{2n+5}a_n$.

解　当 $n>1$ 时,用比值判别法

$$\lim_{n\to+\infty}\frac{a_{n+1}}{a_n}=\lim_{n\to+\infty}\frac{3n-1}{2n+5}=\frac{3}{2}>1,$$

所以级数 $\sum\limits_{n=1}^{\infty}a_n$ 发散.

(3) $a_1=\frac{1}{3}$, $a_{n+1}=\sqrt{a_n}$.

解　由公式定义知,　$a_n=\left(\frac{1}{3}\right)^{\left(\frac{1}{2}\right)^{n-1}}$

因为 $\lim\limits_{n\to+\infty}a_n=\lim\limits_{n\to+\infty}\left(\frac{1}{3}\right)^{\left(\frac{1}{2}\right)^{n-1}}=1\neq 0$,所以级数 $\sum\limits_{n=1}^{\infty}a_n$ 发散.

5. 若 $\sum\limits_{n=1}^{\infty} a_n^2$ 及 $\sum\limits_{n=1}^{\infty} b_n^2$ 收敛，证明下列级数也收敛：

(1) $\sum\limits_{n=1}^{\infty} |a_n b_n|$；　(2) $\sum\limits_{n=1}^{\infty} (a_n + b_n)^2$；　(3) $\sum\limits_{n=1}^{\infty} \dfrac{|a_n|}{n}$.

证　(1) $\because |a_n b_n| \leqslant \dfrac{1}{2}(a_n^2 + b_n^2)$，由比较判别法知 $\sum\limits_{n=1}^{\infty} |a_n b_n|$ 收敛.

(2) $\because 0 \leqslant (a_n + b_n)^2 \leqslant a_n^2 + 2|a_n b_n| + b_n^2$，故由比较判别法知，级数 $\sum\limits_{n=1}^{\infty} (a_n + b_n)^2$ 收敛.

(3) 在(1) 中取 $b_n = \dfrac{1}{n}$，即得级数 $\sum\limits_{n=1}^{\infty} \dfrac{|a_n|}{n}$ 收敛.

6. 判别级数 $\sum\limits_{n=1}^{\infty} \left(\dfrac{b}{a_n}\right)^n$ 的收敛性，其中 $a_n \to \alpha(n \to \infty)$，且 a_n，b，α 均为正数.

解　需讨论参数 α、b 的不同情况.

$\because \lim\limits_{n\to\infty} \sqrt[n]{u_n} = \lim\limits_{n\to\infty} \sqrt[n]{\left(\dfrac{b}{a_n}\right)^n} = \lim\limits_{n\to\infty} \dfrac{b}{a_n} = \dfrac{b}{\alpha}$，

$\therefore$ 当 $b < \alpha$，即 $b/\alpha < 1$ 时，级数收敛；

当 $b > \alpha$，即 $b/\alpha > 1$ 时，级数发散；

当 $b = \alpha$，即 $b/\alpha = 1$ 时，用此法不能审敛.

7. 设 $u_n > 0$，$v_n > 0(n = 1, 2, \cdots)$，且 $\dfrac{u_{u+1}}{u_n} \leqslant \dfrac{v_{n+1}}{v_n}$，证明：若 $\sum\limits_{n=1}^{\infty} v_n$ 收敛，则 $\sum\limits_{n=1}^{\infty} u_n$ 也收敛.

证　$\because \dfrac{u_2}{u_1} \leqslant \dfrac{v_2}{v_1}$，$\dfrac{u_3}{u_2} \leqslant \dfrac{v_3}{v_2}$，$\cdots$，$\dfrac{u_{n+1}}{u_n} \leqslant \dfrac{v_{n+1}}{v_n}$，

上述不等式两边相乘得

$$\frac{u_{n+1}}{u_1} \leqslant \frac{v_{n+1}}{v_1} \Rightarrow u_{n+1} \leqslant \left(\frac{u_1}{v_1}\right) \cdot v_{n+1},$$

而 $\sum\limits_{n=1}^{\infty} v_n$ 收敛，故 $\sum\limits_{n=1}^{\infty} u_n$ 也收敛.

8. 设 $\lim\limits_{n\to\infty} n^\lambda [\ln(1+n) - \ln n] V_n = 3(\lambda > 0)$，试讨论正项级数 $\sum\limits_{n=1}^{\infty} V_n$ 的收敛性.

解　$\lim\limits_{n\to\infty}n^{\lambda}[\ln(1+n)-\ln n]V_n=\lim\limits_{n\to\infty}\dfrac{n\ln\left(1+\dfrac{1}{n}\right)V_n}{\left(\dfrac{1}{n}\right)^{\lambda-1}}=\lim\limits_{n\to\infty}\dfrac{V_n}{\left(\dfrac{1}{n}\right)^{\lambda-1}}=3.$

由于当 $\lambda-1>1$ 即 $\lambda>2$ 时，$\sum\limits_{n=1}^{\infty}\dfrac{1}{n^{\lambda-1}}$ 收敛，从而当 $\lambda>2$ 时，$\sum\limits_{n=1}^{\infty}V_n$ 收敛；当 $\lambda-1\leqslant 1$ 即 $\lambda\leqslant 2$ 时，$\sum\limits_{n=1}^{\infty}\dfrac{1}{n^{\lambda-1}}$ 发散，从而当 $\lambda\leqslant 2$ 时，$\sum\limits_{n=1}^{\infty}V_n$ 发散.

§7.3　一般常数项级数

一、主要知识归纳

表 7—3—1　　**任意项级数审敛法**

莱布尼茨判别法	设交错级数 $\sum\limits_{n=1}^{\infty}(-1)^{n-1}u_n$ 满足： ① $u_n\geqslant u_{n+1}\,(n=1,2,\cdots)$， ② $\lim\limits_{n\to\infty}u_n=0$， 则级数收敛，且其和 $s\leqslant u_1$，其余项 r_n 有估计 $\lvert r_n\rvert\leqslant u_{n+1}$.
绝对收敛与条件收敛	1. 若级数 $\sum u_n$ 的各项加绝对值号所构成的正项级数 $\sum\lvert u_n\rvert$ 收敛，则称级数 $\sum u_n$ 绝对收敛.
	2. 若级数 $\sum u_n$ 收敛，而级数 $\sum\lvert u_n\rvert$ 发散，则称级数 $\sum u_n$ 条件收敛.
	3. 若级数 $\sum u_n$ 绝对收敛 $\Rightarrow\sum u_n$ 收敛.
	4. 设级数 $\sum u_n$ 绝对收敛，则重排的级数 $\sum u_n'$ 也绝对收敛，且 $\sum u_n=\sum u_n'$.

二、典型例题分析

例 1　设正项数列 $\{a_n\}$ 单调减少，且级数 $\sum\limits_{n=1}^{\infty}(-1)^n a_n$ 发散，试问级数 $\sum\limits_{n=1}^{\infty}\left(\dfrac{1}{a_n+1}\right)^n$ 是否收敛，并说明理由.

解　因正项数列 $\{a_n\}$ 单调减少，且有下界，故 $\{a_n\}$ 在 $n\to\infty$ 时必存在极限，且此极限不为 0，否则交错级数 $\sum_{n=1}^{\infty}(-1)^n a_n$ 收敛，这与题设相矛盾. 从而不妨设 $\lim_{n\to\infty}a_n=a>0$，并且有 $a_n\geqslant a(n\geqslant 1)$.

于是

$$\left(\frac{1}{1+a_n}\right)^n\leqslant\left(\frac{1}{1+a}\right)^n=q^n\left(0<q=\frac{1}{1+a}<1\right),$$

而级数 $\sum_{n=0}^{\infty}q^n$ 是收敛的. 故由比较判别法知，原级数收敛.

例 2　判别级数 $\sum_{n=1}^{\infty}\sin(\pi\sqrt{n^2+k^2})$ 的敛散性.

解　因为 $\sin(\pi\sqrt{n^2+k^2})=\sin[\pi(\sqrt{n^2+k^2})+n\pi]$

$$=(-1)^n\sin\pi(\sqrt{n^2+k^2}-n)$$

$$=(-1)^n\sin\frac{k^2\pi}{\sqrt{n^2+k^2}+n},$$

所以，n 充分大时，$u_n=\dfrac{k^2\pi}{\sqrt{n^2+k^2}+n}<\dfrac{\pi}{2}$，

原级数为交错级数，且 $u_{n+1}\leqslant u_n$，$\lim_{n\to\infty}u_n=0$，因此原级数收敛.

小结：由此可见，某些三角级数可以通过适当变换得到交错级数.

例 3　证明级数 $\sum_{n=2}^{\infty}\int_n^{n+1}(-1)^{n+1}\frac{1}{\ln x}\mathrm{d}x$ 条件收敛.

证　设原级数为 $\sum_{n=1}^{\infty}(-1)^{n+1}u_n$，$u_n=\int_n^{n+1}\frac{1}{\ln x}\mathrm{d}x>0$，则

$$u_{n+1}=\int_{n+1}^{n+2}\frac{\mathrm{d}x}{\ln x}\leqslant\int_{n+1}^{n+2}\frac{\mathrm{d}x}{\ln(n+1)}=\frac{1}{\ln(n+1)}\leqslant\int_n^{n+1}\frac{\mathrm{d}x}{\ln x}=u_n,$$

又　$0\leqslant\lim_{n\to\infty}u_n\leqslant\lim_{n\to\infty}\frac{1}{\ln n}=0$，即 $\lim_{n\to\infty}u_n=0$，

于是原级数收敛.

又因

$$u_n=\int_n^{n+1}\frac{\mathrm{d}x}{\ln x}\geqslant\frac{1}{\ln(n+1)}\geqslant\frac{1}{n+1}(n\geqslant 2),$$

故 $\sum_{n=2}^{\infty} u_n$ 发散，因此原级数条件收敛.

例 4　判别级数 $\sum_{n=1}^{\infty}(-1)^{n-1}\frac{n}{n^2+1}$ 的收敛性.

解　因为 $\frac{|u_{n+1}|}{|u_n|}=\frac{n+1}{(n+1)^2+1}\cdot\frac{n^2+1}{n}=\frac{n^3+n^2+n+1}{n^3+2n^2+2n}\leqslant 1$,

即 $|u_{n+1}|\leqslant|u_n|\ (n=1,2,\cdots)$ 且 $\lim_{n\to\infty}|u_n|=\lim_{n\to\infty}\frac{n}{n^2+1}=0$.

由交错级数收敛法知，原级数收敛. 另一方面，

$$|u_n|=\frac{n}{n^2+1}\geqslant\frac{n}{n^2+n^2}=\frac{1}{2n},$$

而 $\sum_{n=1}^{\infty}\frac{1}{2n}$ 发散，故 $\sum_{n=1}^{\infty}|u_n|=\sum_{n=1}^{\infty}\frac{n}{n^2+1}$ 发散.

于是级数 $\sum_{n=1}^{\infty}(-1)^{n-1}\frac{n}{n^2+1}$ 是条件收敛的.

三、习题 7—3 解答

1. 判别下列级数的收敛性，若收敛，是条件收敛还是绝对收敛?

(1) $\sum_{n=1}^{\infty}(-1)^{n-1}\frac{1}{\sqrt{n}}$;

(2) $\sum_{n=1}^{\infty}(-1)^{n}\frac{n}{3^{n-1}}$;

(3) $\sum_{n=1}^{\infty}\frac{\sin na}{(n+1)^2}$;

(4) $\sum_{n=1}^{\infty}\frac{(-1)^n}{na^n}(a>0)$;

(5) $\frac{1}{2}-\frac{3}{10}+\frac{1}{2^2}-\frac{3}{10^2}+\frac{1}{2^3}-\frac{3}{10^3}+\cdots$;

(6) $\frac{1}{2}+\sum_{n=1}^{\infty}(-1)^{\frac{n(n-1)}{2}}\frac{(2n+1)^2}{2^{n+1}}$.

解　(1) 易见该级数不是绝对收敛的 (p—级数，$p=1/2<1$)；利用莱布尼茨定理,

$\because u_n=\frac{1}{\sqrt{n}}>\frac{1}{\sqrt{n+1}}=u_{n+1}$, $\lim_{n\to\infty}u_n=\lim_{n\to\infty}\frac{1}{\sqrt{n}}=0$,

故题设交错级数收敛，即条件收敛.

(2) 考察其绝对收敛性，

$$\lim_{n\to\infty}\frac{|u_{n+1}|}{|u_n|}=\lim_{n\to\infty}\left(\frac{\frac{n+1}{3^n}}{\frac{n}{3^{n-1}}}\right)=\frac{1}{3}\lim_{n\to\infty}\left(1+\frac{1}{n}\right)=\frac{1}{3}<1,$$

故绝对值级数 $\sum\limits_{n=1}^{\infty}|u_n|$ 收敛，从而原级数绝对收敛.

(3) $u_n=\frac{\sin n a}{(n+1)^2}$，$|u_n|\leqslant\frac{1}{(n+1)^2}$，

因为级数 $\sum\limits_{n=1}^{\infty}\frac{1}{(n+1)^2}$ ($p=2>1$) 收敛，所以原级数绝对收敛.

(4) 当 $a>1$ 时，

$$\rho=\lim_{n\to\infty}\left|\frac{u_{n+1}}{u_n}\right|=\lim_{n\to\infty}\frac{na^n}{(n+1)a^{n+1}}=\frac{1}{a}<1,$$

故级数绝对收敛.

当 $0<a<1$ 时，

$$\lim_{n\to\infty}u_n=\lim_{n\to\infty}\frac{(-1)^n}{na^n}\neq 0,$$

故级数发散.

当 $a=1$ 时，级数 $\sum\limits_{n=1}^{\infty}\frac{(-1)^n}{n}$ 满足莱布尼茨判别定理的条件，故级数条件收敛.

(5) 设 $u_n=\frac{1}{2^n}$，$v_n=\frac{3}{10^n}$，所以 $\sum\limits_{n=1}^{\infty}u_n$ 收敛 $\left(q=\frac{1}{2}\right)$，$\sum\limits_{n=1}^{\infty}v_n$ 收敛 $\left(q=\frac{1}{10}\right)$.
所以原级数绝对收敛.

(6) 设 $u_n=(-1)^{\frac{2}{n(n-1)}}\frac{(2n+1)^2}{2^{n+1}}$，$\lim\limits_{n\to\infty}\left|\frac{u_{n+1}}{u_n}\right|$

$$=\lim_{n\to\infty}\frac{(2n+3)^2}{2^{n+2}}\cdot\frac{2^{n+1}}{(2n+1)^2}$$

$$=\frac{1}{2}<1,$$

所以原级数绝对收敛.

2. 判别级数 $\sum\limits_{n=2}^{\infty}\frac{(-1)^n\sqrt{n}}{n-1}$ 的收敛性.

解　因为

$$\left(\frac{\sqrt{x}}{x-1}\right)'=\frac{-(1+x)}{2\sqrt{x}(x-1)^2}<0\quad(x\geqslant 2)$$

故函数$\frac{\sqrt{x}}{x-1}$单调递减，从而数列$\left\{\frac{\sqrt{n}}{n-1}\right\}$单调减少. 又

$$\lim_{n\to\infty}u_n=\lim_{n\to\infty}\frac{\sqrt{n}}{n-1}=0.$$

所以题设级数收敛. 但

$$\lim_{n\to\infty}\sqrt{n}\left|\frac{(-1)^n\sqrt{n}}{n-1}\right|=\lim_{n\to\infty}\sqrt{n}u_n=1,$$

而$\sum\limits_{n=2}^{\infty}\frac{1}{\sqrt{n}}$发散，故级数$\sum\limits_{n=2}^{\infty}\left|\frac{(-1)^n\sqrt{n}}{n-1}\right|$发散.

所以级数$\sum\limits_{n=2}^{\infty}\frac{(-1)^n\sqrt{n}}{n-1}$条件收敛.

3. 级数$\sum\limits_{n=2}^{\infty}\sin\left(n\pi+\frac{1}{\ln n}\right)$是绝对收敛，条件收敛，还是发散?

解　$\sin\left(n\pi+\frac{1}{\ln n}\right)=\sin n\pi\cos\frac{1}{\ln n}+\cos n\pi\sin\frac{1}{\ln n}=(-1)^n\sin\frac{1}{\ln n}.$

即题设级数$\sum\limits_{n=2}^{\infty}(-1)^n\sin\frac{1}{\ln n}$是交错级数.

显然$\lim\limits_{n\to\infty}\sin\frac{1}{\ln n}=0.$

$\sin x$在$\left(0,\frac{\pi}{2}\right)$单调增加，又$\lim\limits_{n\to\infty}\frac{1}{\ln n}=0$，所以$\sin\frac{1}{\ln n}$单调下降且趋于0，所以题设级数收敛. 又因为$\sum\limits_{n=2}^{\infty}\sin\frac{1}{\ln n}$发散$\left(因\sin\frac{1}{\ln n}\sim\frac{1}{\ln n}>\frac{1}{n},n>2\right)$，所以题设级数条件收敛.

4. 判别级数$\sum\limits_{n=1}^{\infty}\frac{(-1)^{n-1}}{[n+(-1)^n]^p}(p>0)$的收敛性.

解　(1) 判断级数的绝对收敛性.

$$\because\lim_{n\to\infty}\frac{\frac{1}{[n+(-1)^n]^p}}{\frac{1}{n^p}}=\lim_{n\to\infty}\frac{1}{\left[1+\frac{(-1)^n}{n}\right]^p}=1,$$

$\therefore$当$p>1$时，原级数绝对收敛；当$p\leqslant 1$时，原级数发散.

(2) 判断级数的条件收敛性.

$$\frac{(-1)^{n-1}}{[n+(-1)^n]^p}=\frac{(-1)^{n-1}}{n^p}\cdot\frac{1}{\left[1+\frac{(-1)^n}{n}\right]^p}$$
$$=\frac{(-1)^{n-1}}{n^p}\left[1-p\frac{(-1)^n}{n}+o\left(\frac{1}{n}\right)\right]$$
$$=\frac{(-1)^{n-1}}{n^p}+\frac{p}{n^{1+p}}+\frac{(-1)^{n-1}}{n^p}\cdot o\left(\frac{1}{n}\right),$$

$\because \sum\limits_{n=1}^{\infty}\frac{(-1)^{n-1}}{n^p}(p\leqslant 1)$ 条件收敛，$\sum\limits_{n=1}^{\infty}\frac{p}{n^{1+p}}(1+p>1)$ 收敛，$\sum\limits_{n=1}^{\infty}\frac{(-1)^{n-1}}{n^p}\cdot o\left(\frac{1}{n}\right)$ 绝对收敛 $\Rightarrow$ 原级数条件收敛.

5. 若 $\sum\limits_{n=1}^{\infty}a_n$ 和 $\sum\limits_{n=1}^{\infty}b_n$ 绝对收敛，证明下列级数也绝对收敛：

(1) $\sum\limits_{n=1}^{\infty}(a_n+b_n)$；　(2) $\sum\limits_{n=1}^{\infty}(a_n-b_n)$；　(3) $\sum\limits_{n=1}^{\infty}ka_n$.

证　(1) 因为 $\sum\limits_{n=1}^{\infty}a_n$ 和 $\sum\limits_{n=1}^{\infty}b_n$ 绝对收敛，

即 $\sum\limits_{n=1}^{\infty}|a_n|$，$\sum\limits_{n=1}^{\infty}|b_n|$ 收敛，由收敛级数的性质知 $\sum\limits_{n=1}^{\infty}(|a_n|+|b_n|)$ 收敛.

又因 $\sum\limits_{n=1}^{\infty}(|a_n|+|b_n|)\geqslant\sum\limits_{n=1}^{\infty}|a_n+b_n|$，所以 $\sum\limits_{n=1}^{\infty}(a_n+b_n)$ 绝对收敛.

(2) 因为 $\sum\limits_{n=1}^{\infty}|a_n-b_n|\leqslant\sum\limits_{n=1}^{\infty}|a_n+b_n|$，由 (1) 知，级数 $\sum\limits_{n=1}^{\infty}(a_n-b_n)$ 绝对收敛.

(3) $\sum\limits_{n=1}^{\infty}|ka_n|=|k|\sum\limits_{n=1}^{\infty}|a_n|$

因为 $\sum\limits_{n=1}^{\infty}a_n$ 绝对收敛，所对 $\sum\limits_{n=1}^{\infty}ka_n$ 也是绝对收敛.

§7.4　幂级数

一、主要知识归纳

表 7—4—1　　函数项级数及收敛的概念

函数项级数	由定义在区间 I 上的函数序列 $\{u_n(x)\}$ 所构成的表达式：$u_1(x)+u_2(x)+u_3(x)+\cdots+u_n(x)+\cdots$ 称为定义在区间 I 上的函数项级数，记为 $\sum\limits_{n=1}^{\infty}u_n(x)$.

续前表

收敛域与发散域	对 $\forall x_0 \in I$，代入每一项构成数项级数 $\sum\limits_{n=1}^{\infty} u_n(x_0)$，若 $\sum\limits_{n=1}^{\infty} u_n(x_0)$ 收敛，则称 x_0 是 $\sum\limits_{n=1}^{\infty} u_n(x)$ 的收敛点，收敛点的全体称为函数项级数 $\sum\limits_{n=1}^{\infty} u_n(x)$ 的收敛域.
	若 $\sum\limits_{n=1}^{\infty} u_n(x_0)$ 发散，则称 x_0 是 $\sum\limits_{n=1}^{\infty} u_n(x_0)$ 的发散点，发散点的全体称为级数 $\sum\limits_{n=1}^{\infty} u_n(x)$ 的发散域.
和函数	在收敛域上，级数 $\sum\limits_{n=1}^{\infty} u_n(x)$ 的和是 x 的函数，记为 $s(x)$，称 $s(x)$ 是级数 $\sum\limits_{n=1}^{\infty} u_n(x)$ 的和函数，即 $$s(x) = \sum_{n=1}^{\infty} u_n(x) = u_1(x) + u_2(x) + \cdots + u_n(x) + \cdots,$$ $s_n(x) = u_1(x) + u_2(x) + \cdots + u_n(x)$ 称为 $\sum\limits_{n=1}^{\infty} u_n(x)$ 的部分和， 则在收敛域上，$\lim\limits_{n\to\infty} s_n(x) = s(x)$， 在收敛域上，$r_n(x) = s(x) - s_n(x)$ 称为函数项级数的余项.

表 7—4—2　　幂级数及其收敛性

幂级数	$\sum\limits_{n=0}^{\infty} a_n x^n = a_0 + a_1 x + a_2 x^2 + \cdots + a_n x^n + \cdots$ 称为 x 的幂级数， $\sum\limits_{n=0}^{\infty} a_n (x-x_0)^n = a_0 + a_1(x-x_0) + a_2(x-x_0)^2 + \cdots + a_n(x-x_0)^n + \cdots$ 称为 $(x-x_0)$ 的幂级数，其中 $a_n(n=0, 1, 2, \cdots)$ 称为幂级数的系数.
阿贝尔定理	若级数 $\sum a_n x^n$ 有收敛点 $x_0(x_0 \neq 0)$，则对 $\|x\| < \|x_0\|$ 的所有 x，$\sum a_n x^n$ 绝对收敛.
	若级数 $\sum a_n x^n$ 有发散点 $x_0(x_0 \neq 0)$，则对 $\|x\| > \|x_0\|$ 的所有 x，$\sum a_n x^n$ 发散.

续前表

收敛半径	若级数 $\sum a_n x^n$ 不仅在 $x=0$ 点收敛，也不是在整个实数轴上收敛，则必有唯一确定的正数 R，使： ① 当 $\mid x \mid < R$ 时，$\sum a_n x^n$ 绝对收敛； ② 当 $\mid x \mid > R$ 时，$\sum a_n x^n$ 发散； ③ 当 $x = \pm R$ 时，$\sum a_n x^n$ 可能收敛也可能发散. 称该常数 R 为级数 $\sum a_n x^n$ 的收敛半径.
	若级数 $\sum a_n x^n$ 仅在 $x=0$ 点收敛，则收敛半径 $R=0$.
	若级数 $\sum a_n x^n$ 在整个实轴上收敛，则收敛半径 $R=+\infty$.
收敛区间	开区间 $(-R, R)$ 称为幂级数 $\sum a_n x^n$ 的收敛区间.
收敛区域	$\sum a_n x^n$ 的收敛区域为 $(-R, R)$，$(-R, R]$，$[-R, R)$ 或 $[-R, R]$ 中之一.

表 7—4—3　收敛半径的求法

比值法	对级数 $\sum a_n x^n$，设 $a_n \neq 0 (n=0, 1, 2, \cdots)$，若 $\lim\limits_{n\to\infty}\left\|\frac{a_{n+1}}{a_n}\right\| = \rho$，则 ① 当 $0 < \rho < +\infty$ 时，$R = \frac{1}{\rho}$； ② 当 $\rho = 0$ 时，$R = +\infty$； ③ 当 $\rho = +\infty$ 时，$R = 0$.
根值法	若 $\lim\limits_{n\to\infty} \sqrt[n]{\mid a_n \mid} = \rho$，则 ① 当 $0 < \rho < +\infty$ 时，$R = \frac{1}{\rho}$； ② 当 $\rho = 0$ 时，$R = +\infty$； ③ 当 $\rho = +\infty$ 时，$R = 0$.

表 7—4—4　幂级数的性质

四则运算	设级数 $\sum a_n x^n$，$\sum b_n x^n$ 的收敛半径分别为 R_1，R_2，则在较小的半径内，有 ① $\sum a_n x^n \pm \sum b_n x^n = \sum (a_n \pm b_n) x^n$； ② $(\sum a_n x^n) \cdot (\sum b_n x^n) = \sum\limits_{n=1}^{\infty} (\sum\limits_{i+j=n} a_i b_j) x^n$； ③ $\frac{\sum a_n x^n}{\sum b_n x^n} = \sum c_n x^n (b_0 \neq 0)$， 其中 $c_n (n=0, 1, 2, \cdots)$ 可由待定系数法求得，相除时 $\sum c_n x^n$ 的收敛半径可能要比原来更小.

续前表

和函数的连续性	幂级数$\sum a_n x^n$的和函数$s(x)$在收敛区间上连续.
逐项求导	设级数$\sum a_n x^n$的收敛半径$R(R>0)$，则其和函数$s(x)$在$(-R,R)$内可导，且有逐项求导公式： $$s'(x)=(\sum a_n x^n)'=\sum (a_n x^n)'=\sum a_n x^{n-1}$$ 且逐项求导后所得级数与原级数有相同的收敛半径.
逐项求积	级数$\sum a_n x^n$的和函数$s(x)=\sum a_n x^n$在收敛域上是可积的，且有逐项求积公式： $$\int_0^x s(x)\mathrm{d}x=\int_0^x(\sum a_n x^n)\mathrm{d}x=\sum_{n=0}^{\infty}\int_0^x a_n x^n \mathrm{d}x=\sum_{n=0}^{\infty}\frac{a_n}{n+1}x^{n+1},$$ 且逐项求积后所得级数与原级数有相同的收敛半径.

二、典型例题分析

例 1 求所给幂级数的收敛域：$\sum_{n=1}^{\infty}\frac{2^{n+1}}{\sqrt{n+1}}(x+1)^n$.

解 $\lim_{n\to\infty}\left|\frac{a_{n+1}}{a_n}\right|=\lim_{n\to\infty}\frac{2^{n+2}}{\sqrt{n+2}}\Big/\left(\frac{2^{n+1}}{\sqrt{n+1}}\right)=\lim_{n\to\infty}\sqrt{\frac{n+1}{n+2}}\cdot 2=2$,

即 $R=\frac{1}{2}\Rightarrow|x+1|<\frac{1}{2}\Rightarrow-\frac{3}{2}<x<-\frac{1}{2}$,

在端点处：$x=-\frac{1}{2}$，级数为$\sum_{n=1}^{\infty}\frac{2}{\sqrt{n+1}}$，发散；

$x=-\frac{3}{2}$，级数为$\sum_{n=1}^{\infty}\frac{2}{\sqrt{n+1}}(-1)^n$，条件收敛.

故题设级数的收敛域为$\left[-\frac{3}{2},-\frac{1}{2}\right)$.

小结：一般地，幂级数收敛半径是$\rho=\lim_{n\to\infty}\left|\frac{a_{n+1}}{a_n}\right|$，也可通过$\rho=\lim_{n\to\infty}\sqrt[n]{a_n}$计算，求一般项为$a_n(f(x))^n$的幂级数的收敛域，令$|f(x)|<\frac{1}{\rho}$求得$x$的范围，之后还需验证满足$|f(x)|=\frac{1}{\rho}$的$x$(即边界处)对应的幂级数的收敛情况，综

合即得该幂级数的收敛域.

例 2　试求级数 $\sum_{n=1}^{\infty}\frac{1^n+2^n+\cdots+50^n}{n^2}\left(\frac{1-x}{1+x}\right)^n$ 的收敛域.

解　令 $\frac{1-x}{1+x}=t$，考虑幂级数 $\sum_{n=1}^{\infty}\frac{1^n+2^n+\cdots+50^n}{n^2}t^n$，由于

$$\lim_{n\to\infty}\sqrt[n]{|u_n(x)|}=\lim_{n\to\infty}\sqrt[n]{\frac{1^n+2^n+\cdots+50^n}{n^2}}\cdot|t|$$

$$=\lim_{n\to\infty}50\cdot|t|\cdot\frac{\sqrt[n]{\left(\frac{1}{50}\right)^n+\left(\frac{2}{50}\right)^n+\cdots+1}}{(\sqrt[n]{n})^2}=50|t|,$$

而 $|t|=\frac{1}{50}$ 时，$|u_n(x)|=\frac{\left(\frac{1}{50}\right)^n+\cdots+1}{n^2}\leqslant\frac{50}{n^2}$，

所以 $\sum_{n=1}^{\infty}\frac{1^n+2^n+\cdots+50^n}{n^2}t^n$ 在 $t=\pm\frac{1}{50}$ 时收敛.

故原级数当 $\left|\frac{1-x}{1+x}\right|\leqslant\frac{1}{50}$ 时收敛，解不等式得收敛域 $\left[\frac{49}{51},\frac{51}{49}\right]$.

例 3　求幂级数 $\sum_{n=1}^{\infty}\frac{(-1)^{n-1}}{n(2n-1)}x^{2n}$ 的和.

解　设 $S(x)=\sum_{n=1}^{\infty}\frac{(-1)^{n-1}}{n(2n-1)}x^{2n}(|x|<1)$，则

$$S'(x)=\left(\sum_{n=1}^{\infty}\frac{(-1)^{n-1}}{n(2n-1)}x^{2n}\right)'=\sum_{n=1}^{\infty}\frac{2\cdot(-1)^{n-1}}{2n-1}x^{2n-1},$$

$$S''(x)=\left(\sum_{n=1}^{\infty}\frac{2\cdot(-1)^{n-1}}{2n-1}x^{2n-1}\right)'=\sum_{n=1}^{\infty}2\cdot(-1)^{n-1}x^{2n-2}$$

$$=2-2x^2+2x^4-2x^6+\cdots=\frac{2}{1+x^2}\ (|x|<1).$$

将上式两端对 x 积分，得

$$S'(x)-S'(0)=\int_0^x S''(x)\mathrm{d}x=\int_0^x\frac{2}{1+x^2}\mathrm{d}x=2\arctan x.$$

由 $S'(0)=0$，得 $S'(x)=2\arctan x$，两端积分得

$$S(x)-S(0)=\int_0^x S'(x)\mathrm{d}x=2\int_0^x\arctan x\mathrm{d}x$$

$$=2\left[x\arctan x\Big|_0^x-\int_0^x\frac{x}{1+x^2}\mathrm{d}x\right]$$

$$= 2x\arctan x - \ln(1+x^2)\ (|x|<1),$$

由 $S(0)=0$，得 $S(x)=2x\arctan x-\ln(1+x^2)(|x|<1)$，

即
$$\sum_{n=1}^{\infty}\frac{(-1)^{n-1}}{n(2n-1)}x^{2n}=2x\arctan x-\ln(1+x^2).$$

例 4　试求幂级数 $\sum_{n=0}^{\infty}\frac{(n+1)^2}{n!}$ 的和.

解　设幂级数 $s(x)=\sum_{n=0}^{\infty}\frac{(n+1)^2x^n}{n!}$，收敛域是 $(-\infty,+\infty)$，所以对任意 $x\neq 0$，有

$$\begin{aligned}s(x)&=\Big(\sum_{n=0}^{\infty}\frac{(n+1)x^{n+1}}{n!}\Big)'=\Big(x\Big(\sum_{n=0}^{\infty}\frac{x^{n+1}}{n!}\Big)'\Big)'\\&=[x(xe^x)']'=(1+3x+x^2)e^x,\end{aligned}$$

故
$$\sum_{n=1}^{\infty}\frac{(n+1)^2}{n!}=s(1)=5e.$$

小结：一般项不含 a^n(a 为常数) 项的常数项级数求和时，我们仍可利用幂级数的分析运算性质：先用 x^n 乘以常数项级数一般项 u_n，再对 u_nx^n 积分或微分得到和函数 $s(x)$，最后令 $x=1$ 即得到所要求解的级数和.

三、习题 7—4 解答

1. 求下列幂级数的收敛域：

(1) $\sum_{n=1}^{\infty}(-1)^{n-1}\frac{x^n}{n^2}$.

解　$\because \lim_{n\to\infty}\left|\frac{a_{n+1}}{a_n}\right|=\lim_{n\to\infty}\left|\frac{\frac{1}{(n+1)^2}}{\frac{1}{n^2}}\right|=\lim_{n\to\infty}\Big(\frac{n}{n+1}\Big)^2=1$,

$\therefore$ 收敛半径 $R=1/1=1$，

当 $x=\pm 1$ 时，数项级数 $\sum_{n=1}^{\infty}(-1)^{n-1}\frac{(\pm 1)^n}{n^2}$ 的绝对值为 $\sum_{n=1}^{\infty}\frac{1}{n^2}$，由 p—级数 ($p=2$) 的收敛性，知上级数收敛.

$\therefore$ 幂级数在 $x=\pm 1$ 也收敛，故收敛区间为 $[-1,1]$.

(2) $\sum_{n=1}^{\infty}\frac{x^n}{n\cdot 3^n}$.

解　$R=\lim_{n\to\infty}\left|\frac{a_n}{a_{n+1}}\right|=\lim_{n\to\infty}\left|\frac{\frac{1}{n\cdot 3^n}}{\frac{1}{(n+1)\cdot 3^{n+1}}}\right|=\lim_{n\to\infty}\Big(3\cdot\frac{n+1}{n}\Big)=3$,

当 $x=3$ 时，级数成为调和级数 $\sum\limits_{n=1}^{\infty}\frac{1}{n}$，发散.

当 $x=-3$ 时，级数成为莱布尼茨型级数 $\sum\limits_{n=1}^{\infty}\frac{(-1)^n}{n}$，收敛.

故原级数的收敛区间为 $[-3,3)$.

(3) $\sum\limits_{n=1}^{\infty}\frac{x^n}{2\cdot 4\cdots\cdot(2n)}$.

解　$R=\lim\limits_{n\to\infty}\left|\frac{a_n}{a_{n+1}}\right|=\lim\limits_{n\to\infty}\left|\frac{\frac{1}{2^n\cdot n!}}{\frac{1}{2^{n+1}\cdot(n+1)!}}\right|$

$$=\lim_{n\to\infty}[2(n+1)]=+\infty,$$

故收敛区间为 $(-\infty,+\infty)$.

(4) $\sum\limits_{n=1}^{\infty}\frac{2^n}{n^2+1}x^n$.

解　先求收敛半径 R，

$$R=\lim_{n\to\infty}\left|\frac{a_n}{a_{n+1}}\right|=\lim_{n\to\infty}\left|\frac{\frac{2^n}{n^2+1}}{\frac{2^{n+1}}{(n+1)^2+1}}\right|$$

$$=\frac{1}{2}\lim_{n\to\infty}\frac{(n+1)^2+1}{n^2+1}=\frac{1}{2}.$$

当 $x=\frac{1}{2}$ 时，级数成为 $\sum\limits_{n=1}^{\infty}\frac{1}{n^2+1}$，易知此级数是收敛的；

当 $x=-\frac{1}{2}$ 时，级数成为 $\sum\limits_{n=1}^{\infty}\frac{(-1)^n}{n^2+1}$，其收敛性是显然的.

综合上述结果知原级数的收敛区间为 $\left[-\frac{1}{2},\frac{1}{2}\right]$.

(5) $\sum\limits_{n=0}^{\infty}(-1)^n\frac{x^n}{5^n\sqrt{n+1}}$.

解　$l=\lim\limits_{n\to\infty}\left|\frac{a_{n+1}}{a_n}\right|=\lim\limits_{n\to\infty}\frac{1}{5^{n+1}\cdot\sqrt{n+2}}\cdot 5^n\cdot\sqrt{n+1}$

$$=\lim_{n\to\infty}\frac{\sqrt{n+1}}{5\cdot\sqrt{n+2}}=\frac{1}{5},$$

从而 $R=5$.

当 $x=5$ 时，它为交错级数 $\sum_{n=1}^{\infty}(-1)^{n-1}\frac{1}{\sqrt{n}}$，收敛；

当 $x=-5$ 时，它为 $\sum_{n=1}^{\infty}\frac{1}{\sqrt{n}}$，发散.

所以收敛区间为 $(-5,5]$.

(6) $\sum_{n=1}^{\infty}\frac{\ln(n+1)}{n+1}x^{n+1}$.

解 $l=\lim_{n\to\infty}\left|\frac{a_{n+1}}{a_n}\right|=\lim_{n\to\infty}\frac{\ln(n+2)}{n+2}\cdot\frac{n+1}{\ln(n+1)}=1$,

从而 $R=\frac{1}{l}=1$.

当 $x=1$ 时，它为级数 $\sum_{n=1}^{\infty}\frac{\ln(n+1)}{n+1}$，发散；

当 $x=-1$ 时，它为交错级数 $\sum_{n=1}^{\infty}(-1)^{n+1}\frac{\ln(n+1)}{n+1}$，收敛.

所以收敛区间为 $[-1,1)$.

(7) $\sum_{n=1}^{\infty}\frac{(x-2)^n}{n^2}$.

解 令 $t=x-2$，$\sum_{n=1}^{\infty}\frac{(x-2)^n}{n^2}=\sum_{n=1}^{\infty}\frac{t^n}{n^2}$,

$$l=\lim_{n\to\infty}\left|\frac{a_{n+1}}{a_n}\right|=\lim_{n\to\infty}\frac{1}{(n+1)^2}\cdot n^2=1,$$

从而 $R=1$.

当 $t=1$ 时，$\sum_{n=1}^{\infty}\frac{1}{n^2}$ 收敛；当 $t=-1$ 时，$\sum_{n=1}^{\infty}\frac{(-1)^n}{n^2}$ 收敛.

从而 $-1\leqslant t\leqslant 1$，即 $-1\leqslant x-2\leqslant 1$，故收敛区间为 $[1,3]$.

(8) $\sum_{n=1}^{\infty}\frac{(x-5)^n}{\sqrt{n}}$.

解 令 $y=x-5$，原级数成为 $\sum_{n=1}^{\infty}\frac{y^n}{\sqrt{n}}$,

$\because R=\lim_{n\to\infty}\left|\frac{a_n}{a_{n+1}}\right|=\lim_{n\to\infty}\frac{\sqrt{n+1}}{\sqrt{n}}=1$,

$\therefore -1<y<1\Rightarrow -1<x-5<1$，即 $4<x<6$.

当 $x=4$ 时，级数成为 $\sum_{n=1}^{\infty}\frac{(-1)^n}{\sqrt{n}}$，此莱布尼茨级数收敛；

当 $x=6$ 时，级数成为 $\sum\limits_{n=1}^{\infty}\frac{1}{\sqrt{n}}$，易知此级数发散.

综合上述结果，原级数的收敛区间为 $[4,6)$.

(9) $\sum\limits_{n=1}^{\infty}(-1)^n\frac{x^{2n+1}}{2n+1}$.

解　$\lim\limits_{n\to\infty}\left|\frac{u_{n+1}}{u_n}\right|=\lim\limits_{n\to\infty}\left|\frac{\frac{x^{2n+3}}{2n+3}}{\frac{x^{2n+1}}{2n+1}}\right|=x^2\lim\limits_{n\to\infty}\frac{2n+1}{2n+3}=x^2$,

∴ 当 $x^2<1$，即 $|x|<1$ 时，级数绝对收敛；

当 $|x|>1$ 时，由绝对值级数发散，知原级数也发散；

当 $x=\pm1$ 时，级数分别为 $\sum\limits_{n=1}^{\infty}\frac{(-1)^n}{2n+1}$ 与 $\sum\limits_{n=1}^{\infty}\frac{(-1)^{n+1}}{2n+1}$，它们都是莱布尼茨型级数，是收敛的.

综上知原幂级数的收敛域为 $[-1,1]$.

2. 求下列幂级数的收敛半径：

(1) $\sum\limits_{n=1}^{\infty}\frac{(n+1)^n}{n!}x^n$;

(2) $\sum\limits_{n=1}^{\infty}\frac{(-1)^n}{\sqrt[n]{n!}}x^n$.

解　(1) ∵ $\rho=\lim\limits_{n\to\infty}\left|\frac{a_{n+1}}{a_n}\right|=\lim\limits_{n\to\infty}\frac{(n+2)^{n+1}}{(n+1)^{n+1}}=\lim\limits_{n\to\infty}\left(1+\frac{1}{n+1}\right)^{n+1}=\mathrm{e}$.

∴ 收敛半径 $R=\frac{1}{\rho}=\frac{1}{\mathrm{e}}$.

(2) 考察级数 $\sum\limits_{n=1}^{\infty}\frac{x^n}{\sqrt[n]{n!}}$,

$$\frac{a_{n+1}}{a_n}=\frac{\sqrt[n]{n!}}{\sqrt[n+1]{(n+1)!}}=\frac{\sqrt[n]{n!}}{\sqrt[n+1]{n!}}\cdot\frac{1}{\sqrt[n+1]{n+1}}=(n!)^{\frac{1}{n(n+1)}}\cdot\frac{1}{\sqrt[n+1]{n+1}}$$

而

$$\frac{1}{\sqrt[n+1]{n+1}}=\frac{\sqrt[n]{n!}}{\sqrt[n]{n!}}\cdot\frac{1}{\sqrt[n+1]{n+1}}\leqslant\frac{a_{n+1}}{a_n}\leqslant(n^{n+1})^{\frac{1}{n(n+1)}}\cdot\frac{1}{\sqrt[n+1]{n+1}}$$

$$=n^{\frac{1}{n}}\cdot\frac{1}{\sqrt[n+1]{n+1}},$$

∵ $\lim\limits_{x\to\infty}x^{\frac{1}{x}}=\lim\limits_{x\to\infty}\mathrm{e}^{\frac{1}{x}\ln x}=\mathrm{e}^0=1\Rightarrow\lim\limits_{n\to\infty}n^{\frac{1}{n}}=1$，$\lim\limits_{n\to\infty}(n+1)^{\frac{1}{n+1}}=1$.

又当 $n\to\infty$ 时，$\frac{a_{n+1}}{a_n}\to1$,

$\therefore$ 原级数 $\sum_{n=1}^{\infty}\frac{(-1)^n}{\sqrt[n]{n!}}x^n$ 的收敛半径为 1.

3. 级数 $e^x=1+x+\frac{x^2}{2!}+\frac{x^3}{3!}+\frac{x^4}{4!}+\cdots$ 对所有 x 收敛到 e^x.

(1) 求 $\frac{d}{dx}e^x$ 的级数. 是否得到 e^x 的级数? 说明理由.

(2) 求 $\int e^x dx$ 的级数. 是否得到 e^x 的级数? 说明理由.

解　(1) $\frac{d}{dx}e^x=\left(1+x+\frac{x^2}{2!}+\frac{x^3}{3!}+\frac{x^4}{4!}+\cdots\right)'$

$$=1+x+\frac{x^2}{2!}+\frac{x^3}{3!}+\frac{x^4}{4!}+\cdots=e^x.$$

(2) $\int e^x dx=\int\left(1+x+\frac{x^2}{2!}+\frac{x^3}{3!}+\frac{x^4}{4!}+\cdots\right)dx$

$$=C+x+\frac{x^2}{2!}+\frac{x^3}{3!}+\frac{x^4}{4!}+\cdots\neq e^x$$

说明，从级数的角度，只能证明 $\frac{d}{dx}e^x=e^x$.

4. 求下列幂级数的和函数:

(1) $\sum_{n=1}^{\infty}nx^{n-1}$.

解　逐项积分，

$$\because \int_0^x\sum_{n=1}^{\infty}nx^{n-1}dx=\sum_{n=1}^{\infty}\int_0^x nx^{n-1}dx=\sum_{n=1}^{\infty}x^n=\frac{x}{1-x},$$

$$\therefore \sum_{n=1}^{\infty}nx^{n-1}=\left(\frac{x}{1-x}\right)'=\frac{1}{(1-x)^2}(-1<x<1).$$

(2) $\sum_{n=1}^{\infty}\frac{x^n}{n(n+1)}$.

解　设 $s(x)=\sum_{n=1}^{\infty}\frac{x^n}{n(n+1)}$，于是 $xs(x)=\sum_{n=1}^{\infty}\frac{x^{n+1}}{n(n+1)}$. 逐项求导得

$$[xs(x)]'=\sum_{n=1}^{\infty}\left[\frac{x^{n+1}}{n(n+1)}\right]'=\sum_{n=1}^{\infty}\frac{x^n}{n}.$$

再逐项求导得

$$[xs(x)]''=\sum_{n=1}^{\infty}x^{n-1}=\frac{1}{1-x}\quad(|x|<1),$$

两边从 0 到 x 积分：

$$[xs(x)]' = \int_0^x \frac{1}{1-t}\mathrm{d}t = -\ln(1-x) \qquad (|x|<1),$$

再积分

$$xs(x) = \int_0^x -\ln(1-t)\mathrm{d}t = -\left\{[t\ln(1-t)]\Big|_0^x - \int_0^x t\cdot\frac{-1}{1-t}\mathrm{d}t\right\}$$
$$= x+(1-x)\ln(1-x),$$

$$\therefore s(x) = \begin{cases} \dfrac{1}{x}[x+(1-x)\ln(1-x)], & 0<|x|<1 \\ 0, & x=0 \end{cases}.$$

(3) $\sum\limits_{n=1}^{\infty} \dfrac{x^{2n-1}}{2n-1}$.

解　逐项求导

$$\because \left(\sum_{n=1}^{\infty} \frac{x^{2n-1}}{2n-1}\right)' = \sum_{n=1}^{\infty}\left(\frac{x^{2n-1}}{2n-1}\right)' = \sum_{n=0}^{\infty} x^{2n} = \frac{1}{1-x^2},$$

$$\therefore \text{原式} = \int_0^x \frac{1}{1-x^2}\mathrm{d}x = \frac{1}{2}\ln\frac{1+x}{1-x}(|x|<1).$$

5. 求幂级数 $\sum\limits_{n=0}^{\infty} \dfrac{x^{2n+1}}{n!}$ 的和函数，并求数项级数 $\sum\limits_{n=0}^{\infty} \dfrac{2n+1}{n!}$ 的和.

解　幂级数 $\sum\limits_{n=1}^{\infty} \dfrac{x^{2n+1}}{n!}$ 的收敛区间为 $-\infty<x<+\infty$，其和函数

$$s(x) = x\sum_{n=1}^{\infty} \frac{x^{2n}}{n!} = xe^{x^2}\text{，即} \sum_{n=1}^{\infty} \frac{x^{2n+1}}{n!} = xe^{x^2}\text{，}$$

逐项求导得 $\sum\limits_{n=1}^{\infty} \dfrac{2n+1}{n!}x^{2n} = (xe^{x^2})' = (1+2x^2)ex^2$，

令 $x=1$ 得 $\sum\limits_{n=1}^{\infty} \dfrac{2n+1}{n!} = 3e$.

6. 试求极限 $\lim\limits_{n\to\infty}\left(\dfrac{1}{a}+\dfrac{2}{a^2}+\cdots+\dfrac{n}{a^n}\right)$，其中 $a>1$.

解　考虑幂级数 $\sum\limits_{n=1}^{\infty} nx^n$.

设 $S(x) = \sum\limits_{n=1}^{\infty} nx^n$，则

$$S(x) = x\sum_{n=1}^{\infty} nx^{n-1} = x\left(\sum_{n=0}^{\infty} x^n\right)' = x\left(\frac{1}{1-x}\right)'$$

$$=\frac{x}{(1-x)^2}\quad(-1<x<1),$$

故　$$\lim_{n\to\infty}\left(\frac{1}{a}+\frac{2}{a^2}+\cdots+\frac{n}{a^n}\right)=S\left(\frac{1}{a}\right)=\frac{\frac{1}{a}}{\left(1-\frac{1}{a}\right)^2}=\frac{a}{(1-a)^2}.$$

§7.5　函数展开成幂级数

一、主要知识归纳

表 7—5—1　　**函数展开成幂级数**

泰勒级数	若 $f(x)$ 在 x_0 处具有各阶导数，则构成 $(x-x_0)$ 的幂级数 $$\sum_{n=0}^{\infty}\frac{f^{(n)}(x_0)}{n!}(x-x_0)^n=f(x_0)+f'(x_0)(x-x_0)+\frac{f''(x_0)}{2!}(x-x_0)^2+\cdots+\frac{f^n(x_0)}{n!}(x-x_0)^n+\cdots$$ 称其为函数 $f(x)$ 在点 x_0 处的泰勒级数，记作： $$f(x)\sim\sum_{n=0}^{\infty}\frac{f^{(n)}(x_0)}{n!}(x-x_0)^n,$$ 特别当 $x_0=0$ 时， $$\sum_{n=0}^{\infty}\frac{f^{(n)}(0)}{n!}x^n=f(0)+f'(0)x+\frac{f''(0)}{2!}x^2+\cdots+\frac{f^n(0)}{n!}x^n+\cdots$$ 称为 $f(x)$ 的麦克劳林级数.
泰勒展开定理	设函数 $f(x)$ 在包含点 x_0 的区间 I 内有任意阶导数，则 $f(x)$ 在 I 内可展开成泰勒级数 $\sum\limits_{n=0}^{\infty}\frac{f^{(n)}(x_0)}{n!}(x-x_0)^n$ 的充分必要条件为 $f(x)$ 的泰勒公式中的余项 $R_n(x)=\frac{f^{(n+1)}(\xi)}{(n+1)!}(x-x_0)^{n+1}$. 当 $n\to\infty$ 时极限为零，即 $\lim\limits_{n\to\infty}R_n(x)=0(x\in I)$.
唯一性	若函数 $f(x)$ 在包含 x_0 的区间 I 内可展开成幂级数 $\sum\limits_{n=0}^{\infty}a_n(x-x_0)^n$，则 $$a_n=\frac{f^{(n)}(x_0)}{n!}.$$
函数展成幂级数的方法	1. 直接法；　　2. 间接法.

表 7—5—2　　常用的初等函数的幂级数展开式

展开式	收敛域
$\frac{1}{1-x}=\sum_{n=0}^{\infty}x^n=1+x+x^2+\cdots+x^n+\cdots$	$\vert x\vert<1$
$\frac{1}{1+x}=\sum_{n=0}^{\infty}(-1)^n x^n=1-x+x^2+\cdots+(-1)^n x^n+\cdots$	$\vert x\vert<1$
$\ln(1+x)=\sum_{n=1}^{\infty}\frac{(-1)^{n-1}x^n}{n}=x-\frac{1}{2}x^2+\frac{1}{3}x^3+\cdots+\frac{(-1)^{n-1}}{n}x^n+\cdots$	$x\in(-1,1]$
$\ln(1-x)=-\sum_{n=1}^{\infty}\frac{1}{n}x^n=-x-\frac{1}{2}x^2-\cdots-\frac{1}{n}x^n+\cdots$	$x\in[-1,1]$
$e^x=\sum_{n=0}^{\infty}\frac{x^n}{n}=1+x+\frac{1}{2!}x^2+\cdots+\frac{1}{n!}x^n+\cdots$	$x\in(-\infty,+\infty)$
$\sin x=\sum_{n=1}^{\infty}\frac{(-1)^n x^{2n-1}}{(2n-1)!}=x-\frac{1}{3!}x^3+\frac{1}{5!}x^5+\cdots$	$x\in(-\infty,+\infty)$
$\cos x=\sum_{n=0}^{\infty}\frac{(-1)^n x^{2n}}{(2n)!}=1-\frac{1}{2!}x^2+\frac{1}{4!}x^4+\cdots$	$x\in(-\infty,+\infty)$
$(1+x)^a=1+\sum_{n=1}^{\infty}C_a^n x^n$	$x\in(-1,1)$，$(a\in\mathbf{R})$

二、典型例题分析

例 1　将函数 $\ln(4-3x-x^2)$ 展开成 x 的幂级数.

解　$\ln(4-3x-x^2)=\ln(1-x)(4+x)=\ln(1-x)+\ln(4+x)$，

而
$$\ln(1-x)=\ln[1+(-x)]$$
$$=(-x)-\frac{(-x)^2}{2}+\frac{(-x)^3}{3}-\cdots\quad(-1\leqslant x<1),$$

$$\ln(4+x)=\ln4\left(1+\frac{x}{4}\right)=\ln4+\ln\left(1+\frac{x}{4}\right)$$
$$=\ln4+\frac{x}{4}-\frac{1}{2}\left(\frac{x}{4}\right)^2+\frac{1}{3}\left(\frac{x}{4}\right)^3-\cdots(-4<x\leqslant4),$$

所以
$$\ln(4-3x-x^2)=\left(-x-\frac{x^2}{2}-\frac{x^3}{3}-\cdots\right)+\ln4+\frac{x}{4}-\frac{x^2}{2\cdot4^2}+\frac{x^3}{3\cdot4^3}-\cdots$$
$$=\ln4-\frac{3}{4}x-\frac{17}{32}x^2-\frac{63}{192}x^3-\cdots-\left(\frac{1}{n}-\frac{(-1)^{n-1}}{4^n\cdot n}x^n\right)-\cdots$$

$$(-1\leqslant x<1).$$

小结:要将函数展开成幂级数的形式，关键是把函数或其导函数或其积分函数分解成七个常用的麦克劳林展开式或其变形的组合.

例2 将函数 $\sin x$ 展开成 $(x-\pi/4)$ 的幂级数.

解
$$\begin{aligned}\sin x &= \sin[\pi/4+(x-\pi/4)]\\ &= \sin(\pi/4)\cos(x-\pi/4)+\cos(\pi/4)\sin(x-\pi/4)\\ &= \frac{1}{\sqrt{2}}\left[\cos\left(x-\frac{\pi}{4}\right)+\sin\left(x-\frac{\pi}{4}\right)\right]\\ &= \frac{1}{\sqrt{2}}\left[1-\frac{(x-\pi/4)^2}{2!}+\frac{(x-\pi/4)^4}{4!}-\cdots\right.\\ &\quad\left.+(x-\pi/4)-\frac{(x-\pi/4)^3}{3!}+\frac{(x-\pi/4)^5}{5!}-\cdots\right]\\ &= \frac{1}{\sqrt{2}}\left[1+(x-\pi/4)-\frac{(x-\pi/4)^2}{2!}-\frac{(x-\pi/4)^3}{3!}+\cdots\right]\end{aligned}$$
$$(-\infty<x<+\infty).$$

例3 设函数 $f(x)=e^{x^2}$，求 $f^{(n)}(0)$.

解 因为 $e^x=\sum\limits_{m=0}^{\infty}\frac{x^m}{m!}$, $x\in(-\infty,+\infty)$，所以

$$f(x)=e^{x^2}=\sum_{m=0}^{\infty}\frac{x^{2m}}{m!}=\sum_{\substack{m=0\\ n=2m}}^{\infty}a_nx^n,\ x\in(-\infty,+\infty),$$

其中 $a_{2m+1}=0$，$a_{2m}=\frac{1}{m!}$.

由 $\frac{f^{(n)}(0)}{n!}=a_n$，即得到

$$f^{(2m+1)}(0)=(2m+1)!\cdot a_{2m+1}=0,\ m=0,1,2,\cdots,$$
$$f^{(2m)}(0)=(2m)!\cdot a_{2m}=\frac{1}{m!}(2m)!,\ m=0,1,2,\cdots.$$

三、习题 7—5 解答

1. 将下列函数展开成 x 的幂级数，并求其成立的区间：

(1) $f(x)=\ln(a+x)$.

解 (1) $f(x)=\ln\left[a\cdot\left(1+\frac{x}{a}\right)\right]=\ln a+\ln\left(1+\frac{x}{a}\right)$

$$= \ln a + \sum_{n=0}^{\infty} (-1)^n \frac{x^{n+1}}{(n+1)a^{n+1}}$$

$$= \ln a + \sum_{n=0}^{\infty} (-1)^n \frac{1}{(n+1)} \left(\frac{x}{a}\right)^{n+1} (-a < x \leqslant a).$$

(2) $f(x) = a^x$.

解　$f(x) = \mathrm{e}^{x\ln a} = \sum_{n=0}^{\infty} \frac{\ln^n a}{n!} x^n (-\infty < x\ln a < +\infty$, 即 $-\infty < x < +\infty)$.

(3) $f(x) = \mathrm{e}^{-x^2}$.

解　因 $\mathrm{e}^x = \sum_{n=0}^{\infty} \frac{x^n}{n!}$, 从而

$$\mathrm{e}^{-x^2} = \sum_{n=0}^{\infty} (-1)^n \frac{x^{2n}}{n!},\ x \in (-\infty, +\infty).$$

(4) $f(x) = \cos^2 x$.

解　$\cos^2 x = \frac{1+\cos 2x}{2}$, $\cos x = \sum_{n=0}^{\infty} (-1)^n \frac{x^{2n}}{(2n)!}$, $x \in (-\infty, +\infty)$.

所以

$$\cos^2 x = \frac{1}{2}\left[1 + \sum_{n=0}^{\infty} (-1)^n \frac{(2x)^{2n}}{(2n)!}\right]$$

$$= \frac{1}{2} + \sum_{n=0}^{\infty} (-1)^n \frac{(2x)^{2n}}{2(2n)!},\ x \in (-\infty, +\infty).$$

(5) $f(x) = \frac{x}{\sqrt{1+x^2}}$.

解

$$f(x) = x(1+x^2)^{-\frac{1}{2}}$$

$$= x\left[1 - \frac{1}{2}x^2 + \frac{(-1/2)\cdot(-3/2)}{2!}x^4 + \cdots \right.$$

$$\left. + \frac{(-1/2)\cdot(-3/2)[(-1/2)-n+1]}{n!}x^{2n} + \cdots\right]$$

$$= x - \frac{x^3}{2} + \frac{1\cdot 3}{2^2\cdot 2!}x^5 + \cdots + (-1)^n \frac{1\cdot 3\cdots(2n-1)}{2^n\cdot n!}x^{2n+1} + \cdots$$

$$= x + \sum_{n=1}^{\infty} (-1)^n \frac{(2n-1)!!}{(2n)!!} x^{2n+1}$$

$$= x + \sum_{n=1}^{\infty} (-1)^n \frac{2(2n)!}{(n!)^2} \left(\frac{x}{2}\right)^{2n+1} \quad (-1 < x < 1).$$

注：用更精细的判别法还可证明上述级数在 $x = \pm 1$ 收敛，此处略.

(6) $f(x) = \frac{x}{x^2 - 2x - 3}$.

解　$f(x)=\frac{x}{x^2-2x-3}=\frac{1}{4}\left(\frac{3}{x-3}+\frac{1}{x+1}\right)$

$$=-\frac{1}{4}\cdot\frac{1}{1-\frac{x}{3}}+\frac{1}{4}\,\frac{1}{1-(-x)}$$

$$=-\frac{1}{4}\sum_{n=0}^{\infty}\left(\frac{x}{3}\right)^n+\frac{1}{4}\sum_{n=0}^{\infty}(-x)^n$$

$$=-\frac{1}{4}\sum_{n=0}^{\infty}\left[\frac{1}{3^n}+(-1)^{n-1}\right]x^n\quad(-1<x<1).$$

2. 将函数$\sqrt[3]{x}$展开成$x+1$的幂级数.

解　$\sqrt[3]{x}=-[1-(x+1)]^{1/3}$

$$=-\left\{1+\sum_{n=1}^{\infty}\frac{\frac{1}{3}\left(\frac{1}{3}-1\right)\cdots\left(\frac{1}{3}-n+1\right)}{n!}[-(x+1)]^n\right\}$$

$$=-1+\frac{x+1}{3}+\sum_{n=2}^{\infty}(-1)^{1+(n-1)+n}\,\frac{2\cdot5\cdot8\cdots(3n-4)}{3^n n!}(x+1)^n$$

$$=-1+\frac{x+1}{3}+\sum_{n=2}^{\infty}\frac{2\cdot5\cdot8\cdots(3n-4)}{3^n n!}(x+1)^n$$

$\because a=\frac{1}{3}>0$，　$\therefore -1\leqslant-(x+1)\leqslant1\Rightarrow0\leqslant-x\leqslant2,\ -2\leqslant x\leqslant0$，

即收敛区间为$[-2,0]$.

3. 将函数$f(x)=\frac{1}{1+x}$展开成$x-3$的幂级数.

解　$f(x)=\frac{1}{1+x}=\frac{1}{1+x-3+3}=\frac{1}{4+x-3}=\frac{1}{4}\,\frac{1}{1+\frac{x-3}{4}}$

$$=\frac{1}{4}\sum_{n=0}^{\infty}(-1)^n\left(\frac{x-3}{4}\right)^n=\sum_{n=0}^{\infty}\frac{(-1)^n}{4^{n+1}}(x-3)^n,\ -1<x<7.$$

4. 将函数$f(x)=\ln(3x-x^2)$在$x=1$处展开成x的幂级数.

解　$f(x)=\ln x+\ln(3-x)=\ln[1+(x-1)]+\ln[2-(x-1)]$

$$=\ln[1+(x-1)]+\ln2+\ln\left(1-\frac{x-1}{2}\right)$$

$$=\ln2+\sum_{n=1}^{\infty}(-1)^{n-1}\,\frac{(x-1)^n}{n}+\sum_{n=1}^{\infty}(-1)^{2n-1}\,\frac{(x-1)^n}{n2^n}$$

$$=\ln2+\sum_{n=1}^{\infty}\left[(-1)^{n-1}-\frac{1}{2^n}\right]\frac{(x-1)^n}{n},$$

使上式成立的x应满足$-1<x-1\leqslant1$且$-1<-\frac{x-1}{2}\leqslant1$，即$0<x\leqslant2$.

5. 将函数 $f(x)=\dfrac{1}{(1+x)(1+x^2)(1+x^4)(1+x^8)}$ 展开成 x 的幂级数.

解 $$f(x)=\frac{1-x}{(1-x)(1+x)(1+x^2)(1+x^4)(1+x^8)}$$
$$=\frac{1-x}{1+x^{16}}=(1-x)\Big(\sum_{n=0}^{\infty}x^{16n}\Big)\quad(|x|<1)$$
$$=1-x+x^{16}-x^{17}+x^{32}-x^{33}+\cdots\quad(|x|<1).$$

6. 将函数 $f(x)=\arctan\dfrac{1+x}{1-x}$ 展开成 x 的幂级数.

解 由 $$f'(x)=\frac{1}{1+x^2}=\sum_{n=0}^{\infty}(-1)^n x^{2n},\ -1<x<1,$$

知 $$f(x)-f(0)=\int_0^x f'(x)\mathrm{d}x=\int_0^x\sum_{n=0}^{\infty}(-1)^n x^{2n}\mathrm{d}x=\sum_{n=0}^{\infty}\frac{(-1)^n}{2n+1}x^{2n+1}.$$

又 $f(0)=\arctan 1=\dfrac{\pi}{4}$,

故 $$\arctan\frac{1+x}{1-x}=\frac{\pi}{4}+\sum_{n=0}^{\infty}\frac{(-1)^n}{2n+1}x^{2n+1},\ -1\leqslant x<1.$$

7. 如果二次可导函数 $f(x)$ 在 $x=a$ 处有一个拐点，证明：f 在 $x=a$ 处的线性化是 f 在 $x=a$ 处的二阶泰勒多项式.

证 f 在 $x=a$ 的线性化是
$$L(x)=f(a)+f'(a)(x-a),$$
因为函数 $f(x)$ 在 $x=a$ 处有一个拐点，即 $f''(a)=0$，
所以 f 在 $x=a$ 的二阶泰勒多项式是
$$f(x)=f(a)+f'(a)(x-a)+\frac{f''(a)}{2!}(x-a)^2$$
$$=f(a)+f'(a)(x-a)=L(x).$$

*8. 利用函数的幂级数展开式求下列各数的近似值：

(1) $\sqrt[9]{522}$ (精确到 0.000 01).

解 $$\sqrt[9]{522}=\sqrt[9]{2^9+10}=2\Big(1+\frac{10}{2^9}\Big)^{1/9}$$
$$=2\Big[1+\frac{1}{9}\cdot\frac{10}{2^9}+\frac{1/9\cdot(1/9-1)}{2!}\Big(\frac{10}{2^9}\Big)^2+\cdots$$
$$+\frac{1/9\cdot(1/9-1)\cdots(1/9-n+1)}{n!}\frac{10^n}{2^{9n}}+\cdots\Big],$$
这是交错级数，试算：$|r_n|<u_{n+1}$.

$$\frac{1}{9}\cdot\frac{10}{2^9}\approx 0.002\,170,\ \frac{1}{2!}\cdot\frac{1}{9}\left(\frac{8}{9}\right)\cdot\frac{100}{2^{18}}\approx 0.000\,019,$$

所以　$|r_3|<0.000\,001$.

从而　$\sqrt[9]{522}\approx 2(1+0.002\,170-0.000\,019)$

$$=2\times 1.002\,151\approx 2.004\,300.$$

(2) $\cos 2°$（精确到 0.000 1）.

解　$2°=\frac{\pi}{180}\times 2=\frac{\pi}{90}$（弧度），

$$\cos 2°=\cos\frac{\pi}{90}=1-\frac{1}{2!}\left(\frac{\pi}{90}\right)^2+\frac{1}{4!}\left(\frac{\pi}{90}\right)^4-\cdots+\frac{(-1)^n}{(2n)!}\left(\frac{\pi}{90}\right)^n+\cdots.$$

该级数是交错级数，$|r_n|<u_{n+1}$，试算：

$$\frac{1}{2!}\left(\frac{\pi}{90}\right)^2\approx 6.1\times 10^{-4},\ \frac{1}{4!}\left(\frac{\pi}{90}\right)^4\approx 6.186\times 10^{-8}\Rightarrow |r_2|<10^{-7},$$

$$\therefore\quad \cos 2°\approx 1-\frac{1}{2!}\left(\frac{\pi}{90}\right)^2\approx 1-0.006\,1\approx 0.999\,4.$$

*9. 利用被积函数的幂级数展开式求定积分$\int_0^{0.5}\frac{1}{1+x^4}\mathrm{d}x$的近似值（精确到 0.000 1）.

解　利用几何级数展开

$$\int_0^{0.5}\frac{1}{1+x^4}\mathrm{d}x=\int_0^{0.5}[1-x^4+x^8-\cdots+(-1)^n x^{4n}+\cdots]\mathrm{d}x$$

$$=\left(x-\frac{x^5}{5}+\frac{x^9}{9}-\frac{x^{13}}{13}+\cdots\right)\Big|_0^{0.5}$$

$$=\frac{1}{2}-\frac{1}{5}\,\frac{1}{2^5}+\frac{1}{9}\,\frac{1}{2^9}-\frac{1}{13}\,\frac{1}{12^{13}}+\cdots.$$

原级数是交错级数，$|r_n|<u_{n+1}$，试算几项：

$$\frac{1}{5}\,\frac{1}{2^5}\approx 0.006\,25,\ \frac{1}{9}\,\frac{1}{2^9}\approx 0.000\,22,\ \frac{1}{13}\,\frac{1}{2^{13}}\approx 0.000\,009,$$

$$\int_0^{0.5}\frac{1}{1+x^4}\mathrm{d}x=\frac{1}{2}-0.006\,25+0.000\,22=0.493\,97\approx 0.494\,0.$$

*10. 利用被积函数的幂级数展开式求定积分$\int_0^{0.1}\cos\sqrt{t}\,\mathrm{d}t$ 的近似值（精确到 0.000 1）.

解　由　$\cos x=1-\frac{x^2}{2!}+\frac{x^4}{4!}-\cdots(-\infty,+\infty)$，

有　　$\cos\sqrt{t}=1-\frac{t}{2!}+\frac{t^2}{4!}-\cdots(-\infty,+\infty)$,

所以　$\int_0^{0.1}\cos\sqrt{t}\,dt\approx\int_0^{0.1}\left(1-\frac{t}{2!}+\frac{t^2}{4!}\right)dt$

$$=\left(t-\frac{t^2}{2!\cdot 2}+\frac{t^3}{4!\cdot 3}\right)\Big|_0^{0.1}=0.0975.$$

本章小结

一、本章知识点网络图

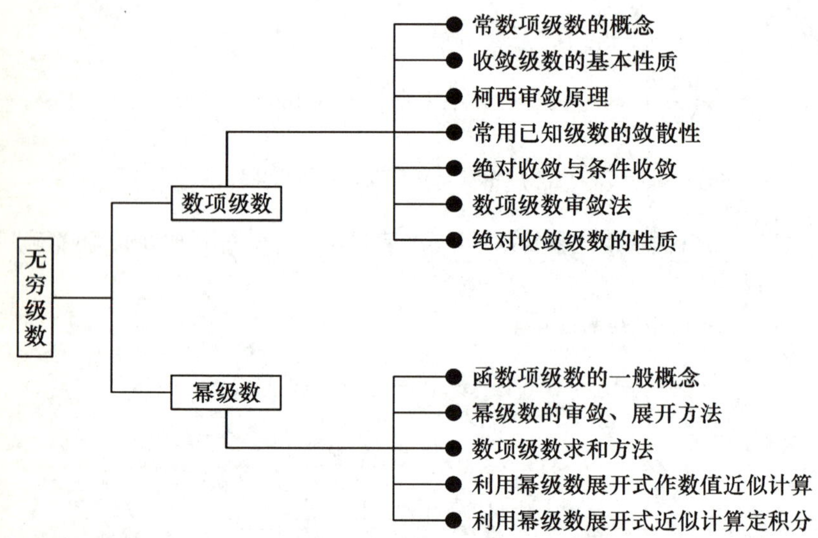

二、题型分析

题型 1　常数项级数

解题思路　(1) 利用级数收敛性的定义求和，通常采用拆项法，即将一般项拆成两项，使得在求部分和时消去中间项，仅剩下首尾两项，再求其极限即得到所求级数的和（见总习题七题 1 和题 2).

(2) 正项级数的审敛，主要方法有：a. 利用级数不满足收敛的必要条件判断级数发散；b. 比较判别法及其极限形式；c. 比值判别法；d. 根值判别法（如例 1，又见总习题七 4(4)(5)).

(3) 任意项级数的审敛，其基本步骤为：a. 先判断级数的绝对收敛性；

b. 若经判断所给级数非绝对收敛，但级数为交错级数，则用莱布尼茨判别法（如例 2）；c. 若所给级数不是交错级数或不能用莱布尼茨判别法判别（如通项不单调减少），可通过讨论其前 $2n$ 项与前 $2n+1$ 项部分和的极限是否相等来判断级数的敛散性（如例 3）；d. 利用级数的基本性质进行判别，如一级数加括号后发散，则原级数发散（如例 4）.

例 1 判断下列级数的敛散性：

(1) $\sum\limits_{n=1}^{\infty}\dfrac{n^{n+\frac{1}{n}}}{\left(n+\dfrac{1}{n}\right)^n}$.

解 $u_n=\dfrac{n^n\cdot n^{\frac{1}{n}}}{\left(n+\dfrac{1}{n}\right)^n}=\dfrac{n^{\frac{1}{n}}}{\left(1+\dfrac{1}{n^2}\right)^n}$,

$$\because\quad \lim_{n\to\infty}\left(1+\frac{1}{n^2}\right)^n=\lim_{n\to\infty}\left[\left(1+\frac{1}{n^2}\right)^{n^2}\right]^{\frac{1}{n}}=e^0=1,$$

$$\lim_{n\to\infty}n^{\frac{1}{n}}=\lim_{x\to\infty}x^{\frac{1}{x}}=\exp\left\{\lim_{x\to\infty}\frac{1}{x}\ln x\right\}=\exp\left\{\lim_{x\to\infty}\frac{1}{x}\right\}=e^0=1;$$

$$\therefore\quad \lim_{n\to\infty}u_n=1\neq 0,$$

根据级数收敛的必要条件，原级数发散.

(2) $\sum\limits_{n=1}^{\infty}n^3\left[\sqrt{2}+(-1)^n\right]^n/3^n$.

解 $0<n^3[\sqrt{2}+(-1)^n]^n/3^n\leqslant n^3(\sqrt{2}+1)^n/3^n$.

对于级数 $\sum\limits_{n=1}^{\infty}n^3(\sqrt{2}+1)^n/3^n$.

$$\because\quad \lim_{n\to\infty}\frac{u_{n+1}}{u_n}=\lim_{n\to\infty}\frac{\sqrt{2}+1}{3}\left(1+\frac{1}{n}\right)^3=\frac{\sqrt{2}+1}{3}<1$$

$\Rightarrow$ 级数 $\sum\limits_{n=1}^{\infty}n^3(\sqrt{2}+1)^n/3^n$ 收敛.

由比较判别法知，级数 $\sum\limits_{n=1}^{\infty}n^3[\sqrt{2}+(-1)^n]^n/3^n$ 也收敛.

(3) $\sum\limits_{n=1}^{\infty}\dfrac{n^{n-1}}{(2n^2+n+1)^{\frac{n+1}{2}}}$

解 因为 $\sqrt[n]{u_n}=\dfrac{n^{\frac{n-1}{n}}}{(2n^2+n+1)^{\frac{1}{2}+\frac{1}{2n}}}=\dfrac{n^{-\frac{1}{n}}}{n^{\frac{1}{n}}\left(2+\dfrac{1}{n}+\dfrac{1}{n^2}\right)^{\frac{1}{2}+\frac{1}{2n}}}$,

而

$$\lim_{n\to\infty} n^{\frac{1}{n}} = 1 = \lim_{n\to\infty} n^{-\frac{1}{n}}, \lim_{n\to\infty}\left(2+\frac{1}{n}+\frac{1}{n^2}\right)^{\frac{1}{2}} = \sqrt{2},$$

又

$$\sqrt[n]{2} < \sqrt[n]{2+\frac{1}{n}+\frac{1}{n^2}} < \sqrt[n]{3} (n > 1),$$

及　　$\lim\limits_{n\to\infty}\sqrt[n]{2} = 1 = \lim\limits_{n\to\infty}\sqrt[n]{3},$

$$\therefore \quad \lim_{n\to\infty}\left(2+\frac{1}{n}+\frac{1}{n^2}\right)^{\frac{1}{2n}} = \sqrt{1} = 1,$$

从而

$$\lim_{n\to\infty}\sqrt[n]{u_n} = \frac{1}{1\cdot\sqrt{2}\cdot 1} = \frac{1}{\sqrt{2}} < 1,$$

由根值法的极限形式知，题设级数收敛.

例 2　判断级数 $\sum\limits_{n=1}^{\infty}\frac{(-1)^n}{n-\ln n}$ 是否收敛？如果收敛，是条件收敛还是绝对收敛？

解　$\because \left|\frac{(-1)^n}{n-\ln n}\right| > \frac{1}{n}$，而 $\sum\limits_{n=1}^{\infty}\frac{1}{n}$ 发散，知原级数非绝对收敛. 又题设级数是交错级数，可用莱布尼茨定理判断.

$$\because \quad \lim_{n\to+\infty}\frac{\ln n}{n} = \lim_{n\to+\infty}\frac{\ln x}{x} = \lim_{n\to+\infty}\frac{1}{x} = 0,$$

$$\therefore \quad \lim_{n\to+\infty}\frac{1}{n-\ln n} = \lim_{n\to+\infty}\frac{1/n}{1-\ln n/n} = 0.$$

$$\because \quad f(x) = x - \ln x (x > 0),\ f'(x) = 1 - \frac{1}{x} > 0 \quad (x > 1)$$

$\Rightarrow f(x)$ 在 $(1, +\infty)$ 上单增，即 $\frac{1}{x-\ln x}$ 单减，

$\therefore$　$u_n = \frac{1}{n-\ln n}$ 当 $n > 1$ 时单减，即

$$u_n \geqslant u_{n+1} (n > 1),$$

所以此交错级数收敛，故原级数是条件收敛.

例 3　讨论级数 $1-\frac{1}{2^x}+\frac{1}{3}-\frac{1}{4^x}+\cdots+\frac{1}{2n-1}-\frac{1}{(2n)^x}+\cdots$ 在哪些 x 处收敛？在哪些 x 处发散？

解　(1) 当 $x = 1$ 时，原级数为

$$1-\frac{1}{2}+\frac{1}{3}-\frac{1}{4}+\cdots+\frac{1}{2n-1}-\frac{1}{2n}+\cdots,$$

这是莱布尼茨型交错级数，故收敛.

(2) 当 $x>1$ 时，

$$S_{2n}=\left(1+\frac{1}{3}+\frac{1}{5}+\cdots+\frac{1}{2n-1}\right)-\frac{1}{2^x}\left(1+\frac{1}{2^x}+\frac{1}{3^x}+\cdots+\frac{1}{n^x}\right),$$

当 $n\to\infty$ 时，前一括号 $\to+\infty$，后一括号 $\to$ 定值（$\because x>1$），故 $\lim\limits_{n\to\infty}S_{2n}=+\infty$，即级数发散.

(3) 当 $x<1$ 时，

$$S_{2n+1}=1-\left(\frac{1}{2^x}-\frac{1}{3}\right)-\left(\frac{1}{4^x}-\frac{1}{5}\right)-\cdots-\left(\frac{1}{(2n)^x}-\frac{1}{2n+1}\right),$$

由于 $x<1$，$\therefore S_{2n+1}$ 中 1 后各项均为负的.

考虑级数 $\sum\limits_{n=1}^{\infty}\left[\frac{1}{(2n)^x}-\frac{1}{2n+1}\right]$.

因为 $\lim\limits_{n\to\infty}\left[\frac{1}{(2n)^x}-\frac{1}{2n+1}\right]\Big/\frac{1}{n^x}=\lim\limits_{n\to\infty}\frac{(2n+1)-(2n)^x}{(2n+1)2^x}=\frac{1}{2^x}$，

而 $\sum\frac{1}{n^x}(x<1)$ 发散，故 $\lim\limits_{n\to\infty}S_{2n+1}=\infty$，即原级数发散.

综上所述，当 $x=1$ 时，级数收敛；$x\neq1$ 时，级数发散.

例 4 判别下列级数的敛散性：

$$\frac{1}{\sqrt{2}-1}-\frac{1}{\sqrt{2}+1}+\frac{1}{\sqrt{3}-1}-\frac{1}{\sqrt{3}+1}+\cdots+\frac{1}{\sqrt{n}-1}-\frac{1}{\sqrt{n}+1}+\cdots.$$

解 讨论加括号后的级数：

$$\left(\frac{1}{\sqrt{2}-1}-\frac{1}{\sqrt{2}+1}\right)+\left(\frac{1}{\sqrt{3}-1}-\frac{1}{\sqrt{3}+1}\right)+\cdots+\left(\frac{1}{\sqrt{n}-1}-\frac{1}{\sqrt{n}+1}\right)+\cdots$$

$$u_n=\frac{1}{\sqrt{n}-1}-\frac{1}{\sqrt{n}+1}=\frac{\sqrt{n}+1-(\sqrt{n}-1)}{(\sqrt{n}-1)(\sqrt{n}+1)}=\frac{2}{n-1},$$

因为 $\sum\limits_{n=2}^{\infty}\frac{2}{n-1}$ 发散，故原级数发散.

题型 2 函数项级数与幂级数的审敛

解题思路 (1) 求函数项级数 $\sum\limits_{n=1}^{\infty}u_n(x)$ 的收敛域，其主要方法是对其一般项 $|u_n(x)|$ 用比较判别法及其极限形式、根值判别法或比值判别法，例如，若

$$\lim_{n\to\infty}\sqrt[n]{u_n(x)}=\rho(x)\text{ 或}\lim_{n\to\infty}\frac{u_{n+1}(x)}{u(x)}=\rho(x),$$

则由不等式 $\rho(x)<1$ 可确定该级数的收敛区间，再讨论级数在该区间的端点的敛散性，写出级数的收敛域（如例 1 ～ 例 4）；

(2) 幂级数是函数项级数的特例，其各种情况均可仿照函数项级数收敛域的求法求之，而幂级数的收敛半径即为其收敛区间的一半，注意只有在幂级数 $\sum\limits_{n=1}^{\infty}a_nx^n$ 的所有系数 $a_n\neq 0$ 时，才可直接通过其系数求出幂级数的收敛半径（如例 5，见总习题七题 12).

例 1　讨论函数项级数 $\sum\limits_{n=1}^{\infty}\dfrac{x^ny^n}{x^n+y^n}(x>0,\ y>0)$ 的敛散性.

解　若 $x<1$，将原级数写成 $\sum\limits_{n=1}^{\infty}\dfrac{x^n}{1+\left(\dfrac{x}{y}\right)^n}$.

$\because$　$0<\dfrac{x^n}{1+\left(\dfrac{x}{y}\right)^n}\leqslant x^n$，而 $\sum\limits_{n=1}^{\infty}x^n$ 当 $|x|<1$ 时收敛，

$\therefore$　当 $0<x<1$ 时原级数绝对收敛.

同理，当 $0<y<1$ 时，原级数绝对收敛.

$\therefore$　当 $0<\min(x,\ y)<1$，原级数绝对收敛.

例 2　讨论函数项级数 $\sum\limits_{n=1}^{\infty}\dfrac{1}{(n^2+2n+3)^x}$ 的敛散性.

解　当 $x\leqslant 0$ 时，由 $\lim\limits_{n\to\infty}\dfrac{1}{(n^2+2n+3)^x}\neq 0$，原级数发散.

当 $x>0$ 时，

$$\frac{1}{(n^2+2n+3)^x}=\frac{1}{\left(1+\dfrac{2}{n}+\dfrac{3}{n^2}\right)^x n^{2x}}.$$

$$\because\quad \lim_{n\to\infty}\frac{\dfrac{1}{\left(1+\dfrac{2}{n}+\dfrac{3}{n^2}\right)^x n^{2x}}}{\dfrac{1}{n^{2x}}}=\lim_{n\to\infty}\frac{1}{\left(1+\dfrac{2}{n}+\dfrac{3}{n^2}\right)^x}=1,$$

$\therefore$　当 $2x>1$ 即 $x>1/2$ 时，原级数收敛；

当 $2x\leqslant 1$ 即 $0<x\leqslant 1/2$ 时，原级数发散.

故原级数的收敛域为 $(1/2,\ +\infty)$.

例 3 讨论函数项级数$\sum_{n=1}^{\infty}\frac{2^{-\sqrt{n}}}{n}\left(\frac{3+2x}{3-x}\right)^n$的敛散性.

解 令$y=\frac{3+2x}{3-x}$，则原级数变成$\sum_{n=1}^{\infty}\frac{2^{-\sqrt{n}}}{n}y^n$，易求出其收敛半径

$$R=\lim_{n\to\infty}\left|\frac{a_n}{a_{n+1}}\right|=\lim_{n\to\infty}\frac{2^{-\sqrt{n}}}{n}\cdot\frac{n+1}{2^{-\sqrt{n+1}}}=\lim_{n\to\infty}\frac{n+1}{n}\cdot 2^{\sqrt{n+1}-\sqrt{n}}$$

$$=\lim_{n\to\infty}\frac{n+1}{n}\cdot 2^{\frac{1}{\sqrt{n+1}+\sqrt{n}}}=1,$$

故幂级数$\sum_{n=1}^{\infty}\frac{2^{-\sqrt{n}}}{n}y^n$的收敛区间为$(-1, 1)$.

当$y=\pm 1$时，幂级数为$\sum_{n=1}^{\infty}(\pm 1)^n\frac{2^{-\sqrt{n}}}{n}$，取$v_n=\frac{1}{n^2}$,

$$\because\quad \lim_{n\to\infty}\frac{u_n}{v_n}=\lim_{n\to\infty}\frac{\frac{2^{-\sqrt{n}}}{n}}{\frac{1}{n^2}}=\lim_{n\to\infty}\frac{n}{2^{\sqrt{n}}}=0,$$

由比较判别法的极限形式知$\sum_{n=1}^{\infty}\frac{2^{-\sqrt{n}}}{n}$收敛，从而幂级数$\sum_{n=1}^{\infty}\frac{2^{-\sqrt{n}}}{n}y^n$的收敛域为$[-1, 1]$.

由满足不等式$-1\leqslant\frac{3+2x}{3-x}\leqslant 1$的所有$x$组成的全体即原级数的收敛域$[-6, 0]$.

例 4 讨论函数项级数$\sum_{n=1}^{\infty}\left(1+\frac{1}{n}\right)^{n^2}\left(\frac{1-x}{1+x}\right)^n$的敛散性.

解 用根值判别法：

$$\because\quad \lim_{n\to\infty}\sqrt[n]{|u_n|}=\lim_{n\to\infty}\left(1+\frac{1}{n}\right)^n\left|\frac{1-x}{1+x}\right|=\mathrm{e}\left|\frac{1-x}{1+x}\right|,$$

$\therefore$ 当$\mathrm{e}\left|\frac{1-x}{1+x}\right|<1$，即$x$在区间$\left(\frac{\mathrm{e}-1}{\mathrm{e}+1}, \frac{\mathrm{e}+1}{\mathrm{e}-1}\right)$内时，级数绝对收敛，在这个区间外级数发散.

当$\mathrm{e}\left|\frac{1-x}{1+x}\right|=1$时，

$$\because\left(1+\frac{1}{n}\right)^{n^2}\mathrm{e}^{-n}=\mathrm{e}^{n^2\ln(1+\frac{1}{n})-n}\to\mathrm{e}^0=1(n\to\infty),$$

$\therefore$ 级数发散.

例 5 求幂级数$\sum_{n=1}^{\infty}\left(1+\frac{1}{n}\right)^{n^2}\cdot x^n$的收敛区间.

解　$\because \sqrt[n]{\left|\left(1+\frac{1}{n}\right)^{n^2}\cdot x^n\right|}=\left(1+\frac{1}{n}\right)^n\cdot|x|\to \mathrm{e}|x|\ (n\to\infty)$，

由柯西判别法：

当 $\mathrm{e}|x|<1(|x|<1/\mathrm{e})$ 时，原级数绝对收敛.

当 $|x|>1/\mathrm{e}$ 时，原级数发散.

当 $|x|=1/\mathrm{e}$ 时，

$$\left(1+\frac{1}{n}\right)^{n^2}\cdot x^n=\frac{\left[\left(1+\frac{1}{n}\right)^n\right]^n}{\mathrm{e}^n}\to 1,$$

由级数收敛的必要条件知，此时原级数发散.

故所求幂级数的收敛区间为 $(-1/\mathrm{e},\ 1/\mathrm{e})$.

题型 3　幂级数求和与作幂级数展开

解题思路　(1) 求幂级数的和函数：利用逐项求导、逐项积分，以及四则运算和复合运算等手段，将其化为常见已知和函数的幂级数（尤其是几何级数）的某种形式，求出此新级数的和函数，再对得到的和函数作与上述运算相反的运算，则得到所求幂级数的和函数. 求幂级数的和函数时，常常不必先求原幂级数的收敛区间，而是通过求转化后简单幂级数的收敛区间得到原幂级数的和函数的收敛区间（如例 1).

(2) 利用幂级数求数项级数的和：常利用阿贝尔方法（构造幂级数法）（见总习题七题 19，又如例 2).

(3) 求函数的幂级数展开式：有直接法与间接法，一般采用间接展开法，与幂级数求和类似，利用逐项求导、逐项积分，以及四则运算和复合运算等手段，利用常见已知函数的幂级数（尤其是几何级数）展开式，得到所求函数的展开式（见总习题七题 14，15，又如例 3，4).

例 1　求幂级数的和函数：$\sum\limits_{n=1}^{\infty}\frac{x^n}{n(n+1)}$.

解　设和函数为 $s(x)$，

$\because\quad \lim\limits_{n\to\infty}\frac{a_{n+1}}{a_n}=\lim\limits_{n\to\infty}\frac{n(n+1)}{(n+1)(n+2)}=1$，且 $x=\pm 1$ 时，原级数均收敛.

$\therefore\quad s(x)=\sum\limits_{n=1}^{\infty}\frac{x^n}{n(n+1)},\ x\in[-1,\ 1]$ 且 $s(0)=0$.

$$xs(x)=\sum_{n=1}^{\infty}\frac{x^{n+1}}{n(n+1)},\ x\in[-1,\ 1].$$

由幂级数的逐项求导性知，

$$[xs(x)]' = \sum_{n=1}^{\infty} \frac{x^n}{n},\ x \in (-1, 1),$$

$$[xs(x)]'' = \sum_{n=1}^{\infty} x^{n-1} = \frac{1}{1-x},\ x \in (-1, 1),$$

从而

$$[xs(x)]' = \int_0^x \frac{1}{1-x}\mathrm{d}x = -\ln(1-x),$$

$$\begin{aligned} xs(x) &= -\int_0^x \ln(1-x)\mathrm{d}x = \int_0^x \ln(1-x)\mathrm{d}(1-x) \\ &= (1-x)\ln(1-x) + x. \end{aligned}$$

所以当 $x \neq 0$ 时，

$$s(x) = 1 + \frac{1-x}{x}\ln(1-x),\ x \in (-1, 1),\ 且\ x \neq 0,$$

容易验证，上式右端函数在 $x = -1$ 处右连续，在 $x = 1$ 处左连续. 故所求和函数为

$$s(x) = \begin{cases} 1 + \dfrac{1-x}{x}\ln(1-x), & x \in (-1, 1)\ 且\ x \neq 0 \\ 0, & x = 0 \end{cases}.$$

例 2 利用幂级数求数项级数 $\sum_{n=0}^{\infty} (-1)^n \frac{n^2 - n + 1}{2^n}$ 的和.

解 $S = \sum_{n=0}^{\infty} (-1)^n \frac{n^2 - n + 1}{2^n} = \sum_{n=0}^{\infty} (-1)^n \frac{n(n-1)}{2^n} + \sum_{n=0}^{\infty} (-1)^n \frac{1}{2^n}$
$= S_1 + S_2.$

S_2 为几何级数，其和为 $2/3$，S_1 可看作幂级数

$$\sum_{n=0}^{\infty} (-1)^n n(n-1)x^n$$

在 $x = 1/2$ 处的值，记

$$S_1(x) = \sum_{n=0}^{\infty} (-1)^n n(n-1)x^n = x^2 \sum_{n=2}^{\infty} (-1)^n n(n-1)x^{n-2} = x^2 \varphi(x).$$

为求函数 $\varphi(x)$，可进行两次逐项积分，即

$$\begin{aligned} \int_0^x \mathrm{d}v \int_0^v \varphi(u)\mathrm{d}u &= \int_0^x \mathrm{d}v \int_0^v \sum_{n=2}^{\infty} (-1)^n n(n-1)u^{n-2}\mathrm{d}u \\ &= \int_0^x \sum_{n=2}^{\infty} (-1)^n n v^{n-1}\mathrm{d}v = \sum_{n=2}^{\infty} (-1)^n x^n = \frac{x^2}{1+x} \end{aligned}$$

$$=x-1+\frac{1}{1+x},-1<x<1.$$

再经过两次求导，即得

$$\varphi(x)=\frac{2}{(1+x)^3}\Rightarrow S_1(x)=\frac{2x^2}{(1+x)^3}.$$

故

$$S_1=S_1\left(\frac{1}{2}\right)=\frac{4}{27},$$

从而

$$S=S_1+S_2=\frac{4}{27}+\frac{2}{3}=\frac{22}{27}.$$

例3　将函数 $\arcsin x$ 展开成 x 的幂级数.

解　在二项展开式 $(1+x)^m$ 中，当 $m=-\frac{1}{2}$ 时，有

$$\frac{1}{\sqrt{1+x}}=1-\frac{1}{2}x+\frac{1\cdot 3}{2\cdot 4}x^2-\frac{1\cdot 3\cdot 5}{2\cdot 4\cdot 6}x^3+\cdots,\ x\in(-1,\ 1].$$

令 $x=-t^2$，得到

$$\frac{1}{\sqrt{1-t^2}}=1+\frac{1}{2}t^2+\frac{1\cdot 3}{2\cdot 4}t^4+\frac{1\cdot 3\cdot 5}{2\cdot 4\cdot 6}t^6+\cdots,\ t\in(-1,\ 1).$$

从0到 x 逐项积分

$$\arcsin x=x+\frac{1}{2}\ \frac{x^3}{3}+\frac{1\cdot 3}{2\cdot 4}\ \frac{x^5}{5}+\frac{1\cdot 3\cdot 5}{2\cdot 4\cdot 6}\ \frac{x^7}{7}+\cdots,$$

即

$$\arcsin x=\sum_{n=0}^{\infty}\frac{(2n)!}{(2^n n!)^2}\cdot\frac{x^{2n+1}}{2n+1},\ x\in(-1,\ 1).$$

或　$$\arcsin x=\sum_{n=0}^{\infty}\frac{2(2n)!}{(n!)^2(2n+1)}\left(\frac{x}{2}\right)^{2n+1},\ x\in(-1,1).$$

当 $x=\pm 1$ 时，上式仍成立，此需要用比值判别法判别.

例4　将函数 $f(x)=\frac{1}{4}\ln\frac{1-x}{1+x}+\frac{1}{2}\arctan x-x$ 展开成 x 的幂级数.

解　因 $f'(x)=\frac{1}{4}\left(\frac{1}{1+x}+\frac{1}{1-x}\right)+\frac{1}{2}\ \frac{1}{1+x^2}-1$

$$=\frac{1}{1-x^4}-1=\sum_{n=1}^{\infty}x^{4n}\quad(-1<x<1),$$

且 $f(0)=0$，故

$$f(x)=f(x)-f(0)=\int_0^x f'(t)\mathrm{d}t=\int_0^x\Big(\sum_{n=1}^{\infty}t^{4n}\Big)\mathrm{d}t$$

$$=\sum_{n=1}^{\infty}\frac{x^{4n+1}}{4n+1}(-1<x<1).$$

题型 4　证明题与综合题

解题思路　(1) 有关级数收敛性的证明题：此类题目主要利用级数的收敛性定义与比较审敛法来证明（见总习题七题 23，又如例 1），此类问题的综合性强，常需结合其他知识应用解决（见总习题七题 11，题 24）.

(2) 求极限：a. 利用级数收敛的必要条件，

$$\sum_{n=1}^{\infty}u_n\text{ 收敛}\Rightarrow\lim_{n\to\infty}u_n=0\text{（见总习题七题 6）；}$$

b. 求无穷和式的极限（见总习题七题 25）.

(3) 利用幂级数展开式求函数的高阶导数：常通过间接法将所给函数展开为幂级数，则展开式中 $(x-x_0)^n$ 的系数为$\dfrac{f^{(n)}(x_0)}{n!}$，由此可求得所给函数的导数（见总习题七题 26）.

(4) 证明函数不能展开成幂级数，常用反证法（如例 2）.

例 1　设 $\lim\limits_{n\to\infty}n^p u_n=A$，证明：

(1) 当 $p>1$ 时，$\sum\limits_{k=1}^{n}u_n$ 能否收敛？

证　$\because\lim\limits_{n\to\infty}n^p u_n=A$，$\therefore\exists N>0$.

当 $n>N$ 时，$n^p\mid u_n\mid<\mid A\mid+1$，从而 $\mid u_n\mid<\dfrac{\mid A\mid+1}{n^p}(n>N)$；

当 $p>1$ 时，由 $\sum\limits_{n=1}^{\infty}\dfrac{1}{n^p}$ 及 $\sum\limits_{n=1}^{\infty}\dfrac{\mid A\mid+1}{n^p}=(\mid A\mid+1)\sum\limits_{n=1}^{\infty}\dfrac{1}{n^p}$ 收敛和比较法 $\Rightarrow\sum\limits_{n=1}^{\infty}\mid u_n\mid$ 收敛，即 $\sum\limits_{n=1}^{\infty}u_n$ 绝对收敛.

(2) 当 $p=1$ 且 $A\neq0$ 时，$\sum\limits_{k=1}^{n}u_n$ 发散；

证　$p=1$ 时，先设 $A>0$，由 $\lim\limits_{n\to\infty}nu_n=A$，$\exists N>0$，当 $n>N$ 时，有 $nu_n>$

$\frac{A}{2} \Rightarrow u_n > \frac{A}{2n} > 0$，由 $\sum_{n=1}^{\infty} \frac{1}{n}$ 及 $\sum_{n=N+1}^{\infty} \frac{A}{2n}$ 发散，知此时正项级数 $\sum_{n=N+1}^{\infty} u_n$ 发散，从而级数 $\sum_{n=1}^{\infty} u_n$ 发散.

再设 $A < 0$，由 $\lim_{n\to\infty} n(-u_n) = -A > 0 \Rightarrow \sum_{n=1}^{\infty}(-u_n)$ 发散，从而 $\sum_{n=1}^{\infty} u_n$ 也发散.

(3) 当 $p = 1$ 且 $A = 0$ 时，$\sum_{n=1}^{\infty} u_n$ 能否收敛？

证　有可能收敛. 例如：取 $p = 1$，$u_n = \frac{1}{n^2}$，有

$$\lim_{n\to\infty} nu_n = \lim_{n\to\infty} n \cdot \frac{1}{n^2} = 0,$$

但 $\sum_{n=1}^{\infty} \frac{1}{n^2}$ 是收敛的.

又如：取 $p = 1$，$u_n = \frac{1}{n\ln n}$，有

$$\lim_{n\to\infty} nu_n = \lim_{n\to\infty} \frac{1}{\ln n} = 0,$$

而 $\sum_{n=1}^{\infty} \frac{1}{n\ln n}$ 是发散的.

例 2　证明函数 $f(x) = \begin{cases} e^{-\frac{1}{x^2}}, & x \neq 0 \\ 0, & x = 0 \end{cases}$ 在任何区间 $(-R, R)$，$(R > 0)$ 上不能展开成幂级数 $\sum_{n=0}^{\infty} a_n x^n$.

证　用反证法. 设存在 $R > 0$，当 $x \in (-R, R)$ 时，

$$f(x) = \sum_{n=1}^{\infty} a_n x^n,$$

则系数 a_n 应为

$$a_n = \frac{f^{(n)}(0)}{n!},\ n = 0, 1, 2\cdots.$$

下面用归纳法求 a_n.

$$a_0 = f(0) = 0,$$

$$a_1 = f'(0) = (e^{-1/x^2})'\big|_{x=0} = 0,$$

由归纳法易得到

$$a_n = \frac{f^{(n)}(0)}{n!} = 0(n = 0, 1, 2, \cdots),$$

则 $f(x)$ 在 $x = 0$ 处有展开式

$$f(x) = \sum_{n=1}^{\infty} a_n x^n = \sum_{n=1}^{\infty} \frac{f^{(n)}(0)}{n!} x^n = 0, x \in (-R, R),$$

这显然与 $f(x)$ 的定义式相矛盾，从而原命题成立.

证毕.

三、总习题七解答

1. 求级数 $\sum_{n=1}^{\infty} \frac{1}{\sqrt{n(n+1)}(\sqrt{n}+\sqrt{n+1})}$ 的和.

解 $$u_n = \frac{1}{\sqrt{n(n+1)}} \cdot \frac{\sqrt{n+1}-\sqrt{n}}{(\sqrt{n}+\sqrt{n+1})(\sqrt{n+1}-\sqrt{n})}$$

$$= \frac{\sqrt{n+1}-\sqrt{n}}{\sqrt{n(n+1)}} = \frac{1}{\sqrt{n}} - \frac{1}{\sqrt{n+1}},$$

$$S_n = \left(1-\frac{1}{\sqrt{2}}\right)+\left(\frac{1}{\sqrt{2}}-\frac{1}{\sqrt{3}}\right)+\left(\frac{1}{\sqrt{3}}-\frac{1}{\sqrt{4}}\right)+\cdots+\left(\frac{1}{\sqrt{n}}-\frac{1}{\sqrt{n+1}}\right)$$

$$= 1 - \frac{1}{\sqrt{n+1}} \to 1\ (n \to \infty),$$

故 $$\sum_{n=1}^{\infty} \frac{1}{\sqrt{n(n+1)}(\sqrt{n}+\sqrt{n+1})} = 1.$$

2. 求级数 $\frac{1}{3} + \frac{3}{3^2} + \frac{5}{3^3} + \cdots + \frac{2n-1}{3^n} + \cdots$ 之和.

解 $$\because \frac{2n-1}{3^n} = \frac{3n-(n+1)}{3^n} = \frac{n}{3^{n-1}} - \frac{n+1}{3^n},$$

$$\therefore\ s_n = \left(1-\frac{2}{3}\right)+\left(\frac{2}{3}-\frac{3}{3^2}\right)+\cdots+\left(\frac{n}{3^{n-1}}-\frac{n+1}{3^n}\right) = 1-\frac{n+1}{3^n},$$

从而 $$s = \lim_{n\to\infty} s_n = \lim_{n\to\infty}\left(1-\frac{n+1}{3^n}\right) = 1.$$

3. 已知 $\lim_{n\to\infty} nu_n = 0$，级数 $\sum_{n=1}^{\infty}(n+1)(u_{n+1}-u_n)$ 收敛，证明级数 $\sum_{n=1}^{\infty} u_n$ 也收敛.

证　$\because \sum_{n=1}^{\infty}(n+1)(u_{n+1}-u_n)$ 收敛，故其前 n 项部分和 δ_n 的极限存在，设 $\lim_{n\to\infty}\delta_n = A$.

$$\begin{aligned}\delta_n &= 2(u_2-u_1)+3(u_3-u_2)+\cdots+(n+1)(u_{n+1}-u_n)\\ &=-2u_1-u_2-u_3-\cdots-u_n+(n+1)u_{n+1}\\ &=-u_1+(n+1)u_{n+1}-(u_1+u_2+\cdots+u_n)\\ &=-u_1+(n+1)u_{n+1}-S_n.\end{aligned}$$

其中 S_n 是级数 $\sum_{n=1}^{\infty}u_n$ 的前 n 项部分和，

$$\lim_{n\to\infty}\delta_n = \lim_{n\to\infty}[-u_1+(n+1)u_{n+1}-S_n] \Rightarrow A=-u_1+0-\lim_{n\to\infty}S_n$$
$$\Rightarrow \lim_{n\to\infty}S_n=-u_1-A,$$

故级数 $\sum_{n=1}^{\infty}u_n$ 收敛，其和为 $-u_1-A$，证毕.

4. 判断下列级数的收敛性：

(1) $\sum_{n=1}^{\infty}(\sqrt[n]{a}-1)(a\geqslant 1)$.

解　$\because u_n=\sqrt[n]{a}-1$,

当 $a=1$ 时，原级数为 $\sum_{n=1}^{\infty}0$ 收敛于 0.

当 $a>1$ 时，$\lim_{n\to\infty}\dfrac{u_n}{\frac{1}{n}}=\lim_{n\to\infty}\dfrac{a^{\frac{1}{n}}-1}{\frac{1}{n}}=\ln a>0$.

(利用等价无穷小知：$a^x-1\sim x\ln a(x\to 0)$.)

而 $\sum_{n=1}^{\infty}\dfrac{1}{n}$ 发散.

$\therefore$　原级数发散.

(2) $\sum_{n=1}^{\infty}\dfrac{2^n\cdot n!}{n^n}$.

解　通项 $u_n=\dfrac{2^n\cdot n!}{n^n}$，利用比值判别法，有

$$\lim_{n\to\infty}\frac{u_{n+1}}{u_n}=\lim_{n\to\infty}\left[\frac{\dfrac{2^{n+1}\cdot(n+1)!}{(n+1)^{n+1}}}{\dfrac{2^n\cdot n!}{n^n}}\right]$$

$$=\lim_{n\to\infty}\left[2\left(\frac{n}{n+1}\right)^n\right]=\frac{2\lim\limits_{n\to\infty}1}{\left(1+\frac{1}{n}\right)^n}=\frac{2}{e}<1.$$

故原级数收敛.

(3) $\sum\limits_{n=1}^{\infty} n\tan\frac{\pi}{2^{n+1}}$.

解 $$\lim_{n\to\infty}\frac{u_{n+1}}{u_n}=\lim_{n\to\infty}\left[\frac{(n+1)\tan\frac{\pi}{2^{n+2}}}{\left(n\tan\frac{\pi}{2^{n+1}}\right)}\right]$$

$$=\lim_{n\to\infty}\left[\frac{n+1}{n}\cdot\left(\frac{\frac{\pi}{2^{n+2}}}{\frac{\pi}{2^{n+1}}}\right)\right]=1\cdot\frac{1}{2}<1,$$

故该级数收敛.

(4) $\sum\limits_{n=1}^{\infty}\frac{(n!)^2}{2n^2}$.

解 $\because u_n=\frac{(n!)^2}{2n^2}=\frac{1}{2}\left(\frac{n!}{n}\right)^2=\frac{1}{2}[(n-1)!]^2\not\to 0\quad(n\to\infty)$,

$\therefore\ \sum\limits_{n=1}^{\infty}\frac{(n!)^2}{2n^2}$ 发散.

(5) $\sum\limits_{n=1}^{\infty}\frac{[(n+1)!]^n}{2!4!\cdots(2n)!}$.

解 $$\because\ \frac{u_{n+1}}{u_n}=\frac{\frac{[(n+2)!]^{n+1}}{2!4!\cdots(2n+2)!}}{\left\{\frac{[(n+1)!]^n}{2!4!\cdots(2n)!}\right\}}$$

$$=\frac{(n+2)^n}{(n+3)(n+4)\cdots(2n+2)}<\left(\frac{n+2}{n+3}\right)^n,$$

而 $$\lim_{n\to+\infty}\left(\frac{n+2}{n+3}\right)^n=\lim_{n\to+\infty}\left\{\left[1-\frac{1}{n+3}\right]^{-(n+3)}\right\}^{-\frac{n}{n+3}}=e^{-1},$$

$\therefore\ \lim\limits_{n\to+\infty}\frac{u_{n+1}}{u_n}<\frac{1}{e}<1$,

由比值法的极限形式，知题设级数收敛.

(6) $\sum\limits_{n=1}^{\infty}\frac{n^2}{\left(n+\frac{1}{n}\right)^n}$.

解 因为

$$\lim_{n\to\infty}\sqrt[n]{u_n}=\lim_{n\to\infty}\frac{\sqrt[n]{n^2}}{n+\frac{1}{n}}=0,$$

所以题设级数收敛.

5. 证明：$\lim\limits_{n\to\infty}\frac{n^n}{(n!)^2}=0$.

证　考虑级数$\sum\limits_{n=1}^{\infty}\frac{n}{(n!)^2}$，其一般项 $u_n=\frac{n^n}{(n!)^2}$，

∵ $$\lim_{n\to\infty}\frac{u_{n+1}}{u_n}=\lim_{n\to\infty}\frac{(n+1)^{n+1}}{[(n+1)!]^2}\cdot\frac{(n!)^2}{n^n}=\lim_{n\to\infty}\frac{1}{n+1}\left(1+\frac{1}{n}\right)^n=0\cdot \mathrm{e}=0<1,$$

∴ 级数$\sum\limits_{n=1}^{\infty}\frac{n^n}{(n!)^2}$收敛，由级数收敛的必要条件知，其一般项的极限收敛于零，即

$$\lim_{n\to\infty}\frac{n^n}{(n!)^2}=0.$$

6. 求极限$\lim\limits_{n\to\infty}\frac{(a+1)(2a+1)\cdots(na+1)}{(b+1)(2b+1)\cdots(nb+1)}, b>a>0$.

解　作数项级数

$$\sum_{n=1}^{\infty}\frac{(a+1)(2a+1)\cdots(na+1)}{(b+1)(2b+1)\cdots(nb+1)}, \tag{①}$$

∵ $$\begin{aligned}\lim_{n\to\infty}\frac{u_{n+1}}{u_n}&=\lim_{n\to\infty}\frac{(a+1)(2a+1)\cdots(na+1)[(n+1)a+1]}{(b+1)(2b+1)\cdots(nb+1)[(n+1)b+1]}\\&\quad\cdot\frac{(b+1)(2b+1)\cdots(nb+1)}{(a+1)(2a+1)\cdots(na+1)}\\&=\lim_{n\to\infty}\frac{(n+1)a+1}{(n+1)b+1}=\frac{a}{b}<1.\end{aligned}$$

∴ 级数 ① 收敛.

故 $$\lim_{n\to\infty}\frac{(a+1)(2a+1)\cdots(na+1)}{(b+1)(2b+1)\cdots(nb+1)}=0\quad(b>a>0).$$

7. 讨论级数$\sum\limits_{n=1}^{\infty}\frac{\sqrt{n+2}-\sqrt{n-2}}{n^a}$的收敛性.

解　∵ $$\begin{aligned}\frac{\sqrt{n+2}-\sqrt{n-2}}{n^a}&=\frac{\sqrt{n+2}-\sqrt{n-2}}{n^a}\cdot\frac{\sqrt{n+2}+\sqrt{n-2}}{\sqrt{n+2}+\sqrt{n-2}}\\&=\frac{4}{n^a(\sqrt{n+2}+\sqrt{n-2})}\sim\frac{1}{n^a(2\sqrt{n})}=\frac{1}{2n^{a+1/2}},\end{aligned}$$

与 p－级数比较，可见当 $a > \dfrac{1}{2}$ 时，原级数收敛；当 $a \leqslant \dfrac{1}{2}$ 时，原级数发散.

8. 设数列 $S_1 = 1, S_2, S_3, \cdots$，由公式 $2S_{n+1} = S_n + \sqrt{S_n^2 + u_n}$ 决定，其中 u_n 是正项级数 $u_1 + u_2 + \cdots + u_n + \cdots$ 的一般项，且 $u_n > 0$，证明：级数 $\sum\limits_{n=1}^{\infty} u_n$ 收敛的充分必要条件是数列 $\{S_n\}$ 也收敛.

证 由 $2S_{n+1} = S_n + \sqrt{S_n^2 + u_n}$，$S_1 = 1$，及 $u_n > 0$，用归纳法可证得 $S_n > 1$，同时也可得到 $S_{n+1}(S_{n+1} - S_n) = \dfrac{u_n}{4}$. 从而有

$$S_{n+1} > S_n > 1,\ S_{n+1}^2 - S_n^2 = (S_{n+1} + S_n)(S_{n+1} - S_n) > S_{n+1}(S_{n+1} - S_n)$$

这样就有 $\quad 0 < (S_{n+1} - S_n) < \dfrac{u_n}{4} < (S_{n+1}^2 - S_n^2)$.

必要性 由 $\sum\limits_{n=1}^{\infty} u_n$ 收敛，推知 $\sum\limits_{n=1}^{\infty} \dfrac{u_n}{4}$ 收敛，根据比较判别法，级数 $\sum\limits_{n=1}^{\infty}(S_{n+1} - S_n)$ 收敛，故其第 n 部分和 δ_n 极限存在，记 $\lim\limits_{n\to\infty}\delta_n = A$，又

$$\delta_n = (S_2 - S_1) + (S_3 - S_2) + \cdots + (S_{n+1} - S_n) = S_{n+1} - S_1.$$

所以 $\lim\limits_{n\to\infty}\delta_n = \lim\limits_{n\to\infty}(S_{n+1} - S_1)$（因 $S_1 = 1$），$\lim\limits_{n\to\infty} S_{n+1} = A + 1$，即数列 $\{S_n\}$ 收敛.

充分性 由数列 $\{S_n\}$ 收敛，记 $\lim\limits_{n\to\infty} S_n = B$，级数 $\sum\limits_{n=1}^{\infty}(S_{n+1}^2 - S_n^2)$ 的第 n 部分和为 v_n，则

$$v_n = (S_2^2 - S_1^2) + (S_3^2 - S_2^2) + \cdots + (S_{n+1}^2 - S_n^2) = S_{n+1}^2 - S_1^2,$$

$$\lim_{n\to\infty} v_n = \lim_{n\to\infty}(S_{n+1}^2 - 1) = B^2 - 1,$$

所以级数 $\sum\limits_{n=1}^{\infty}(S_{n+1}^2 - S_n^2)$ 收敛. 由比较判别法，正项级数 $\sum\limits_{n=1}^{\infty} \dfrac{u_n}{4}$ 收敛 $\left(\text{由条件有 } 0 < \dfrac{u_n}{4} < (S_{n+1}^2 - S_n^2)\right)$，从而 $\sum\limits_{n=1}^{\infty} u_n$ 也收敛.

9. 判别下列级数的收敛性，若收敛，是条件收敛还是绝对收敛？

(1) $\sum\limits_{n=1}^{\infty} \dfrac{(-1)^{n-1}}{\ln(1+n)}$.

解 先考虑绝对值级数 $\sum\limits_{n=1}^{\infty} \dfrac{1}{\ln(1+n)}$，

$\because \quad \dfrac{1}{\ln(1+n)} > \dfrac{1}{1+n}$，$\lim\limits_{n\to\infty} \dfrac{n}{1+n} = 1 \Rightarrow \sum\limits_{n=1}^{\infty} \dfrac{1}{1+n}$ 发散 $\Rightarrow \sum\limits_{n=1}^{\infty} \dfrac{1}{\ln(1+n)}$ 发散，故原级数非绝对收敛. 但

$$u_n=\frac{1}{\ln(1+n)}>\frac{1}{\ln(2+n)}=u_{n+1},\ \lim_{n\to\infty}\frac{1}{\ln(1+n)}=0,$$

故原级数条件收敛.

(2) $\sum\limits_{n=1}^{\infty}(-1)^{n+1}\frac{2^{n^2}}{n!}$.

解　先考察其绝对收敛性，

$$\because\quad |u_n|=\frac{2^{n^2}}{n!}=\frac{(2^n)^n}{n!}=\frac{[(1+1)^n]^n}{n!}>\frac{(1+n)^n}{n!}>\frac{n^n}{n!}$$

$$=\frac{n\cdot n\cdot\cdots\cdot n}{n(n-1)\cdots 2\cdot 1}>1$$

$$\Rightarrow \lim_{n\to\infty}u_n\neq 0.$$

故原级数发散.

(3) $\sum\limits_{n=1}^{\infty}(-1)^{n+1}\frac{(n+1)^n}{2n^{n+1}}$.

解　记 $u_n=\frac{(n+1)^n}{2n^{n+1}}$, $n=1, 2, \cdots$

① $\because \lim\limits_{n\to\infty}\frac{u_n}{1/n}=\lim\limits_{n\to\infty}\frac{1}{2}\left(1+\frac{1}{n}\right)^n=\frac{e}{2}$,

而$\sum\limits_{n=1}^{\infty}\frac{1}{n}$ 发散，故$\sum\limits_{n=1}^{\infty}u_n$ 发散，即原级数不是绝对收敛的.

② $\because \frac{u_{n+1}}{u_n}=\left(\frac{n}{n+1}\right)^{n+1}\left(\frac{n+2}{n+1}\right)^{n+1}=\left(\frac{n^2+2n}{n^2+2n+1}\right)^{n+1}<1$,

$\therefore$　$u_n>u_{n+1}$，且$\lim\limits_{n\to\infty}u_n=\lim\limits_{n\to\infty}\left[\frac{1}{2n}\left(1+\frac{1}{n}\right)^n\right]=0$,

故原级数收敛，由 ①② 知，原级数条件收敛.

10. 设 $|a_n|\leqslant 1(n=1, 2, 3, \cdots)$, $|a_n-a_{n-1}|\leqslant\frac{1}{4}|a_{n-1}^2-a_{n-2}^2|$ $(n=3, 4, 5, \cdots)$，证明：

(1) 级数$\sum\limits_{n=2}^{\infty}(a_n-a_{n-1})$ 绝对收敛；

(2) 数列 $\{a_n\}$ 收敛.

证　(1) 因为

$$|a_n-a_{n-1}|\leqslant\frac{1}{4}|a_{n-1}-a_{n-2}|\cdot|a_{n-1}-a_{n-2}|\leqslant\frac{1}{2}|a_{n-1}-a_{n-2}|,$$

所以　$|a_n-a_{n-1}|\leqslant\frac{1}{2}|a_{n-1}-a_{n-2}|\leqslant\frac{1}{2^2}|a_{n-2}-a_{n-3}|\leqslant\cdots$

$$\leqslant \frac{1}{2^{n-2}}\mid a_2-a_1\mid\leqslant\frac{1}{2^{n-3}},$$

即 $$\mid a_n-a_{n-1}\mid\leqslant\frac{1}{2^{n-3}}.$$

由于$\sum\limits_{n=3}^{\infty}\frac{1}{2^{n-3}}$收敛，由比较法知，$\sum\limits_{n=2}^{\infty}\mid a_n-a_{n-1}\mid$收敛，所以$\sum\limits_{n=2}^{\infty}(a_n-a_{n-1})$绝对收敛.

(2) 因为

$$a_n=a_n-a_{n-1}+a_{n-1}-a_{n-2}+\cdots+(a_2-a_1)+a_1=\sum_{n=2}^{\infty}(a_k-a_{k-1})+a_1,$$

由于级数$\sum\limits_{n=2}^{\infty}(a_n-a_{n-1})$收敛，设$S=\sum\limits_{n=2}^{\infty}(a_n-a_{n-1})$，则$\lim\limits_{n\to\infty}a_n=S+a_1$，所以$\{a_n\}$收敛.

11. 设$f(x)$在$x=0$的某一邻域具有二阶连续导数，且$\lim\limits_{x\to 0}\frac{f(x)}{x}=0$，试证明：级数$\sum\limits_{n=1}^{\infty}\sqrt{n}f\left(\frac{1}{n}\right)$绝对收敛.

证 $\lim\limits_{x\to 0}\frac{f(x)}{x}=0$，$f(0)=0$，$f'(0)=\lim\limits_{x\to 0}\frac{f(x)-f(0)}{x-0}=0$，

所以$f'(0)=0$，$\sum\limits_{n=1}^{\infty}\sqrt{nf}\left(\frac{1}{n}\right)$与$\sum\limits_{n=1}^{\infty}\frac{1}{n^{3/2}}$比较，

$$\lim_{n\to\infty}\left|\frac{\sqrt{n}f\left(\frac{1}{n}\right)}{\frac{1}{n^{3/2}}}\right|=\lim_{n\to\infty}\frac{f\left(\frac{1}{n}\right)}{\frac{1}{n^2}}.$$

设$x=\frac{1}{n}$，则

$$\lim_{x\to 0}\frac{f(x)}{x^2}=\lim_{x\to 0}\frac{f'(x)}{2x}=\lim_{x\to 0}\frac{f''(x)}{2}=\frac{1}{2}f''(0),$$

所以 $$\lim_{n\to\infty}\frac{\sqrt{n}f\left(\frac{1}{n}\right)}{\frac{1}{n^{3/2}}}=\frac{1}{2}f''(0).$$

因为$\sum\limits_{n=1}^{\infty}\frac{1}{n^{3/2}}$收敛，所以$\sum\limits_{n=1}^{\infty}\sqrt{n}f\left(\frac{1}{n}\right)$绝对收敛.

12. 求下列幂级数的收敛区间：

(1) $\sum\limits_{n=1}^{\infty} n!\left(\frac{x}{n}\right)^n$.

解　$R=\lim\limits_{n\to\infty}\left|\frac{a_n}{a_{n+1}}\right|=\lim\limits_{n\to\infty}\frac{n!}{n^n}\cdot\frac{(n+1)^{n+1}}{(n+1)!}=\lim\limits_{n\to\infty}\left(1+\frac{1}{n}\right)^n=\mathrm{e}$,

当 $x=-\mathrm{e}$ 时，级数成为 $\sum\limits_{n=1}^{\infty}(-1)^n\frac{n!\mathrm{e}^n}{n^n}$，这是交错级数，其中 $u_n=\frac{n!\mathrm{e}^n}{n^n}$，

$\because$　$\frac{u_{n+1}}{u_n}=\frac{\mathrm{e}}{\left(1+\frac{1}{n}\right)^n}>1$,

所以 $\lim\limits_{n\to\infty}u_n\neq 0$，故级数发散.

当 $x=\mathrm{e}$ 时，级数成为 $\sum\limits_{n=1}^{\infty}\frac{n!\mathrm{e}^n}{n^n}$，显然发散.

故所给幂级数的收敛半径 $R=\mathrm{e}$，收敛区间为 $(-\mathrm{e},\mathrm{e})$.

(2) $\sum\limits_{n=1}^{\infty}\frac{n}{2^n}x^{2n}$.

解　$\because \lim\limits_{n\to\infty}\left|\frac{\frac{n+1}{2^{n+1}}x^{2(n+1)}}{\frac{n}{2^n}x^{2n}}\right|=\lim\limits_{n\to\infty}\frac{1}{2}\cdot\frac{n+1}{n}\cdot|x^2|=\frac{1}{2}x^2$,

所以当 $|x|<\sqrt{2}$ 时，级数收敛；而当 $|x|>\sqrt{2}$ 时，级数发散；

当 $x=\sqrt{2}$ 时，原级数为 $\sum\limits_{n=1}^{\infty}\frac{n}{2^n}(\sqrt{2})^{2n}=\sum\limits_{n=1}^{\infty}n$，发散；

当 $x=-\sqrt{2}$ 时，原级数仍为 $\sum\limits_{n=1}^{\infty}n$，发散.

故所求级数的收敛区间为 $(-\sqrt{2},\sqrt{2})$.

(3) $\sum\limits_{n=1}^{\infty}(-1)^n\frac{(x-2)^{2n+1}}{2n+1}$.

解　令 $x-2=t$，原级数视为 t 的级数. 该级数缺偶次项，可采用比值法讨论求解.

$\because$　$\lim\limits_{n\to\infty}\left|\frac{u_{n+1}}{u_n}\right|=\lim\limits_{n\to\infty}\left|\frac{\frac{t^{2n+3}}{2n+3}}{\frac{t^{2n+1}}{2n+1}}\right|=t^2$,

故当 $t^2<1$，即 $|x-2|<1$，或 $1<x<3$ 时，原级数绝对收敛；

当 $x=1$ 时，原级数成为

$$\sum_{n=1}^{\infty}(-1)^n \frac{(-1)^{2n+1}}{2n+1}=\sum_{n=1}^{\infty}(-1)^{n+1} \frac{1}{2n+1},$$

这是莱布尼茨型的交错级数，收敛；

当 $x=3$ 时，级数成为 $\sum_{n=1}^{\infty}(-1)^n \frac{1}{2n+1}$，收敛.

综上所述，题设级数的收敛半径 $R=1$，收敛域为 $[1, 3]$.

13. 求下列幂级数的和函数：

(1) $\sum_{n=1}^{\infty} \frac{x^{4n+1}}{4n+1}$.

解 逐项求导，

$$\because \quad \left(\sum_{n=1}^{\infty} \frac{x^{4n+1}}{4n+1}\right)'=\sum_{n=1}^{\infty}\left(\frac{x^{4n+1}}{4n+1}\right)'=\sum_{n=1}^{\infty} x^{4n}=\frac{x^4}{1-x^4},$$

$$\begin{aligned}\therefore \quad \sum_{n=1}^{\infty} \frac{x^{4n+1}}{4n+1} &=\int_0^x \frac{x^4}{1-x^4} \mathrm{d}x=\int_0^x \frac{-(1-x^4)+1}{1-x^4} \mathrm{d}x \\ &=\int_0^x\left(-1+\frac{1}{2} \frac{1}{1+x^2}+\frac{1}{2} \frac{1}{1-x^2}\right) \mathrm{d}x \\ &=\frac{1}{2} \arctan x-x+\frac{1}{4} \ln \frac{1+x}{1-x}(|x|<1).\end{aligned}$$

(2) $\sum_{n=0}^{\infty} \frac{n^2+1}{2^n n!} x^n$.

解

$$\begin{aligned}\sum_{n=0}^{\infty} \frac{n^2+1}{2^n n!} x^n &=\sum_{n=0}^{\infty} \frac{n^2}{n!}\left(\frac{x}{2}\right)^n+\sum_{n=0}^{\infty} \frac{1}{n!}\left(\frac{x}{2}\right)^n \\ &=\sum_{n=1}^{\infty} \frac{n-1+1}{(n-1)!}\left(\frac{x}{2}\right)^n+\mathrm{e}^{\frac{x}{2}} \\ &=\sum_{n=2}^{\infty} \frac{1}{(n-2)!}\left(\frac{x}{2}\right)^n+\sum_{n=1}^{\infty} \frac{1}{(n-1)!}\left(\frac{x}{2}\right)^n+\mathrm{e}^{\frac{x}{2}} \\ &=\frac{x^2}{4} \mathrm{e}^{\frac{x}{2}}+\frac{x}{2} \mathrm{e}^{\frac{x}{2}}+\mathrm{e}^{\frac{x}{2}} \\ &=\left(\frac{x^2}{4}+\frac{x}{2}+1\right) \mathrm{e}^{\frac{x}{2}},-\infty<x<+\infty.\end{aligned}$$

14. 将函数 $x\arctan x-\ln \sqrt{1+x^2}$ 展开成麦克劳林级数.

解 $\because \ln(1+x)=x-\frac{x^2}{2}+\frac{x^3}{3}-\cdots$,

$$\therefore \quad \ln(1+x^2)=x^2-\frac{x^4}{2}+\frac{x^6}{3}-\cdots+(-1)^{n-1} \frac{x^{2n}}{n}+\cdots,(-1 \leqslant x \leqslant 1)$$

又

$$\arctan x=\int_0^x \frac{1}{1+x^2} \mathrm{d}x=\int_0^x[1-x^2+x^4-\cdots+(-1)^n x^{2n}+\cdots] \mathrm{d}x$$

$$= x - \frac{x^3}{3} + \frac{x^5}{5} - \cdots + (-1)^n \frac{x^{2n+1}}{2n+1} + \cdots,\ (-1 \leqslant x \leqslant 1)$$

$$\therefore\quad x\arctan x - \ln\sqrt{1+x^2} = \sum_{n=0}^{\infty}(-1)^n \frac{x^{2n+2}}{2n+1} - \frac{1}{2}\sum_{n=1}^{\infty}(-1)^{n-1}\frac{x^{2n}}{n}$$

$$= \sum_{n=0}^{\infty}(-1)^n \frac{x^{2n+2}}{2n+1} - \sum_{n=0}^{\infty}(-1)^n \frac{x^{2n+2}}{2n+2}$$

$$= \sum_{n=0}^{\infty}(-1)^n \frac{x^{2n+2}}{(2n+1)(2n+2)}\ (-1 \leqslant x \leqslant 1).$$

15. 将函数 $\frac{1}{(2-x)^2}$ 展开成 x 的幂级数.

解　$$\frac{1}{(2-x)^2} = \left(\frac{1}{2-x}\right)' = \frac{1}{2}\left(\frac{1}{1-x/2}\right)'$$

$$= \frac{1}{2}\left[1 + \left(\frac{x}{2}\right) + \left(\frac{x}{2}\right)^2 + \cdots + \left(\frac{x}{2}\right)^n + \cdots\right]'$$

$$= \frac{1}{2}\left[\frac{1}{2} + 2\left(\frac{x}{2}\right) + \cdots + \frac{nx^{n-1}}{2^n} + \cdots\right] = \sum_{n=1}^{\infty}\frac{nx^{n-1}}{2^{n+1}},\ |x| < 2.$$

16. 将函数 $f(x) = \frac{1}{x^2+3x+2}$ 展开成 $x+4$ 的幂级数.

解　$$\frac{1}{x^2+3x+2} = \frac{1}{(x+1)(x+2)} = \frac{1}{x+1} - \frac{1}{x+2}$$

$$= \frac{1}{-3+(x+4)} - \frac{1}{-2+(x+4)}$$

$$= \frac{1}{2}\frac{1}{1-\frac{x+4}{2}} - \frac{1}{3}\frac{1}{1-\frac{x+4}{3}}$$

$$= \frac{1}{2}\sum_{n=0}^{\infty}\left(\frac{x+4}{2}\right)^n - \frac{1}{3}\sum_{n=0}^{\infty}\left(\frac{x+4}{3}\right)^n$$

$$= \sum_{n=0}^{\infty}\left(\frac{1}{2^{n+1}} - \frac{1}{3^{n+1}}\right)(x+4)^n,$$

其中 $-1 < \frac{x+4}{2} < 1$ 且 $-1 < \frac{x+4}{3} < 1$，即 $-6 < x < -2$ 且 $-7 < x < -1$.

$\because$　$(-6, -2) \cap (-7, -1) = (-6, -2)$，

$\therefore$　上述幂级数的收敛区间为 $(-6, -2)$.

17. 将函数 $f(x) = \ln(1+x+x^2+x^3)$ 展开成 x 的幂级数.

解　方法一　$$f(x) = \ln[(1+x) + x^2(1+x)] = \ln(1+x)(1+x^2)$$

$$= \ln(1+x) + \ln(1+x^2)$$

$$= \sum_{n=1}^{\infty}(-1)^{n-1}\frac{x^n}{n} + \sum_{n=1}^{\infty}(-1)^{n-1}\frac{x^{2n}}{n},\ -1 < x \leqslant 1.$$

方法二 $f(x)=\ln\frac{1-x^4}{1-x}=\ln(1-x^4)-\ln(1-x)$

$$=-\sum_{n=1}^{\infty}\frac{x^{4n}}{n}+\sum_{n=1}^{\infty}\frac{x^n}{n},\ -1<x\leqslant 1.$$

18. 用幂级数求下列极限：

(1) $\lim\limits_{x\to 0}\frac{\sin x-\tan x}{x^3}$；　　(2) $\lim\limits_{x\to 0}\left(\frac{1}{\sin x}-\frac{1}{x}\right)$.

解 (1) $\sin x$ 和 $\tan x$ 级数写到 x^5 项，是

$$\sin x=x-\frac{x^3}{3!}+\frac{x^5}{5!}-\cdots;$$

$$\tan x=x+\frac{x^3}{3!}+\frac{2x^5}{25}+\cdots.$$

因此 $\sin x-\tan x=-\frac{x^3}{2}-\frac{x^5}{8}-\cdots=x^3\left(-\frac{1}{2}-\frac{x^2}{8}-\cdots\right)$

$$\lim_{x\to 0}\frac{\sin x-\tan x}{x^3}=\lim_{x\to 0}\left(-\frac{1}{2}-\frac{x^2}{8}-\cdots\right)=-\frac{1}{2}.$$

(2) 因为 $\frac{1}{\sin x}-\frac{1}{x}=\frac{x-\sin x}{x\sin x}$

$$=\frac{x-\left(x-\frac{x^3}{3!}+\frac{x^5}{5!}-\cdots\right)}{x\cdot\left(x-\frac{x^3}{3!}+\frac{x^5}{5!}-\cdots\right)}=x\cdot\frac{\frac{1}{3!}-\frac{x^2}{5!}+\cdots}{1-\frac{x^2}{3!}+\cdots},$$

所以 $$\lim_{x\to 0}\left(\frac{1}{\sin x}-\frac{1}{x}\right)=\lim_{x\to 0}\left(x\cdot\frac{\frac{1}{3!}-\frac{x^2}{5!}+\cdots}{1-\frac{x^2}{3!}+\cdots}\right)=0.$$

19. 求级数 $\sum\limits_{n=1}^{\infty}(n+1)(x-1)^n$ 的收敛域及和函数.

解 $\because \sum\limits_{n=1}^{\infty}(n+1)(x-1)^n$ 的收敛半径为 $R=1$，收敛域为 $-1<x-1<1$，即 $0<x<2$.

设此级数的和函数为 $s(x)$，即

$$s(x)=\sum_{n=1}^{\infty}(n+1)(x-1)^n.$$

两边逐项积分

$$\int_1^x s(x)\mathrm{d}x=\sum_{n=1}^{\infty}\int_1^x(n+1)(x-1)^n\mathrm{d}x=\sum_{n=1}^{\infty}(x-1)^{n+1}\Big|_1^x$$

$$= \sum_{n=1}^{\infty}(x-1)^{n+1} = \frac{(x-1)^2}{1-(x-1)} = \frac{(x-1)^2}{2-x},$$

两边再对 x 求导，得

$$s(x) = \left[\frac{(x-1)^2}{2-x}\right]' = -\frac{(x-1)(x-3)}{(2-x)^2}.$$

20. 利用幂级数求数项级数 $\sum\limits_{n=0}^{\infty}\frac{1}{2^n}\cdot\frac{2n+1}{n!}$ 的和.

解　作幂级数 $f(x) = \sum\limits_{n=0}^{\infty}\frac{2n+1}{n!2^n}x^{2n}$,

$$\begin{aligned} f(x) &= \left[\sum_{n=0}^{\infty}\left(\int_0^x \frac{2n+1}{n!2^n}x^{2n}\mathrm{d}x\right)\right]' \\ &= \left[\sum_{n=0}^{\infty}\frac{x^{2n+1}}{n!2^n}\right]' = \left[x\sum_{n=0}^{\infty}\frac{1}{n!}\left(\frac{x^2}{2}\right)^n\right]' \\ &= (x\mathrm{e}^{\frac{x^2}{2}})' = \mathrm{e}^{\frac{x^2}{2}} + x\mathrm{e}^{\frac{x^2}{2}}\cdot\left(\frac{1}{2}\cdot 2x\right) = (1+x^2)\mathrm{e}^{\frac{x^2}{2}}, \end{aligned}$$

故

$$\sum_{n=0}^{\infty}\frac{2n+1}{n!2^n} = \lim_{x\to 1^-}(1+x^2)\mathrm{e}^{\frac{x^2}{2}} = 2\mathrm{e}^{\frac{1}{2}}.$$

*21. 利用函数的幂级数展开式求 $\sqrt{\mathrm{e}}$ 的近似值（精确到 0.001）.

解　$\mathrm{e}^x = 1 + x + \frac{x^2}{2!} + \cdots + \frac{x^n}{n!} + \cdots (x \in \mathbf{R}).$

$$\sqrt{\mathrm{e}} = \mathrm{e}^{\frac{1}{2}} = 1 + \frac{1}{2} + \frac{1}{2!2^2} + \cdots + \frac{1}{n!2^n} + \cdots,$$

$$\begin{aligned} r_n &= \frac{1}{(n+1)!2^{n+1}} + \frac{1}{(n+2)!2^{n+2}} + \cdots \\ &= \frac{1}{(n+1)!2^{n+1}}\left(1 + \frac{1}{n+2}\cdot\frac{1}{2} + \frac{1}{(n+3)(n+2)}\cdot\frac{1}{2^2} + \cdots\right) \\ &< \frac{1}{(n+1)!2^{n+1}}\left(1 + \frac{1}{2^2} + \frac{1}{2^4} + \cdots\right) \\ &= \frac{1}{3(n+1)!2^{n-1}}, \end{aligned}$$

取 $n=4$ 试算，有 $r_4 < \frac{1}{3\cdot 5!2^3} \approx 0.000\,3 < 10^{-3}$，故

$$\sqrt{\mathrm{e}} \approx 1 + \frac{1}{2} + \frac{1}{2!2^2} + \frac{1}{3!2^3} + \frac{1}{4!2^4} \approx 1.648\,4 \approx 1.648.$$

$\therefore\quad \sqrt{e}\approx 1.648.$

*22. 利用被积函数的幂级数展开式求定积分$\int_0^{0.5}\frac{\arctan x}{x}dx$的近似值（精确到 0.000 1）.

解 $\because (\arctan x)'=\frac{1}{1+x^2}=1-x^2+x^4-\cdots,$

$\therefore\quad \arctan x=\int_0^x\frac{dx}{1+x^2}=x-\frac{x^3}{3}+\frac{x^5}{5}-\cdots(|x|<1),$

$$\int_0^{0.5}\frac{\arctan x}{x}dx=\int_0^{0.5}\left[1-\frac{x^2}{3}+\frac{x^4}{5}-\cdots+(-1)^n\frac{x^{2n}}{2n+1}+\cdots\right]dx$$

$$=\left(x-\frac{x^3}{9}+\frac{x^5}{25}-\frac{x^7}{49}+\cdots\right)\Big|_0^{0.5}$$

$$=\frac{1}{2}-\frac{1}{9}\frac{1}{2^3}+\frac{1}{25}\frac{1}{2^5}-\frac{1}{49}\frac{1}{2^7}+\cdots,$$

这是交错级数，$|r_n|<u_{n+1}$，试算几项：

$$\frac{1}{9}\frac{1}{2^3}\approx 0.013\,9,\ \frac{1}{25}\frac{1}{2^5}\approx 0.001\,3,\ \frac{1}{49}\frac{1}{2^7}\approx 0.000\,2,$$

$$\therefore\quad \int_0^{0.5}\frac{\arctan x}{x}dx\approx 0.5-0.013\,9+0.001\,3=0.487\,4.$$

*23. 已知$\sum\limits_{n=1}^{\infty}\frac{1}{n^2}=\frac{\pi}{6}$，求积分$\int_0^1\frac{\ln x}{1+x}dx$.

解 $\int_0^1\frac{\ln x}{1+x}dx=\int_0^1\ln x\left(\sum\limits_{n=0}^{\infty}(-1)^n x^n\right)dx$

$$=\sum_{n=0}^{\infty}\int_0^1(-1)^n x^n\ln x dx$$

$$=\sum_{n=0}^{\infty}(-1)^{n+1}\frac{1}{(n+1)^2}$$

$$=-\sum_{n=1}^{\infty}\frac{1}{n^2}+2\sum_{n=1}^{\infty}\frac{1}{(2n)^2}$$

$$=-\frac{\pi^2}{6}+\frac{1}{2}\sum_{n=1}^{\infty}\frac{1}{n^2}$$

$$=-\frac{\pi^2}{6}+\frac{\pi^2}{12}=-\frac{\pi^2}{12}.$$

24. 已知级数$\sum\limits_{n=1}^{\infty}a_n^2$收敛，且$a_n>0$，证明$\sum\limits_{n=1}^{\infty}\frac{a_n}{n}$也收敛.

证　方法一　$\because \left(a_n-\frac{1}{n}\right)^2=a_n^2-2\frac{a_n}{n}+\frac{1}{n^2}\geqslant 0$，

$\therefore 0<\frac{2a_n}{n}\leqslant a_n^2+\frac{1}{n^2}.$

依题设和性质知$\sum\limits_{n=1}^{\infty}a_n^2$，$\sum\limits_{n=1}^{\infty}\frac{1}{n^2}$收敛，可知$\sum\limits_{n=1}^{\infty}\left(a_n^2+\frac{1}{n^2}\right)$收敛；再由比较法知$\sum\limits_{n=1}^{\infty}\frac{2a_n}{n}$收敛，

$\therefore \sum\limits_{n=1}^{\infty}\frac{a_n}{n}$收敛.

方法二　由$|ab|\leqslant\frac{a^2+b^2}{2}\Rightarrow\left|\frac{a_n}{n}\right|\leqslant\frac{1}{2}\left(a_n^2+\frac{1}{n^2}\right)$，

又$\sum\limits_{n=1}^{\infty}a_n^2$，$\sum\limits_{n=1}^{\infty}\frac{1}{n^2}$都收敛，故$\sum\limits_{n=1}^{\infty}\left|\frac{a_n}{n}\right|$收敛.

$\therefore \sum\limits_{n=1}^{\infty}\frac{a_n}{n}$绝对收敛.

25. 证明：若$\lim\limits_{n\to\infty}(n^{2n\sin\frac{1}{n}}\cdot a_n)=1$，则级数$\sum\limits_{n=1}^{\infty}a_n$收敛.

证　由题设，对给定的$\varepsilon=\frac{1}{2}$，存在自然数N_1，当$n>N_1$时有

$$|n^{2n\sin\frac{1}{n}}\cdot a_n-1|<\frac{1}{2}，即\frac{1}{2}<n^{2n\sin\frac{1}{n}}\cdot a_n<\frac{3}{2}，$$

从而　$$0<\frac{1}{2}n^{-2n\sin\frac{1}{n}}<a_n<\frac{3}{2}n^{-2n\sin\frac{1}{n}}，$$

又　$$\lim_{n\to\infty}2n\sin\frac{1}{n}=2\lim_{n\to\infty}\frac{\sin(1/n)}{1/n}=2.$$

由极限定义知，存在自然数N_2，当$n>N_2$时有

$$\left|2n\sin\frac{1}{n}-2\right|<\frac{1}{2}，即\ 2n\sin\frac{1}{n}>\frac{3}{2}，$$

取$N=\max\{N_1, N_2\}$，则当$n>N$时有，

$$a_n<\frac{3}{2}n^{-2n\sin\frac{1}{n}}<\frac{3}{2}n^{-3/2}，$$

而$\sum\limits_{n=1}^{\infty}\frac{3}{2}n^{-3/2}=\frac{3}{2}\sum\limits_{n=1}^{\infty}\frac{1}{n^{\frac{3}{2}}}$收敛，故级数$\sum\limits_{n=1}^{\infty}a_n$收敛，证毕.

26. 求极限$\lim\limits_{n\to\infty}\frac{1}{n}\sum\limits_{k=1}^{n}\frac{1}{3^k}\left(1+\frac{1}{k}\right)^{k^2}$.

解 $\sum\limits_{k=1}^{n}\frac{1}{3^k}\left(1+\frac{1}{k}\right)^{k^2}$ 可看作$\sum\limits_{n=1}^{\infty}\frac{1}{3^n}\left(1+\frac{1}{n}\right)^{n^2}$ 的前 n 项部分和 s_n.

如果能证明$\sum\limits_{n=1}^{\infty}\frac{1}{3^n}\left(1+\frac{1}{n}\right)^{n^2}$ 收敛，则可知$\lim\limits_{n\to\infty}\frac{s_n}{n}=0$.

设 $x_n=\left(1+\frac{1}{n}\right)^n$，则数列 $\{x_n\}$ 单增且有界，且有$\left(1+\frac{1}{n}\right)^n<\mathrm{e}$，故

$$\frac{1}{3^n}\left(1+\frac{1}{n}\right)^{n^2}<\left(\frac{\mathrm{e}}{3}\right)^n\left(\frac{\mathrm{e}}{3}<1\right),$$

从而级数$\sum\limits_{n=1}^{\infty}\left(\frac{\mathrm{e}}{3}\right)^n$ 收敛，从而$\sum\limits_{n=1}^{\infty}\frac{1}{3^n}\left(1+\frac{1}{n}\right)^{n^2}$ 收敛，所以

$$\lim_{n\to\infty}\frac{1}{n}\sum_{k=1}^{n}\frac{1}{3^k}\left(1+\frac{1}{k}\right)^{k^2}=0.$$

27. 设函数 $f(x)=\begin{cases}\frac{\sin x}{x}, & x\neq 0\\ 1, & x=0\end{cases}$，求 $f^{(n)}(0)$，$n=1, 2, \cdots$.

解 由 $\sin x=x-\frac{x^3}{3!}+\frac{x^5}{5!}-\cdots+(-1)^n\frac{x^{2n+1}}{(2n+1)!}+\cdots$,

因此 $\frac{\sin x}{x}=1-\frac{x^2}{3!}+\frac{x^4}{5!}-\cdots+(-1)^n\frac{x^{2n}}{(2n+1)!}+\cdots, (x\neq 0).$

当 $x=0$ 时，上式中的幂级数和为 1，则

$$f(x)=1-\frac{x^2}{3!}+\frac{x^4}{5!}-\cdots+(-1)^n\frac{x^{2n}}{(2n+1)!}+\cdots,$$

故 $$f^{(2m-1)}(0)=0,$$

$$f^{(2m)}(0)=\frac{(-1)^m}{2m+1}, m=1, 2, \cdots.$$

28. 把边长为 $2b$ 的等边三角形“正放”，如图所示，“倒放”等边三角形从原来的三角形中被挖去. 从原来三角形中被挖去的面积之和形成一个无穷级数.

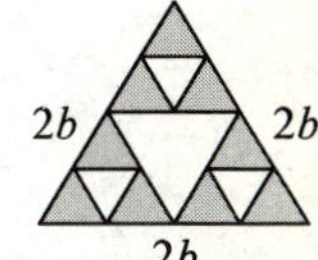

题 28 图

(1) 求这个无穷级数.

(2) 求这个无穷级数的和，从而求出从原来三角形中被挖去的总面积.

(3) 是否原来三角形的每个点都被挖去了？解释为什么？

解 (1) 从原来三角形中被挖去的面积之和是

$$\frac{\sqrt{3}}{4}b^2+\frac{\sqrt{3}}{4}\left(\frac{b}{2}\right)^2\cdot 3+\frac{\sqrt{3}}{4}\left(\frac{b}{4}\right)^2\cdot 3^2+\cdots=\frac{\sqrt{3}}{4}b^2\sum_{n=0}^{\infty}\left(\frac{3}{4}\right)^n.$$

(2) $\frac{\sqrt{3}}{4}b^2\sum_{n=0}^{\infty}\left(\frac{3}{4}\right)^n=\frac{\sqrt{3}}{4}b^2\cdot\frac{1}{1-\frac{3}{4}}=\sqrt{3}b^2.$

(3) 否. 比如原来的三角形的三个顶点没有被挖掉. 没有被挖去的点集面积为 0.

第 8 章　微分方程与差分方程

微积分研究的对象是函数关系，但在实际问题中，往往很难直接得到所研究的变量之间的函数关系，却比较容易建立这些变量与它们的导数或微分之间的联系，从而得到一个关于函数的导数或微分的方程，即微分方程. 微分方程是一门独立的数学学科，有完整的理论体系. 本章我们主要讨论微分方程的一些基本概念，几种常用的微分方程的求解方法，以及线性微分方程解的理论；并介绍差分方程的一些基本概念及一阶、二阶常系数线性方程.

本章教学基本要求：

1. 了解微分方程的阶、通解、初始条件和特解等概念；
2. 掌握变量可分离的方程，齐次方程和一阶线性方程的求解方法；
3. 掌握二阶常系数齐次线性方程和自由项为多项式、指数函数、正弦函数、余弦函数以及它们的和与乘积的二阶常系数非齐次线性微分方程的解法；
4. 了解差分与差分方程及其通解与特解等概念；
5. 掌握一阶常系数线性差分方程的求解方法；
6. 会应用微分方程和差分方程求解一些简单的经济应用问题.

§8.1　微分方程的基本概念

一、主要知识归纳

表 8—1—1　　微分方程的基本概念

名称	内容
微分方程	1°含有自变量、未知函数及未知函数的偏导数的方程称为微分方程，简称方程； 2°未知函数为一元函数的方程称为常微分方程； 3°未知函数为多元函数的方程称为偏微分方程.
方程的阶	方程中未知函数的导数的最高阶数称为方程的阶.
解	若函数 $y=\varphi(x)$ 满足方程，即将 $\varphi(x)$ 代入方程能使方程成为恒等式，则函数 $y=\varphi(x)$ 称为方程的一个解.
通解	若方程的解中含有独立的任意常数，且任意常数的个数与方程的阶数相同，则这样的解称为方程的通解.

续前表

名称	内容
特解	确定通解中的任意常数后得到的解.
初始条件	确定通解中的任意常数的条件：$y\|_{x=x_0}=y_0, y'\|_{x=x_0}=y'_0$ 等称为初始条件.
初值问题	求方程的满足初始条件的特解称为方程的初值问题.
积分曲线	方程的解的图形称为方程的积分曲线.

二、典型例题分析

例 1　验证函数 $x=C_1\cos kt+C_2\sin kt$ 是微分方程$\frac{d^2x}{dt^2}+k^2x=0$ 的解，并求满足初始条件 $x|_{t=0}=A, \frac{dx}{dt}|_{t=0}=0$ 的特解.

解　因为$\frac{dx}{dt}=-kC_1\sin kt+kC_2\cos kt$，$\frac{d^2x}{dt^2}=-k^2C_1\cos kt-k^2C_2\sin kt$，将其代入题设方程，得

$$-k^2(C_1\cos kt+C_2\sin kt)+k^2(C_1\cos kt+C_2\sin kt)\equiv 0,$$

故 $x=C_1\cos kt+C_2\sin kt$ 是原方程的解．由条件

$$x|_{t=0}=A, \frac{dx}{dt}|_{t=0}=0,$$

得 $C_1=A$，$C_2=0$，代入函数 x 的表达式中，得所求特解

$$x=A\cos kt.$$

小结：微分方程非初值问题（即无初始条件）的解是通解，其几何图形是曲线族，微分方程初值问题的解是特解，其图形是一条曲线，反过来，微分方程反映了满足此方程的曲线（族）的性质特征.

例 2　求函数$\begin{cases}x=te^t\\y=e^{-t}\end{cases}$ 所满足的一阶微分方程，并指出其是否是线性微分方程.

解　由复合函数求导法则得

$$\frac{dy}{dx}=\frac{-e^{-t}}{e^t+t\cdot e^t}=\frac{-y}{\frac{1}{y}+x}=\frac{-y^2}{1+xy},$$

或
$$\frac{dx}{dy}=\frac{1+xy}{-y^2}=-\frac{1}{y^2}-\frac{1}{y}x,$$

这就是函数所满足的微分方程．以 y 为未知函数，不是线性方程，若以 x 为未知

函数，所得到的微分方程为线性方程.

三、习题 8—1 解答

1. 指出下列微分方程的阶数：

(1) $x(y')^2-4yy'+3xy=0$；　　(2) $xy''+2y'+x^2y=0$；

(3) $xy'''+5y''+2y=0$；　　(4) $(7x-6y)\mathrm{d}x+(x+y)\mathrm{d}y=0$.

解　(1) 一阶；　(2) 二阶；　(3) 三阶；　(4) 一阶.

2. 指出下列各题中的函数是否为所给微分方程的解：

(1) $xy'=2y$，$y=5x^2$；

(2) $y''+\omega^2y=0$，$y=C_1\cos\omega x+C_2\sin\omega x$；

(3) $y''-\dfrac{2}{x}y'+\dfrac{2y}{x^2}=0$，$y=C_1x+C_2x^2$；

(4) $y''-(\lambda_1+\lambda_2)y'+\lambda_1\lambda_2y=0$，$y=C_1\mathrm{e}^{\lambda_1x}+C_2\mathrm{e}^{\lambda_2x}$.

解　(1) $y'=10x$，代入题设方程，得

$$左边=10x^2，右边=2(5x^2)=10x^2，$$

所以 $y=5x^2$ 是题设方程的解.

(2) $\because y'=-C_1\omega\sin\omega x+C_2\omega\cos\omega x$，$y''=-C_1\omega^2\cos\omega x-C_2\omega^2\sin\omega x$，

$$\begin{aligned}\therefore 左边&=-C_1\omega^2\cos\omega x-C_2\omega^2\sin\omega x+\omega^2(C_1\cos\omega x+C_2\sin\omega x)\\&=0=右边，\end{aligned}$$

$\therefore y=C_1\cos\omega x+C_2\sin\omega x$ 是微分方程的解.

(3) $\because y'=C_1+2C_2x$，$y''=2C_2$，

$$\begin{aligned}\therefore 左边&=2C_2-\frac{2}{x}(C_1+2C_2x)+\frac{2}{x^2}(C_1x+C_2x^2)\\&=2C_2-\frac{2C_1}{x}-4C_2+\frac{2}{x}C_1+2C_2=0=右边，\end{aligned}$$

$\therefore y=C_1x+C_2x^2$ 是原方程的解.

(4) $y'=C_1\lambda_1\mathrm{e}^{\lambda_1x}+C_2\lambda_2\mathrm{e}^{\lambda_2x}$，$y''=C_1\lambda_1^2\mathrm{e}^{\lambda_1x}+C_2\lambda_2^2\mathrm{e}^{\lambda_2x}$，

代入原方程得

$$\begin{aligned}左边=&C_1\lambda_1^2\mathrm{e}^{\lambda_1x}+C_2\lambda_2^2\mathrm{e}^{\lambda_2x}-(C_1\lambda_1^2\mathrm{e}^{\lambda_1x}+C_2\lambda_1\lambda_2\mathrm{e}^{\lambda_2x}+C_1\lambda_1\lambda_2\mathrm{e}^{\lambda_1x}\\&+C_2\lambda_2^2\mathrm{e}^{\lambda_2x})+C_1\lambda_1\lambda_2\mathrm{e}^{\lambda_1x}+C_2\lambda_1\lambda_2\mathrm{e}^{\lambda_2x}=0，\end{aligned}$$

所以 y 是该方程的解.

3. 验证由方程 $y=\ln(xy)$ 所确定的函数为微分方程

$$(xy-x)y''+xy'^2+yy'-2y'=0$$

的解.

证　对 $y=\ln(xy)$ 的两边关于 x 求导，得

$$y'=\frac{1}{x}+\frac{y'}{y}，即 xyy'=y+xy'.$$

再对 x 求导，又得到

$$yy'+xy'^2+xyy''=y'+y'+xy''，即 (xy-x)y''+xy'^2+yy'-2y'=0，$$

所以 $y=\ln(xy)$ 是该方程的解.

4. $y=Cx+\frac{1}{C}$（C 是任意常数）是方程 $xy''-yy'+1=0$ 的通解. 求满足初始条件 $y|_{x=0}=2$ 的特解.

解　$\because y=Cx+\frac{1}{C}$，

$\therefore y|_{x=0}=\frac{1}{C}=2\Rightarrow C=\frac{1}{2}$，

$\therefore$满足条件的特解为 $y=\frac{1}{2}x+2$.

5. $y=(C_1+C_2x)\mathrm{e}^{-x}$（$C_1$，$C_2$ 为任意常数）是方程 $y''+2y'+y=0$ 的通解，求满足初始条件 $y|_{x=0}=4$，$y'|_{x=0}=-2$ 的特解.

解　$\because y=(C_1+C_2x)\mathrm{e}^{-x}$，

$\therefore y'=\mathrm{e}^{-x}(C_2-C_1)-C_2x\mathrm{e}^{-x}$.

由初始条件：

$$y|_{x=0}=C_1=4，y'|_{x=0}=(C_2-C_1)=-2\Rightarrow\begin{cases}C_1=4\\C_2=2\end{cases}，$$

$\therefore$满足条件的特解为 $y=(4+2x)\mathrm{e}^{-x}$.

6. 设函数 $y=(1+x)^2u(x)$是方程 $y'-\frac{2}{x+1}y=(x+1)^3$ 的通解，求 $u(x)$.

解　$\because y'=2(1+x)u(x)+(1+x)^2u'(x)$，代入方程，

$$2(1+x)u(x)+(1+x)^2u'(x)-\frac{2}{x+1}(1+x)^2u(x)=(1+x)^2u'(x)=(1+x)^3\Rightarrow u'(x)=(1+x)，$$

积分得　$u(x)=\int(1+x)\mathrm{d}x=\frac{x^2}{2}+x+C.$

7. 设曲线上点 $P(x,y)$ 处的法线与 x 轴的交点为 Q，且线段 PQ 被 y 轴平分，试写出该曲线所满足的微分方程.

解 如题7图所示，Q点的坐标为$(-x,0)$，它在法线上，所以法线斜率为

$$-\frac{1}{y'}=\frac{y-0}{x-(-x)},$$

所求微分方程为$yy'+2x=0$.

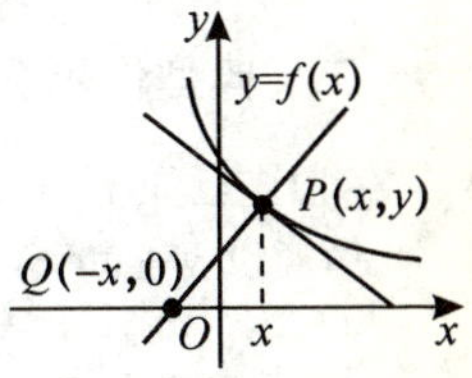

题7图

8. 求连续函数$f(x)$，使它满足

$$\int_0^1 f(tx)\mathrm{d}t=f(x)+x\sin x.$$

解 令$tx=u$，则$t=0$时，$u=0$；$t=1$时，$u=x$.

原式变为：

$$\frac{1}{x}\int_0^x f(u)\mathrm{d}u=f(x)+x\sin x\Rightarrow\int_0^x f(u)\mathrm{d}u=xf(x)+x^2\sin x,$$

两边对x求导

$$f'(x)=-2\sin x-x\cos x,$$

$$\therefore f(x)=\int(-2\sin x-x\cos x)\mathrm{d}x=\cos x-x\sin x+C.$$

§8.2 可分离变量的微分方程

一、主要知识归纳

表 8—2—1 **可分离变量的微分方程**

形式	形如$\frac{\mathrm{d}y}{\mathrm{d}x}=f(x)g(y)$的方程称为可分离变量的方程.
解法	分离变量法：$\int\frac{1}{g(y)}\mathrm{d}y=\int f(x)\mathrm{d}x$.
齐次方程	$\frac{\mathrm{d}y}{\mathrm{d}x}=\varphi\left(\frac{y}{x}\right)$，作变换$y=ux$，化为$x\frac{\mathrm{d}u}{\mathrm{d}x}=\varphi(u)-u$.
化为可分离变量的方程 $\frac{\mathrm{d}y}{\mathrm{d}x}=f\left(\frac{ax+by+c}{a_1x+b_1y+c_1}\right)$	1° 若$\frac{a_1}{a}\neq\frac{b_1}{b}$，则有$h$，$k$满足$\begin{cases}ah+bk+c=0\\a_1h+b_1k+c_1=0\end{cases}$，做变换$x=X+h$，$y=Y+k$，方程化为 $\frac{\mathrm{d}Y}{\mathrm{d}X}=f\left(\frac{aX+bY}{a_1X+b_1Y}\right)$.
	2° 若$\frac{a_1}{a}=\frac{b_1}{b}$，令$\frac{a_1}{a}=\frac{b_1}{b}=\lambda$，作变换$v=ax+by$，则方程化为 $\frac{1}{b}\left(\frac{\mathrm{d}v}{\mathrm{d}x}-a\right)=f\left(\frac{v+c}{\lambda v+c_1}\right)$.

二、典型例题分析

例 1　已知 $f'(\sin^2 x)=\cos 2x+\tan^2 x$，当 $0<x<1$ 时，求 $f(x)$.

解　设 $y=\sin^2 x$，则 $\cos 2x=1-2\sin^2 x=1-2y$，

$$\tan^2 x=\frac{\sin^2 x}{\cos^2 x}=\frac{\sin^2 x}{1-\sin^2 x}=\frac{y}{1-y}.$$

所以原方程变为 $f'(y)=1-2y+\dfrac{y}{1-y}$，即 $f'(y)=-2y+\dfrac{1}{1-y}$.

所以 $$f(y)=\int\left(-2y+\frac{1}{1-y}\right)\mathrm{d}y=-y^2-\ln(1-y)+C,$$

故 $$f(x)=-[x^2+\ln(1-x)]+C\quad(0<x<1).$$

例 2　求解微分方程 $\dfrac{\mathrm{d}x}{x^2-xy+y^2}=\dfrac{\mathrm{d}y}{2y^2-xy}$.

解　原方程变形为 $\dfrac{\mathrm{d}y}{\mathrm{d}x}=\dfrac{2y^2-xy}{x^2-xy+y^2}=\dfrac{2\left(\dfrac{y}{x}\right)^2-\dfrac{y}{x}}{1-\dfrac{y}{x}+\left(\dfrac{y}{x}\right)^2}$，

令 $u=\dfrac{y}{x}$，则 $\dfrac{\mathrm{d}y}{\mathrm{d}x}=u+x\dfrac{\mathrm{d}u}{\mathrm{d}x}$，

方程化为 $$u+x\frac{\mathrm{d}u}{\mathrm{d}x}=\frac{2u^2-u}{1-u+u^2},$$

分离变量得 $$\left[\frac{1}{2}\left(\frac{1}{u-2}-\frac{1}{u}\right)-\frac{2}{u-2}+\frac{1}{u-1}\right]\mathrm{d}u=\frac{\mathrm{d}x}{x},$$

两边积分得 $$\ln(u-1)-\frac{3}{2}\ln(u-2)-\frac{1}{2}\ln u=\ln x+\ln C,$$

整理得 $$\frac{u-1}{\sqrt{u}(u-2)^{3/2}}=Cx.$$

所求微分方程的解为　$(y-x)^2=Cy(y-2x)^3$.

例 3　求微分方程 $y'=\dfrac{1}{2}\tan^2(x+2y)$ 的通解.

解　令 $u=x+2y$，则 $\dfrac{\mathrm{d}u}{\mathrm{d}x}=1+2\dfrac{\mathrm{d}y}{\mathrm{d}x}$，代入原方程得

$$\frac{1}{2}\left(\frac{\mathrm{d}u}{\mathrm{d}x}-1\right)=\frac{1}{2}\tan^2 u\Rightarrow\frac{\mathrm{d}u}{\mathrm{d}x}=1+\tan^2 u,\ \text{即}\ \frac{\mathrm{d}u}{\mathrm{d}x}=\sec^2 u.$$

分离变量得 $\dfrac{\mathrm{d}u}{\sec^2 u}=\mathrm{d}x$ 或 $\dfrac{1+\cos 2u}{2}\mathrm{d}u=\mathrm{d}x$.

两端积分得 $\dfrac{1}{2}\left(u+\dfrac{1}{2}\sin 2u\right)=x+C$，即 $\dfrac{1}{4}\sin[2(x+2y)]+\dfrac{1}{2}(x+2y)=x+C$，

故所求通解为 $y=\frac{x}{2}+C-\frac{1}{4}\sin(2x+4y)$.

例 4 求 $2yy'=e^{\frac{x^2+y^2}{x}}+\frac{x^2+y^2}{x}-2x$ 的通解.

解 令 $u=x^2+y^2$，则$\frac{du}{dx}=2x+2y\frac{dy}{dx}$，原方程化为$\frac{du}{dx}=e^{\frac{u}{x}}+\frac{u}{x}$.

再令 $v=\frac{u}{x}$，则 $\frac{du}{dx}=v+x\frac{dv}{dx}$，

代入上式，并整理得 $e^{-v}dv=\frac{dx}{x}$，

两边积分得 $-e^{-v}=\ln x+C$，

变量还原得通解 $-e^{\frac{x^2+y^2}{x}}=\ln x+C$.

三、习题 8—2 解答

1. 求下列微分方程的通解：

(1) $xy'-y\ln y=0$.

解 分离变量得$\frac{dy}{y\ln y}=\frac{dx}{x}$；

积分得 $\ln\ln y=\ln x+\ln C$①，$\ln y=Cx$，

$\therefore y=e^{Cx}$.

注： ① 处对数中的 x 与 C 本应写成$|x|$与$|C|$，去绝对值符号时会出现正负号；但这些正负号可认为含于最后答案的任意常数 C 中，这样书写简洁一些，可避开绝对值与正负号的冗繁讨论，使注意力可集中到解法上.

(2) $x(y^2-1)dx+y(x^2-1)dy=0$.

解 分离变量，得

$$\frac{x}{x^2-1}dx+\frac{y}{y^2-1}dy=0.$$

积分，得所求的通解为

$$\ln(y^2-1)+\ln(x^2-1)=\ln C，即\ (y^2-1)(x^2-1)=C.$$

(3) $xydx+\sqrt{1-x^2}dy=0$.

解 $\int\frac{dy}{y}=-\int\frac{xdx}{\sqrt{1-x^2}}$，

于是 $\ln|y|=\sqrt{1-x^2}+C'$，

通解为 $y=Ce^{\sqrt{1-x^2}}$（C 为任意常数）.

(4) $x\mathrm{d}y+\mathrm{d}x=\mathrm{e}^y\mathrm{d}x$.

解　分离变量得

$$\int\frac{1}{\mathrm{e}^y-1}\mathrm{d}y=\int\frac{1}{x}\mathrm{d}x,$$

对左边积分，令

$$t=\mathrm{e}^y-1\Rightarrow y=\ln(t+1),\ \mathrm{d}y=\frac{\mathrm{d}t}{t+1},$$

$$\begin{aligned}\therefore\quad\int\frac{1}{\mathrm{e}^y-1}\mathrm{d}y&=\int\frac{1}{t}\cdot\frac{1}{t+1}\mathrm{d}t=\int\left(\frac{1}{t}-\frac{1}{t+1}\right)\mathrm{d}t\\&=\ln\left|\frac{t}{t+1}\right|+\ln C_1=\ln\left|\frac{\mathrm{e}^y-1}{\mathrm{e}^y}\right|+\ln C_1\\&=\ln|1-\mathrm{e}^{-y}|+\ln C_1,\end{aligned}$$

$$\therefore\quad\ln|1-\mathrm{e}^{-y}|+\ln C_1=\int\frac{1}{x}\mathrm{d}x=\ln|x|.$$

∴　通解为 $\mathrm{e}^{-y}=1-Cx$.

(5) $\tan x\dfrac{\mathrm{d}y}{\mathrm{d}x}=1+y$.

解　将原方程改写成$\dfrac{\mathrm{d}y}{\mathrm{d}x}=(1+y)\cot x$，这是一个可分离变量的微分方程，分离变量得

$$\frac{\mathrm{d}y}{1+y}=\frac{\cos x}{\sin x}\mathrm{d}x,$$

两边积分得　$\ln|1+y|=\ln|\sin x|+\ln|C|$,

由此得　　　$y=C\sin x-1$.

此外，$y=-1$ 也是方程的解，这个解可以认为包含在上述表达式（$C=0$）中，故得所求通解 $y=C\sin x-1$.

(6) $\dfrac{\mathrm{d}y}{\mathrm{d}x}=10^{x+y}$.

解　$\dfrac{\mathrm{d}y}{\mathrm{d}x}=10^x\cdot10^y$，$\dfrac{\mathrm{d}y}{10^y}=10^x\mathrm{d}x$,

$$\int10^{-y}\mathrm{d}y=\int10^x\mathrm{d}x-\frac{C}{\ln10},\ -\frac{10^{-y}}{\ln10}=\frac{10^x}{\ln10}-\frac{C}{\ln10},$$

∴　$10^x+10^{-y}=C$.

(7) $x^2y\mathrm{d}x=(1-y^2+x^2-x^2y^2)\mathrm{d}y$.

解　原方程可化为

$$x^2 y\mathrm{d}x=(1-y^2)(1+x^2)\mathrm{d}y.$$

分离变量得

$$\frac{1-y^2}{y}\mathrm{d}y=\frac{x^2}{1+x^2}\mathrm{d}x \Rightarrow \int\left(\frac{1}{y}-y\right)\mathrm{d}y=\int\left(1-\frac{1}{1+x^2}\right)\mathrm{d}x$$

$$\Rightarrow \ln|y|-\frac{y^2}{2}=x-\arctan x+C_1,$$

两边乘以 2 得

$$\ln y^2-y^2=2x-2\arctan x+C.$$

(8) $y'+\sin\frac{x+y}{2}=\sin\frac{x-y}{2}$.

解 利用三角公式将方程改写为

$$y'=-2\cos\frac{x}{2}\sin\frac{y}{2}.$$

① 当 $\sin\frac{y}{2}\neq 0$ 时，分离变量得

$$\frac{\mathrm{d}y}{\sin\frac{y}{2}}=-2\cos\frac{x}{2}\mathrm{d}x,\text{ 即}\frac{\mathrm{d}y}{2\sin\frac{y}{4}\cos\frac{y}{4}}=-4\cos\frac{x}{2}\mathrm{d}\left(\frac{x}{2}\right),$$

积分得通解 $\ln\left|\tan\frac{y}{4}\right|=C-2\sin\frac{x}{2}$；

② 当 $\sin\frac{y}{2}=0$ 时，再得特解 $y=2k\pi(k=0, \pm 1, \pm 2, \cdots)$.

2. 求下列齐次方程的通解：

(1) $xy'-y-\sqrt{y^2-x^2}=0$.

解 将原方程变形为

$$\frac{\mathrm{d}y}{\mathrm{d}x}=\frac{y}{x}+\sqrt{\left(\frac{y}{x}\right)^2-1}.$$

令 $y=xu$，则 $y'=u+x\frac{\mathrm{d}u}{\mathrm{d}x}$，代入上式，得

$$u+x\frac{\mathrm{d}u}{\mathrm{d}x}=u+\sqrt{u^2-1},\text{ 即 } x\frac{\mathrm{d}u}{\mathrm{d}x}=\sqrt{u^2-1}\text{（可分离变量方程）}.$$

$$\Rightarrow\frac{\mathrm{d}u}{\sqrt{u^2-1}}=\frac{\mathrm{d}x}{x}\Rightarrow\ln(u+\sqrt{u^2-1})=\ln x+\ln C\Rightarrow u+\sqrt{u^2-1}=Cx,$$

代回原变量得

$$\frac{y}{x}+\sqrt{\left(\frac{y}{x}\right)^2-1}=Cx,$$

所以　$y+\sqrt{y^2-x^2}=Cx^2$.

(2) $x\frac{\mathrm{d}y}{\mathrm{d}x}=y\ln\frac{y}{x}$.

解　$\frac{\mathrm{d}y}{\mathrm{d}x}=\frac{y}{x}\ln\frac{y}{x}$. 令 $y=xu$, 得

$$u+x\frac{\mathrm{d}u}{\mathrm{d}x}=u\ln u,\ \frac{\mathrm{d}u}{u(\ln u-1)}=\frac{\mathrm{d}x}{x},\ \frac{\mathrm{d}(\ln u)}{\ln u-1}=\frac{\mathrm{d}x}{x},$$

$\therefore$　$\ln(\ln u-1)=\ln x+\ln C\Rightarrow\ln u-1=Cx\Rightarrow\ln u=Cx+1\Rightarrow u=\mathrm{e}^{Cx+1}$,
故所求通解为 $y=x\mathrm{e}^{Cx+1}$.

(3) $\left(x+y\cos\frac{y}{x}\right)\mathrm{d}x-x\cos\frac{y}{x}\mathrm{d}y=0$.

解　令 $u=\frac{y}{x}$, 则 $y=xu$, $\frac{\mathrm{d}y}{\mathrm{d}x}=x\frac{\mathrm{d}u}{\mathrm{d}x}+u$.

代入原方程并化简得

$$\cos u\mathrm{d}u=\frac{\mathrm{d}x}{x}\Rightarrow\sin u=\ln|x|+C.$$

从而原方程的通解为 $\sin\frac{y}{x}=\ln|x|+C$.

(4) $y'=\mathrm{e}^{\frac{y}{x}}+\frac{y}{x}$.

解　令 $u=\frac{y}{x}$, 则 $y=xu$, $\frac{\mathrm{d}y}{\mathrm{d}x}=x\frac{\mathrm{d}u}{\mathrm{d}x}+u$.

代入原方程并化简得

$$\mathrm{e}^{-u}\mathrm{d}u=\frac{\mathrm{d}x}{x}\Rightarrow\mathrm{e}^{-u}=C-\ln x,$$

即　$-u=\ln|C-\ln x|$.

从而原方程的通解为 $y=-x\ln|C-\ln x|$.

(5) $y(x^2-xy+y^2)\mathrm{d}x+x(x^2+xy+y^2)\mathrm{d}y=0$.

解　原方程为

$$\frac{\mathrm{d}y}{\mathrm{d}x}=-\frac{y(x^2-xy+y^2)}{x(x^2+xy+y^2)}.\qquad ①$$

令 $u=\frac{y}{x}$，则 $u+x\frac{\mathrm{d}u}{\mathrm{d}x}=-\frac{u(1-u+u^2)}{1+u+u^2}$，即

$$x\frac{\mathrm{d}u}{\mathrm{d}x}=-\frac{2u(1+u^2)}{1+u+u^2}, \qquad ②$$

用分离变量法解方程 ②，得

$$x^2u=C\mathrm{e}^{-\arctan u}.$$

故原方程的通解为 $xy=C\mathrm{e}^{-\arctan\frac{y}{x}}$.

3. 求下列各初值问题的解：

(1) $\frac{x}{1+y}\mathrm{d}x-\frac{y}{1+x}\mathrm{d}y=0$，$y|_{x=0}=0$.

解 $y(1+y)\mathrm{d}y=x(1+x)\mathrm{d}x$.

两端积分得 $\frac{y^2}{2}+\frac{y^3}{3}=\frac{x^2}{2}+\frac{x^3}{3}+C$,

代入初始条件

$$y|_{x=0}=0\Rightarrow C=0.$$

所求特解为

$$\frac{y^2}{2}+\frac{y^3}{3}=\frac{x^2}{2}+\frac{x^3}{3}.$$

(2) $y'=\frac{x}{y}+\frac{y}{x}$，$y|_{x=-1}=2$.

解 令 $y=xu$，则

$$u+x\frac{\mathrm{d}u}{\mathrm{d}x}=\frac{1}{u}+u\Rightarrow u\mathrm{d}u=\frac{\mathrm{d}x}{x}\Rightarrow\frac{1}{2}u^2=\ln x+\frac{1}{2}\ln C.$$

$$\Rightarrow u^2=\ln(Cx^2)\Rightarrow y^2=x^2\ln(Cx^2).$$

代入 $y(-1)=2\Rightarrow\ln C=4$，$C=\mathrm{e}^4$，

所求特解为 $y^2=2x^2(\ln x+2)$.

4. 化下列方程为齐次方程，并求出其通解：

(1) $\frac{\mathrm{d}y}{\mathrm{d}x}=\frac{2y-x+5}{2x-y-4}$.

解 从方程组 $\begin{cases}2y-x+5=0\\2x-y-4=0\end{cases}$，解得 $x_0=1$，$y_0=-2$，故作变换

$$X=x-x_0,\ Y=y-y_0,$$

则原方程化为　$\frac{\mathrm{d}Y}{\mathrm{d}X}=\frac{2Y-X}{2X-Y}$,

这是一个齐次方程，令 $Y=Xu$，则有

$$\frac{\mathrm{d}u}{\mathrm{d}X}=\frac{1}{X}\cdot\frac{u^2-1}{2-u}.$$

这个可分离变量方程的通解为

$$Y-X=C(Y+X)^3, C\text{ 为任意常数}.$$

将 $X=x-1$，$Y=y+2$ 代入得所求通解为

$$y-x+3=C(y+x+1)^3, C\text{ 为任意常数}.$$

(2) $(x-y-1)\mathrm{d}x+(4y+x-1)\mathrm{d}y=0$.

解　$\begin{cases}x-y-1=0\\4y+x-1=0\end{cases}\Rightarrow\begin{cases}x=1\\y=0\end{cases}.$

令 $x=\xi+1$，$y=\eta$，代入原方程，得齐次方程：

$$\frac{\mathrm{d}\eta}{\mathrm{d}\xi}=-\frac{\xi-\eta}{\xi+4\eta}.$$

再令 $u=\frac{\eta}{\xi}$，得可分离变量方程：

$$u+\xi\frac{\mathrm{d}u}{\mathrm{d}\xi}=-\frac{1-u}{1+4u},$$

$$\therefore\quad \xi\frac{\mathrm{d}u}{\mathrm{d}\xi}=-\frac{4u^2+1}{4u+1}\Rightarrow\frac{4u+1}{4u^2+1}\mathrm{d}u=-\frac{\mathrm{d}\xi}{\xi},$$

$$\frac{1}{2}\ln(4u^2+1)+\frac{1}{2}\arctan2u=-\ln\xi+\frac{C}{2},$$

$$\ln[\xi^2(4u^2+1)]+\arctan2u=C,$$

代入原变量，原方程的通解为

$$\ln[(x-1)^2+4y^2]+\arctan\frac{2y}{x-1}=C.$$

5. 利用变量代换法求 $(x+y)\mathrm{d}x+(3x+3y-4)\mathrm{d}y=0$ 的通解.

解　这里 x 与 y 的对应系数成比例，两条直线 $x+y=0$ 与 $3x+3y-4=0$ 平行而无交点. 我们用别的变量代换，直接化原方程为可分离变量方程. 令 $u=x+y$，则

$$\frac{\mathrm{d}u}{\mathrm{d}x}=1+\frac{\mathrm{d}y}{\mathrm{d}x},$$

原方程化为$\frac{du}{dx}=1+\frac{u}{4-3u}=\frac{4-2u}{4-3u}$，即$\frac{3u-4}{2u-4}du=dx$，

$$\left(1+\frac{u}{2u-4}\right)du=dx，\left(\frac{3}{2}+\frac{2}{2u-4}\right)du=dx，$$

$$\therefore\quad \frac{3}{2}u+\ln|u-2|=x+C_1，$$

所求通解为

$$x+3y+2\ln|x+y-2|=C(C=2C_1).$$

6. 求一曲线的方程，该曲线通过点 (0，1) 且曲线上任一点处的切线垂直于此点与原点的连线.

解 设所求曲线方程为 $y=f(x)$，则其上任一点 (x, y) 处切线的斜率为 y'，此点与原点的连线的斜率为$\frac{y}{x}$. 依题意有

$$y'\cdot\frac{y}{x}=-1，解之得\ x^2+y^2=C.$$

将 $x=0$，$y=1$ 代入上式得 $C=1$，从而所求的曲线方程为

$$x^2+y^2=1.$$

7. 某林区现有木材 10 万米^3，如果在每一瞬时木材的变化率与当时木材数成正比，假使 10 年内该林区能有木材 20 万米^3，试确定木材数 p 与时间 t 的关系.

解 由题意得$\frac{dp}{dt}=kp$，且 $p|_{t=0}=10$，$p|_{t=10}=20$，解之得

$$p=10\cdot 2^{t/10}(万米^3).$$

8. 一个煮熟了的鸡蛋有 98℃，把它放在 18℃的水池里，5 分钟后，鸡蛋的温度是 38℃. 假定没有感到水变热，鸡蛋到达 20℃需多长时间？

解 设物体的温度 T 与时间 t 的函数关系为 $T=T(t)$，得到如下模型：

$$\begin{cases}\frac{dT}{dt}=-k(T-18)\\ T|_{t=0}=98\end{cases}.$$

用分离变量法解之得 $T=18+80e^{-kt}$，
当 $t=5$ 时，$T=38$，所以 $38=18+80e^{-5k}$，
解得 $k=0.2\ln4$，
当 $T=20$ 时，有 $20=18+80e^{-(0.2\ln4)t}$，

得 $t=\dfrac{\ln 40}{0.2\ln 4}\approx 13$（分钟）.

即把鸡蛋放入水池中冷却 13 分钟后鸡蛋的温度达到 20℃，因为达到 38℃用去了 5 分钟，故大约还需要 8 分钟达到 20℃.

9. 某商品的需求量 x 对价格 p 的弹性为 $\eta=-3p^3$，市场对该产品的最大需求量为 1(万件)，求需求函数.

解　由需求弹性的定义知

$$\eta=\frac{\mathrm{d}x}{\mathrm{d}p}\cdot\frac{p}{x}，即\frac{\mathrm{d}x}{\mathrm{d}p}\cdot\frac{p}{x}=-3p^3.$$

经分离变量并积分有

$$\int\frac{\mathrm{d}x}{x}=-3\int p^2\,\mathrm{d}p,$$

于是　$\ln x=-p^3+C'$，即 $x=\mathrm{e}^{-p^3+C'}=C\mathrm{e}^{-p^3}$.

另由题意知 $x|_{p=0}=1$，从而可得 $1=C\mathrm{e}^0=C$，故 $x=\mathrm{e}^{-p^3}$.

10. 在某池塘内养鱼，该池塘最多能养鱼 1 000 尾. 在时刻 t，鱼数 y 是时间 t 的函数 $y=y(t)$，其变化率与鱼数 y 及 $1\,000-y$ 成正比. 已知在池塘内放养鱼 100 尾，3 个月后池塘内有鱼 250 尾，求放养 t 月后池塘内鱼数 $y(t)$ 的公式.

解　由题意得 $y'=ky(1\,000-y)$，且

$$y|_{t=0}=100,\ y|_{t=3}=250,$$

方程变形为$\displaystyle\int\frac{1}{1\,000}\left(\frac{1}{y}+\frac{1}{1\,000-y}\right)\mathrm{d}y=\int k\mathrm{d}t$，得

$$\frac{y}{1\,000-y}=C\mathrm{e}^{1\,000kt},$$

由 $y|_{t=0}=100$，$y|_{t=3}=250$，代入得 $C=\dfrac{1}{9}$，$1\,000k=\dfrac{\ln 3}{3}$，从而

$$y=\frac{1\,000\cdot 3^{t/3}}{9+3^{t/3}}.$$

§8.3　一阶线性微分方程

一、主要知识归纳

表 8—3—1　　一阶线性微分方程

形式	形如$\dfrac{\mathrm{d}y}{\mathrm{d}x}+P(x)y=Q(x)$ 的方程称为一阶线性微分方程， ① 当 $Q(x)=0$ 时，方程称为齐次的； ② 当 $Q(x)\neq 0$ 时，方程称为非齐次的.

续前表

解法	1° 公式法 $y=\mathrm{e}^{-\int P(x)\mathrm{d}x}\left[\int Q(x)\mathrm{e}^{\int P(x)\mathrm{d}x}\mathrm{d}x+C\right]$.
	2°常数变易法 首先求对应的齐次方程$\frac{\mathrm{d}y}{\mathrm{d}x}+P(x)y=0$ 的通解 $y=C\mathrm{e}^{-\int P(x)\mathrm{d}x}$，然后变易常数 C，令非齐次通解为 $y=C(x)\mathrm{e}^{-\int P(x)\mathrm{d}x}$，代入原方程得待定函数 $C(x)$，满足： $C'(x)\mathrm{e}^{-\int P(x)\mathrm{d}x}=Q(x)$.
伯努利方程	1° 形如$\frac{\mathrm{d}y}{\mathrm{d}x}+P(x)y=Q(x)y^{\alpha}$ （$\alpha\neq 0$ 且 $\alpha\neq 1$). 2° 两边同除以 y^{α}，作变换 $z=y^{1-\alpha}$，化为线性方程： $\frac{\mathrm{d}z}{\mathrm{d}x}+(1-\alpha)P(x)z=(1-\alpha)Q(x)$.

二、典型例题分析

例 1 求下面微分方程满足所给初始条件的特解：

$$x\ln x\mathrm{d}y+(y-\ln x)\mathrm{d}x=0,\ y|_{x=\mathrm{e}}=1.$$

解 将方程标准化为 $y'+\frac{1}{x\ln x}y=\frac{1}{x}$，于是

$$y=\mathrm{e}^{-\int\frac{\mathrm{d}x}{x\ln x}}\left(\int\frac{1}{x}\mathrm{e}^{\int\frac{\mathrm{d}x}{x\ln x}}\mathrm{d}x+C\right)=\mathrm{e}^{-\ln\ln x}\left(\int\frac{1}{x}\mathrm{e}^{\ln\ln x}\mathrm{d}x+C\right)$$
$$=\frac{1}{\ln x}\left(\frac{1}{2}\ln^2 x+C\right).$$

例 2 求解方程$\frac{\mathrm{d}y}{\mathrm{d}x}+y\frac{\mathrm{d}\varphi}{\mathrm{d}x}=\varphi(x)\frac{\mathrm{d}\varphi}{\mathrm{d}x}$，$\varphi(x)$ 是 x 的已知函数.

解 原方程实际上是标准的线性方程，其中 $P(x)=\frac{\mathrm{d}\varphi}{\mathrm{d}x}$，$Q(x)=\varphi(x)\frac{\mathrm{d}\varphi}{\mathrm{d}x}$，直接代入通解公式，得通解

$$y=\mathrm{e}^{-\int\frac{\mathrm{d}\varphi}{\mathrm{d}x}\mathrm{d}x}\left[\int\varphi(x)\frac{\mathrm{d}\varphi}{\mathrm{d}x}\mathrm{e}^{\int\frac{\mathrm{d}\varphi}{\mathrm{d}x}\mathrm{d}x}\mathrm{d}x+C\right]=\mathrm{e}^{-\varphi(x)}\left[\int\varphi(x)\mathrm{e}^{\varphi(x)}\mathrm{d}\varphi+C\right]$$
$$=\varphi(x)-1+C\mathrm{e}^{-\varphi(x)}.$$

例 3 求微分方程$\frac{\mathrm{d}y}{\mathrm{d}x}=\frac{\cos y}{\cos y\sin 2y-x\sin y}$的通解.

解 因为 $\frac{\mathrm{d}x}{\mathrm{d}y}=\frac{\cos y\sin 2y-x\sin y}{\cos y}=\sin 2y-x\tan y$，

故原方程化为$\frac{dx}{dy}+(\tan y)\cdot x=\sin 2y$，从而所求通解为

$$x=e^{\ln|\cos y|}\left[\int \sin 2y\cdot e^{-\ln|\cos y|}\,dy+C\right]$$

$$=\cos y\left[\int \frac{2\sin y\cos y}{\cos y}\,dy+C\right]=\cos y[C-2\cos y].$$

例 4　设函数 $f(x)$ 可微且满足关系式 $\int_0^x[2f(t)-1]dt=f(x)-1$，求 $f(x)$.

解　原方程两边对 x 求导得 $2y-1=y'$，即 $y'-2y=-1$，其通解为 $y=\frac{1}{2}+Ce^{2x}$，代入初始条件 $f(0)=1$，得 $C=\frac{1}{2}$，从而所求的函数为

$$f(x)=\frac{1}{2}(1+e^{2x}).$$

例 5　求$\frac{dy}{dx}-\frac{4}{x}y=x^2\sqrt{y}$的通解.

解　两端除以$\sqrt{y}$，得

$$\frac{1}{\sqrt{y}}\frac{dy}{dx}-\frac{4}{x}\sqrt{y}=x^2，令 z=\sqrt{y}，得 2\frac{dz}{dx}-\frac{4}{x}z=x^2，$$

解得　$z=x^2\left(\frac{x}{2}+C\right)$，

故所求通解为 $y=x^4\left(\frac{x}{2}+C\right)^2$.

三、习题 8—3 解答

1. 求下列微分方程的解：

(1) $\frac{dy}{dx}+2xy=4x$.

解　$y=e^{-\int 2x dx}\left(C+\int 4xe^{x^2}\,dx\right)=e^{-x^2}\left[C+2\int e^{x^2}\,d(x^2)\right]$

$$=e^{-x^2}(C+2e^{x^2})=Ce^{-x^2}+2.$$

(2) $\frac{dy}{dx}-\frac{1}{x}y=2x^2$.

解　该方程是一阶线性非齐次方程，这里

$$P(x)=-\frac{1}{x}，Q(x)=2x^2，$$

利用求解公式，得

$$y=e^{\int\frac{1}{x}dx}\left(\int 2x^2e^{-\int\frac{1}{x}dx}dx+C\right)=\begin{cases}x^3+Cx,\ x>0\\ x^3-Cx,\ x<0\end{cases},$$

由于 C 是任意常数，所以通解为

$$y=x^3+Cx.$$

注：由本例可见，在解微分方程时，当对数出现在 e 的指数当中，可以不必在对数内部取绝对值.

(3) $(x-2)\frac{dy}{dx}=y+2(x-2)^3$.

解 $\frac{dy}{dx}-\frac{1}{x-2}y=2(x-2)^2$,

$$\begin{aligned}y&=e^{\int\frac{1}{x-2}dx}\left[C+\int 2(x-2)^2e^{-\ln(x-2)}dx\right]\\&=(x-2)\left[C+\int 2(x-2)d(x-2)\right]\\&=(x-2)[C+(x-2)^2]=C(x-2)+(x-2)^3.\end{aligned}$$

(4) $(x^2+1)y'+2xy=4x^2$.

解 原方程变为

$$\frac{dy}{dx}+\frac{2x}{x^2+1}y=\frac{4x^2}{x^2+1}.$$

所求通解为

$$\begin{aligned}y&=e^{-\int\frac{2x}{x^2+1}dx}\left(C+\int\frac{4x^2}{x^2+1}e^{\int\frac{2x}{x^2+1}dx}dx\right)\\&=e^{-\ln(x^2+1)}\left(C+\int\frac{4x^2}{x^2+1}e^{\ln(x^2+1)}dx\right)\\&=\frac{1}{x^2+1}\left(C+\int 4x^2dx\right)=\frac{1}{x^2+1}\left(\frac{4}{3}x^3+C\right).\end{aligned}$$

(5) $(y^2-6x)y'+2y=0$.

解 原方程变形为

$$\frac{dx}{dy}-\frac{3}{y}x=-\frac{y}{2},$$

所求通解为

$$x=e^{\int\frac{3}{y}dy}\left(C+\int\left(-\frac{y}{2}\right)e^{-3\ln y}dy\right)=e^{3\ln y}\left[C+\int\left(-\frac{y}{2}\right)\left(\frac{1}{y^3}\right)dy\right]$$
$$=y^3\left(C+\frac{1}{2}\frac{1}{y}\right)=Cy^3+\frac{y^2}{2}.$$

(6) $ydx+(1+y)xdy=e^y dy$.

解　将原方程变形为

$$\frac{dx}{dy}+\frac{1+y}{y}x=\frac{e^y}{y},$$

所求通解为

$$x=e^{-\int\frac{1+y}{y}dy}\left(C+\int\frac{e^y}{y}e^{\int\frac{1+y}{y}dy}dy\right)=e^{-(\ln y+y)}\left(C+\int\frac{e^y}{y}e^{\ln y+y}dy\right)$$
$$=\frac{e^{-y}}{y}\left(C+\int e^{2y}dy\right)=\frac{e^{-y}}{y}\left(C+\frac{1}{2}e^{2y}\right)=\frac{Ce^{-y}}{y}+\frac{e^y}{2y}.$$

(7) $\dfrac{dy}{dx}=\dfrac{1}{x\cos y+\sin 2y}$.

解　将方程改写成

$$\frac{dx}{dy}=x\cos y+\sin 2y，即\frac{dx}{dy}-\cos y\cdot x=\sin 2y,$$

故原方程的通解为

$$x=e^{\int\cos y dy}\left[\int\sin 2y\cdot e^{-\int\cos y dy}dy+C\right]$$
$$=e^{\sin y}\left[\int\sin 2y\cdot e^{-\sin y}dy+C\right],$$

其中
$$\int\sin 2y\cdot e^{-\sin y}dy=2\int\sin y e^{-\sin y}d(\sin y)=-2\int\sin y d(e^{-\sin y})$$
$$=-2\sin y e^{-\sin y}+2\int e^{-\sin y}d(\sin y)$$
$$=-2\sin y e^{-\sin y}-2e^{-\sin y}+C,$$

$\therefore x=Ce^{\sin y}-2(\sin y+1)$.

(8) $(x-2xy-y^2)\dfrac{dy}{dx}+y^2=0$.

解　将 x 视为 y 的函数，则对变量 x 来说，题设方程为一阶线性方程：

$$\frac{dx}{dy}+\frac{1-2y}{y^2}x=1,$$

解此线性方程，可得通解

$$x=y^2+Cy^2e^{1/y}，C 为任意常数，$$

再补充上特解 $y=0$.

(9) $y'+f'(x)y=f(x)f'(x)$.

解 $y=e^{-\int f'(x)dx}\left[\int f(x)f'(x)e^{\int f'(x)dx}dx+C\right]$

$=e^{-f(x)}\left[\int f(x)f'(x)e^{f(x)}dx+C\right]$

$=e^{-f(x)}\left[\int f(x)e^{f(x)}df(x)+C\right]$

$=e^{-f(x)}[e^{f(x)}(f(x)-1)+C]=f(x)-1+Ce^{-f(x)}$.

2. 求下列微分方程满足初始条件的特解：

(1) $\frac{dy}{dx}+3y=8$，$y|_{x=0}=2$；

(2) $\frac{dy}{dx}-y\tan x=\sec x$，$y|_{x=0}=0$.

解 (1) $y=e^{-\int 3dx}\left(C+\int 8e^{3\int dx}dx\right)=e^{-3x}\left(C+8\int e^{3x}dx\right)=e^{-3x}\left(C+\frac{8}{3}e^{3x}\right)$

代入 $y(0)=2$，解之得 $C=-\frac{2}{3}$，故所求特解为：

$$y=\frac{1}{3}e^{-3x}(8e^{3x}-2)=\frac{8}{3}-\frac{2}{3}e^{-3x}=\frac{2}{3}(4-e^{-3x}).$$

(2) 先求出通解，再定特解.

$$y=e^{\int\frac{\sin x}{\cos x}dx}\left(C+\int\sec x\cdot e^{\ln\cos x}dx\right)$$

$$=e^{-\ln\cos x dx}\left(C+\int\sec x\cos x dx\right)=\frac{1}{\cos x}(C+x).$$

代入始值条件 $y(0)=0$，得 $C=0$，所求特解为 $y=x\sec x$.

*3. 求下列伯努利方程的通解：

(1) $y'-3xy=xy^2$.

解 令 $z=y^{1-2}=1/y$，则 $y=1/z$，$y'=-1/z^2\cdot z'_x$，原方程化为

$$-\frac{1}{z^2}\frac{dz}{dx}-\frac{3x}{z}=\frac{x}{z^2}\Rightarrow\frac{dz}{dx}+3xz=-x.$$

$$\therefore\quad z=e^{-\int 3xdx}\left(C_1+\int(-x)e^{\int 3xdx}dx\right)=e^{-\frac{3}{2}x^2}\left(C_1-\int xe^{\frac{3}{2}x^2}dx\right)$$

$$=e^{-\frac{3}{2}x^2}\left[C_1-\frac{1}{3}\int e^{\frac{3}{2}x^2}d\left(\frac{3}{2}x^2\right)\right]$$

$$=\mathrm{e}^{-\frac{3}{2}x^2}\left(C_1-\frac{1}{3}\mathrm{e}^{\frac{3}{2}x^2}\right)=C_1\mathrm{e}^{-\frac{3}{2}x^2}-\frac{1}{3}.$$

即　$$C_1\mathrm{e}^{-\frac{3}{2}x^2}=\frac{1}{y}+\frac{1}{3}=\frac{3+y}{3y},\ \mathrm{e}^{\frac{3}{2}x^2}=\frac{3C_1y}{3+y},$$

$$\frac{3}{2}x^2=\ln(3C_1)+\ln y-\ln(3+y)=\ln(3C_1)+\ln y-\ln y-\ln(1+3/y),$$

所求通解可表示成：

$$\frac{3}{2}x^2+\ln\left|1+\frac{3}{y}\right|=C\quad(C=\ln|3C_1|).$$

(2) $3xy'-y-3xy^4\ln x=0$.

解　将给定的方程变形为

$$3y'-\frac{1}{x}y=3y^4\ln x.$$

解此伯努利方程，令 $y^{1-4}=y^{-3}=u$，将其化为线性方程

$$u'+\frac{1}{x}u=-3\ln x,$$

解之得　$$u=\mathrm{e}^{-\int\frac{1}{x}\mathrm{d}x}\left[C+\int(-3\ln x)\mathrm{e}^{\int\frac{1}{x}\mathrm{d}x}\mathrm{d}x\right]=\frac{C}{x}-\frac{3}{4}x(2\ln x-1),$$

故所求通解为

$$y^{-3}=\frac{C}{x}-\frac{3}{4}x(2\ln x-1)\ \text{或}\ xy^{-3}+\frac{3}{4}x^2(2\ln x-1)=C.$$

(3) $\dfrac{\mathrm{d}y}{\mathrm{d}x}+\dfrac{1}{3}y=\dfrac{1}{3}(1-2x)y^4$.

解　$n=4$，令 $z=y^{1-4}=y^{-3}\Rightarrow y'_x=-\dfrac{1}{3}z^{-4/3}z'_x$，

代入得

$$-\frac{1}{3}z^{-4/3}\frac{\mathrm{d}z}{\mathrm{d}x}+\frac{1}{3}z^{-1/3}=\frac{1}{3}(1-2x)z^{-4/3}\Rightarrow\frac{\mathrm{d}z}{\mathrm{d}x}-z=2x-1,$$

$$\begin{aligned}\therefore z&=\mathrm{e}^{\int\mathrm{d}x}\left[C+\int(2x-1)\mathrm{e}^{-\int\mathrm{d}x}\mathrm{d}x\right]\\&=\mathrm{e}^x\left[C+\int\mathrm{e}^{-x}(2x-1)\mathrm{d}x\right]=\mathrm{e}^x\left[C-\int(2x-1)\mathrm{d}(\mathrm{e}^{-x})\right]\\&=\mathrm{e}^x\left[C-(2x-1)\mathrm{e}^{-x}+2\int\mathrm{e}^{-x}\mathrm{d}x\right]\\&=\mathrm{e}^x[C-(2x+1)\mathrm{e}^{-x}]=C\mathrm{e}^x-(2x+1),\end{aligned}$$

故所求通解为 $y^3=(Ce^x-2x-1)^{-1}$.

(4) $\dfrac{dy}{dx}=\dfrac{\ln x}{x}y^2-\dfrac{1}{x}y$.

解 令 $z=\dfrac{1}{y}$，则$\dfrac{dz}{dx}=-\dfrac{1}{y^2}\dfrac{dy}{dx}$,
原方程化为

$$\frac{dz}{dx}-\frac{1}{x}z=-\frac{\ln x}{x}.$$

$$\begin{aligned}\therefore\quad z&=e^{\int\frac{1}{x}dx}\left(\int\left(-\frac{\ln x}{x}\right)e^{-\int\frac{1}{x}dx}dx+C\right)\\&=x\left(-\int\frac{\ln x}{x^2}dx+C\right)=x\left(\frac{1}{x}\ln x+\frac{1}{x}+C\right)\\&=\ln x+Cx+1,\end{aligned}$$

$$\therefore\quad y=\frac{1}{\ln x+Cx+1}.$$

(5) $y'+\dfrac{2}{x}y=x^2y^{\frac{4}{3}}$.

解 令 $y^{1-\frac{4}{3}}=y^{-\frac{1}{3}}=u$，将题设伯努利方程化为线性方程

$$\frac{du}{dx}-\frac{2u}{3x}=-\frac{x^2}{3}.$$

解之得 $u=e^{\int\frac{2}{3x}dx}\left[C+\int\left(-\dfrac{x^2}{3}\right)e^{-\int\frac{2}{3x}dx}dx\right]=Cx^{\frac{2}{3}}-\dfrac{1}{7}x^3$.

故所求通解为

$$y^{-\frac{1}{3}}=Cx^{\frac{2}{3}}-\frac{1}{7}x^3\ \text{或}\ 7y^{-\frac{1}{3}}=C_1x^{\frac{2}{3}}-x^3.$$

(6) $\dfrac{dy}{dx}+x(y-x)+x^3(y-x)^2=1$.

解 令 $y-x=u$，则$\dfrac{dy}{dx}=\dfrac{du}{dx}+1$，于是得到伯努利方程：

$$\frac{du}{dx}+xu=-x^3u^2. \qquad (*)$$

令 $z=u^{1-2}=\dfrac{1}{u}$，上式即化为一阶线性方程：

$$\frac{dz}{dx}-xz=x^3.$$

利用求解公式，解得

$$z=\mathrm{e}^{\frac{x^2}{2}}\left(\int x^3\mathrm{e}^{-\frac{x^2}{2}}\mathrm{d}x+C\right)=C\mathrm{e}^{\frac{x^2}{2}}-x^2-2,$$

从而原方程的通解是

$$y=x+\frac{1}{z}=x+\frac{1}{C\mathrm{e}^{x^2/2}-x^2-2}.$$

此外，原方程还有解 $y=x$（因 $u=0$ 是方程（$*$）的解）.

4. 求一曲线的方程，该曲线通过原点，并且它在点 (x,y) 处的切线斜率等于 $2x+y$.

解　由题意，得初始值问题：

$$\frac{\mathrm{d}y}{\mathrm{d}x}=2x+y,\ y(0)=0.$$

$$\begin{aligned}y&=\mathrm{e}^{\int\mathrm{d}x}\left(C+\int 2x\mathrm{e}^{-x}\mathrm{d}x\right)=\mathrm{e}^x\left(C-2\int x\mathrm{d}(\mathrm{e}^{-x})\right)\\&=\mathrm{e}^x\left[C-2\left(x\mathrm{e}^{-x}-\int\mathrm{e}^{-x}\mathrm{d}x\right)\right]=\mathrm{e}^x(C-2x\mathrm{e}^{-x}-2\mathrm{e}^{-x})\\&=C\mathrm{e}^x-2x-2.\end{aligned}$$

代入 $y(0)=0$，得 $C=2$，故所求曲线的方程为

$$y=2(\mathrm{e}^x-x-1).$$

5. 设连续函数 $y(x)$ 满足方程 $y(x)=\int_0^x y(t)\mathrm{d}t+\mathrm{e}^x$，求 $y(x)$.

解　在已知等式两边对 x 求导：

$$y'=y(x)+\mathrm{e}^x,\ \text{即}\ y'-y=\mathrm{e}^x,$$

所以　$$y(x)=\mathrm{e}^{\int\mathrm{d}x}\left[\int\mathrm{e}^x\cdot\mathrm{e}^{-\int\mathrm{d}x}\mathrm{d}x+C\right]=\mathrm{e}^x(x+C).$$

由 $y(0)=1\Rightarrow C=1$，所以

$$y(x)=\mathrm{e}^x(x+1).$$

6. 做适当的变换求下列方程的通解：

(1) $x\dfrac{\mathrm{d}y}{\mathrm{d}x}+x+\sin(x+y)=0$.

解　令 $x+y=u$，将原方程化为

$$x\left(\frac{\mathrm{d}u}{\mathrm{d}x}-1\right)+x+\sin u=0,\ \text{即}\ x\frac{\mathrm{d}u}{\mathrm{d}x}=-\sin u.$$

用分离变量法解得 $\csc u-\cot u=\frac{C}{x}$，故原方程的通解为

$$\csc(x+y)-\cot(x+y)=\frac{C}{x}.$$

(2) $\frac{\mathrm{d}y}{\mathrm{d}x}=\frac{1}{x-y}+1$.

解 令 $x-y=z$，则

$$y=x-z\Rightarrow\frac{\mathrm{d}y}{\mathrm{d}x}=1-\frac{\mathrm{d}z}{\mathrm{d}x},$$

原方程化为 $1-\frac{\mathrm{d}z}{\mathrm{d}x}=\frac{1}{z}+1\Rightarrow z\mathrm{d}z=-\mathrm{d}x$,

积分得 $\frac{1}{2}z^2=-x+C_1$，$(x-y)^2=C-2x$,

所求通解为 $(x-y)^2+2x=C$.

(3) $(y+xy^2)\mathrm{d}x+(x-x^2y)\mathrm{d}y=0$.

解 令 $xy=u$，则 $\mathrm{d}y=\frac{1}{x}(\mathrm{d}u-y\mathrm{d}x)$. 将原方程化为

$$u(1+u)\mathrm{d}x+(1-u)(x\mathrm{d}u-u\mathrm{d}x)=0，即 2u^2\mathrm{d}x+x(1-u)\mathrm{d}u=0.$$

用分离变量法解得 $\frac{x^2}{u}=Ce^{\frac{1}{u}}$，故原方程的通解为

$$x=Cye^{\frac{1}{xy}}.$$

*§ 8.4 可降阶的二阶微分方程

一、主要知识归纳

表 8—4—1 几种可降阶的高阶方程的解法

类型	解法
$y^{(n)}=f(x)$ 型	$y^{(n-1)}=\int f(x)\mathrm{d}x+C_1$，$y^{(n-2)}=\int\left[\int f(x)\mathrm{d}x+C_1\right]\mathrm{d}x+C_2$，如此 n 次积分，即可得通解.
$y''=f(x,y')$ 型，不显含 y	令 $y'=p$，则 $y''=\frac{\mathrm{d}p}{\mathrm{d}x}=p'$，化为一阶方程：$p'=f(x,p)$.
$y''=f(y,y')$ 型，不显含 x	令 $y'=p$，则 $y''=\frac{\mathrm{d}p}{\mathrm{d}y}\cdot\frac{\mathrm{d}y}{\mathrm{d}x}=p\frac{\mathrm{d}p}{\mathrm{d}y}=f(y,p)$，化为一阶方程：$p\frac{\mathrm{d}p}{\mathrm{d}y}=f(y,p)$.

二、典型例题分析

例 1　求微分方程 $y''=\cos 2x\cos 3x$ 的通解.

解　原方程化简得　$y''=\dfrac{1}{2}[\cos 5x+\cos x]$,

对 x 积分得　$y'=\dfrac{1}{10}\sin 5x+\dfrac{1}{2}\sin x+C_1$,

再对 x 积分得　$y=-\dfrac{1}{50}\cos 5x-\dfrac{1}{2}\cos x+C_1x+C_2$($C_1$, C_2 为任意常数).

例 2　求微分方程 $xy''+2y'=1$ 满足 $y(1)=2y'(1)$,且当 $x\to 0$ 时,y 有界的特解.

解　方法一　所给方程不显含 y,属 $y''=f(x, y')$ 型,令 $y'=p$,则 $y''=p'$,代入方程降阶后求解,此法留给读者练习.

方法二　因为 $xy''+2y'=(xy'+y)'$,于是原方程可写为 $(xy'+y)'=1$.

两边积分,得 $xy'+y=x+C_1$,即 $y'+\dfrac{1}{x}y=1+\dfrac{C_1}{x}$,

这是一阶线性微分方程,解得　$y=\dfrac{x}{2}+C_1+\dfrac{C_2}{x}$,

因为 $x\to 0$ 时,y 有界,得　$C_2=0$,故 $y=\dfrac{x}{2}+C_1$,

由此得　$y'=\dfrac{1}{2}$ 及 $y(1)=\dfrac{1}{2}+C_1$,

又由已知条件 $y(1)=2y'(1)$,得 $C_1=\dfrac{1}{2}$,

从而所求特解为 $y=\dfrac{x}{2}+\dfrac{1}{2}$.

例 3　求微分方程 $y''=y'e^y$ 满足条件 $y(0)=0$, $y'(0)=1$ 的解.

解　令 $y'=p(y)$, $y''=pp'$,得 $pp'=pe^y$.

$$dp=e^y dy,\ p=y'=e^y+C_1,$$

由条件得 $C_1=0$, $y'=e^y$, $-e^{-y}=x+C_2$,
由条件 $y(0)=0$,得 $C_2=-1$,特解为 $x=1-e^{-y}$.

例 4　求微分方程 $xyy''+x(y')^2-yy'=0$ 的通解.

解　令 $yy'=u$,则 $\dfrac{du}{dx}=yy''+(y')^2$,

原方程化为 $x\dfrac{du}{dx}=u\Rightarrow u=C_1x$,即 $yy'=C_1x$,

解得 $y^2=C_1x^2+C_2$.

例 5 求微分方程 $xy'''+y''=1$ 的通解.

解 令 $y''=p(x)$，$y'''=p'$，得

$$p'+\frac{1}{x}p=\frac{1}{x}, \quad p=y''=\frac{1}{x}(x+C_1), \quad y'=x+C_1\ln|x|+C_2,$$

$$y=\frac{x^2}{2}+C_1x(\ln|x|-1)+C_2x+C_3.$$

三、习题 8—4 解答

1. 求下列微分方程的通解：

(1) $y''=e^{3x}+\sin x$.

解 在题设方程两端积分一次，得

$$y'=\frac{1}{3}e^{3x}-\cos x+C_1,$$

再积分一次，得

$$y=\frac{1}{9}e^{3x}-\sin x+C_1x+C_2, \text{其中 } C_1, C_2 \text{ 为任意常数}.$$

(2) $y''=y'+x$.

解 令 $y'=p$，原方程成为

$$p'=p+x, \text{即 } p'-p=x.$$

此为关于 p 的一阶线性方程，利用公式法，得

$$p=e^{\int dx}\left(C_1+\int xe^{-x}dx\right)=e^x(C_1-xe^{-x}-e^{-x})=C_1e^x-x-1,$$

$$\therefore\ y=\int(C_1e^x-x-1)dx=C_1e^x-\frac{1}{2}x^2-x+C_2.$$

(3) $y''+\frac{y'^2}{1-y}=0$.

解 作变换 $p=y'$，则 $y''=p\frac{dp}{dy}$，原方程化为

$$p\frac{dp}{dy}+\frac{p^2}{1-y}=0.$$

其中 $p=0$ 是上述方程的特解，即 $y=C(C\neq1)$ 是解，又由

$$\frac{dp}{dy}=-\frac{p}{1-y} \Rightarrow p=C_1(y-1),$$

再由 $\quad y'=C_1(y-1) \Rightarrow y=1+C_2e^{C_1x}(C_2\neq0)$.

注意 $C_1=0$ 时，即包含了 $y=C(C\neq1)$ 的解，故原方程的全部解为

$$y=1+C_2e^{C_1x}(C_2\neq0).$$

(4) $xy''=y'+x\sin\frac{y'}{x}$.

解　题设方程不显含 y，故令 $y'=p$，则原方程化为

$$xp'=p+x\sin\frac{p}{x},$$

这是一个齐次方程，令 $\frac{p}{x}=u$，则上面的方程成为

$$xu'=\sin u\Rightarrow\tan\frac{u}{2}=C_1x,\ C_1\text{ 为任意常数},$$

即　$$\frac{p}{x}=2\arctan C_1x\text{ 或}\frac{dy}{dx}=2x\arctan C_1x,$$

两端积分，即可求得原方程的通解

$$y=\begin{cases}x^2\arctan C_1x-\frac{x}{C_1}+\frac{1}{C_1^2}\arctan C_1x+C_2, & C_1\neq0\\ C_2, & C_1=0\end{cases},\text{ 其中 }C_2\text{ 为任意常数}.$$

(5) $y''=y'^3+y'$.

解　令 $y'=p$，则 $y''=p\frac{dp}{dy}$，原方程变为

$$p\frac{dp}{dy}=p^3+p,$$

设 $p\neq0$，则

$$\frac{dp}{1+p^2}=dy\Rightarrow\arctan p=y-C_1\Rightarrow p=\tan(y-C_1)\Rightarrow\frac{dy}{\tan(y-C_1)}=dx$$

$$\Rightarrow\ln\sin(y-C_1)=x+\overline{C}_2\Rightarrow\sin(y-C_1)=C_2e^x,$$

$$y=C_1+\arcsin(C_2e^x).$$

当 $p=0$ 时，$y=C$ 是原方程的解.

2. 求微分方程 $y''=\frac{3}{2}y^2$ 满足初始条件 $y|_{x=0}=1$，$y'|_{x=0}=1$ 的特解.

解　设 $y'=p(y)$，则 $y''=p\frac{dp}{dy}$，代入方程，得

$$p\frac{dp}{dy}=\frac{3}{2}y^2\text{ 或 }2p\,dp=3y^2dy\Rightarrow p^2=y^3+C_1.$$

由初始条件 $y'|_{x=0}=1$，得 $C_1=0$，所以 $p^2=y^3$ 或 $p=y^{3/2}$，其中因 $y'|_{x=0}=1>0$，所以取正号. 代入 $p=y'=\frac{\mathrm{d}y}{\mathrm{d}x}$化为

$$y^{-3/2}\mathrm{d}y=\mathrm{d}x \Rightarrow -2y^{-1/2}=x+C_2.$$

再由初始条件 $y|_{x=0}=1$，得 $C_2=-2$，代入上式得所求特解

$$y=\frac{4}{(x-2)^2}.$$

3. 试求 $y''=x$ 的经过点 $M(0, 1)$ 且在此点与直线 $y=\frac{x}{2}+1$ 相切的积分曲线.

解　方程的初始条件为 $y(0)=1$，$y'(0)=\frac{1}{2}$.

$$\therefore \quad y'=\int x\mathrm{d}x=\frac{1}{2}x^2+C_1,$$

代入 $y'(0)=\frac{1}{2}$，得 $C_1=\frac{1}{2}$；

$$y=\int\left(\frac{1}{2}x^2+\frac{1}{2}\right)\mathrm{d}x=\frac{1}{6}x^3+\frac{1}{2}x+C_2,$$

代入 $y(0)=1$，得 $C_2=1$，所求积分曲线为

$$y=\frac{1}{6}x^3+\frac{1}{2}x+1.$$

§8.5　二阶线性微分方程解的结构

一、主要知识归纳

表 8—5—1　　**二阶线性微分方程解的结构**

<table>
<tr><td rowspan="2">线性微分方程的概念</td><td>1° 方程
$$y''+P(x)y'+Q(x)y=f(x) \quad ①$$
称为二阶线性微分方程.
当 $f(x)=0$ 时，方程
$$y''+P(x)y'+Q(x)y=0 \quad ②$$
称为齐次的；当 $f(x)\neq0$ 时，方程 ① 称为非齐次的.</td></tr>
<tr><td>2° 方程
$$y^{(n)}+a_1(x)y^{(n-1)}+\cdots+a_{n-1}(x)y'+a_n(x)y=f(x) \quad ③$$
称为 n 阶线性微分方程.
当 $f(x)=0$ 时，称方程 ③ 为齐次的；当 $f(x)\neq0$ 时，称方程 ③ 为非齐次的.</td></tr>
</table>

续前表

齐次方程的解的结构	1° 若 $y_1(x)$，$y_2(x)$ 是方程 ② 的两个解，则 $y=C_1y_1(x)+C_2y_2(x)$ 也是 ② 的解，其中 C_1，C_2 为任意常数.
	2° 若 $y_1(x)$，$y_2(x)$ 是方程 ② 的两个线性无关的解，则 $$y=C_1y_1(x)+C_2y_2(x)(C_1,\ C_2\text{ 为任意常数})$$ 是方程 ② 的通解.
非齐次方程的解的结构	1° 若 $y^*(x)$ 是 ① 的特解，$\overline{Y}(x)$ 是 ② 的通解，则 $y=\overline{Y}(x)+y^*(x)$ 是方程 ① 的通解.
	2° 若 $y_1^*(x)$ 是方程 $y''+P(x)y'+Q(x)y=f_1(x)$ 的特解，$y_2^*(x)$ 是方程 $y''+P(x)y'+Q(x)y=f_2(x)$ 的特解，则 $y_1^*(x)+y_2^*(x)$ 是方程 $y''+P(x)y'+Q(x)y=f_1(x)+f_2(x)$ 的特解.

二、典型例题分析

例 1　下列函数组在其定义域内哪些是线性无关的？

(1) e^{x^2}，xe^{x^2}；　　　　(2) e^{ax}，$e^{bx}(a\neq b)$.

解　(1) 因 $\dfrac{xe^{x^2}}{e^{x^2}}=x\neq$ 常数，故该函数组线性无关；

(2) 因 $\dfrac{e^{bx}}{e^{ax}}=e^{(b-a)x}\neq$ 常数，故该函数组线性无关.

例 2　已知 $y_1=xe^x+e^{2x}$，$y_2=xe^x+e^{-x}$，$y_3=xe^x+e^{2x}-e^{-x}$ 是某二阶线性非齐次常系数微分方程的三个解，求此微分方程及其通解.

解　设所求的方程为

$$y''+a_1(x)y'+a_2(x)y=f(x),$$

由线性微分方程的解的性质知，

$$y_1-y_3=e^{-x},\ y_1-y_2=e^{2x}-e^{-x},\ (y_1-y_2)+(y_1-y_2)=e^{2x},$$

都是对应齐次方程

$$y''+a_1(x)y'+a_2(x)y=0 \qquad ①$$

的解,将 $y=e^{-x}$ 及 $y=e^{2x}$ 分别代入①，得

$$\begin{cases}1-a_1(x)+a_2(x)=0\\4+2a_1(x)+a_2(x)=0\end{cases},$$

由此解得 $a_1(x)=-1$，$a_2(x)=-2$,故所求方程为

$$y''-y'-2y=f(x),$$

代入 $y_1=xe^x+e^{2x}$ 得 $f(x)=(1-2x)e^x$. 所以所求方程为

$$y''-y'-2y=(1-2x)e^x.$$

例 3　已知 $y_1(x)=e^x$ 是齐次方程 $y''-2y'+y=0$ 的解，求非齐次方程 $y''-2y'+y=\dfrac{1}{x}e^x$ 的通解.

解　令 $y=e^xu$，则 $y'=e^x(u'+u)$，$y''=e^x(u''+2u'+u)$，

代入非齐次方程得

$$e^x(u''+2u'+u)-2e^x(u'+u)+e^x u=\frac{1}{x}e^x，即\ e^x u''=\frac{1}{x}e^x \Rightarrow u''=\frac{1}{x}.$$

直接积分得　$u'=C+\ln|x|$，

再积分得　$u=C_1+Cx+x\ln|x|-x$，即 $u=C_1+C_2x+x\ln|x|$ $(C_2=C-1)$.

故所求通解为 $y=C_1e^x+C_2xe^x+xe^x\ln|x|$.

例 4　已知微分方程 $t(t-1)x''-tx'+x=0$ 的一特解为 $x_1=t$，求其通解.

解　设微分方程另一特解为 $x_2=t\int V(t)\mathrm{d}t$，代入原方程整理得 $\dfrac{t-2}{t-t^2}=\dfrac{V'}{V}$，

两边积分得 $V=\dfrac{t-1}{t^2}$，$x_2=t\ln|t|+1$，

容易验证 $x_1=t$，$x_2=t\ln|t|+1$ 线性无关，故微分方程的通解为：

$$x(t)=C_1t+C_2(t\ln|t|+1).$$

例 5　用降阶法求解方程：$(1+x)y''-y'-xy=0$.

解　易见 $y_1=e^x$ 是 $(1+x)y''-y'-xy=0$ 的解.

令 $y=C(x)y_1$，则

$$y=C(x)e^x，y'=(C+C')e^x，y''=(C+2C'+C'')e^x.$$

代入原方程得

$$[(1+x)(C+2C'+C'')-(C+C')-Cx]e^x=0\Rightarrow(1+x)C''+(2x+1)C'=0,$$

即　$\dfrac{\mathrm{d}C'}{C'}=\left(\dfrac{1}{1+x}-2\right)\mathrm{d}x.$

解得　$C'=C_3(1+x)e^{-2x}$，

从而　$C=C_3\int(1+x)e^{-2x}\mathrm{d}x+C_2=-\dfrac{C_3}{4}(3+2x)e^{-2x}+C_2.$

因此 $(1+x)y''-y'-xy=0$ 的通解是

$$y=Ce^x=[C_1(3+2x)e^{-2x}+C_2]e^x\left(C_1=-\frac{C_3}{4}\right).$$

故所求通解为 $y=C_1(3+2x)e^{-x}+C_2e^x$.

三、习题 8—5 解答

1. 判断下列各组函数是否线性相关：

(1) x^2，x^3；　　(2) $\cos3x$，$\sin3x$；

(3) $\ln x$，$x\ln x$；　　(4) e^{ax}，e^{bx} $(a\neq b)$.

解　(1) $\frac{x^2}{x^3}=\frac{1}{x}\neq k$（常数），故 x^2 与 x^3 线性无关；

(2) $\frac{\cos 3x}{\sin 3x}=\cot 3x\neq k$，故 $\cos 3x$ 与 $\sin 3x$ 线性无关；

(3) $\frac{\ln x}{x\ln x}=\frac{1}{x}\neq k$，故 $\ln x$ 与 $x\ln x$ 线性无关；

(4) $\frac{e^{bx}}{e^{ax}}=e^{(b-a)x}\neq$常数，故 e^{ax} 与 e^{bx} 线性无关.

2. 验证 $y_1=\cos\omega x$ 及 $y_2=\sin\omega x$ 都是方程 $y''+\omega^2 y=0$ 的解，并写出该方程的通解.

证　以 $y_1=\cos\omega x$ 代入方程，得

$$y''+\omega^2 y=-\omega^2\cos\omega x+\omega^2\cos\omega x=0,$$

所以 y_1 是该方程的解. 同理，以 $y_2=\sin\omega x$ 代入，得

$$y''+\omega^2 y=-\omega^2\sin\omega x+\omega^2\sin\omega x=0,$$

所以 y_2 也是该方程的解，又

$$\frac{y_1}{y_2}=\frac{\cos\omega x}{\sin\omega x}=\cot\omega x\neq k(\text{常数}),$$

所以 y_1 与 y_2 线性无关，故该方程的通解为

$$y=C_1\cos\omega x+C_2\sin\omega x.$$

3. 验证 $y_1=e^{x^2}$ 及 $y_2=xe^{x^2}$ 都是方程 $y''-4xy'+(4x^2-2)y=0$ 的解，并写出该方程的通解.

证　$y_1'=2xe^{x^2}$，$y_1''=4x^2e^{x^2}+2e^{x^2}$，代入得

$$4x^2e^{x^2}+2e^{x^2}-4x\cdot 2xe^{x^2}+4x^2e^{x^2}-2e^{x^2}=0,$$

所以 y_1 是该方程的解，又

$$y_2'=2x^2e^{x^2}+e^{x^2},\ y_2''=4xe^{x^2}+4x^3e^{x^2}+2xe^{x^2},$$

代入该方程的左边，得

$$\text{左式}=e^{x^2}(4x^3+6x)-4x(2x^2+1)e^{x^2}+(4x^2-2)xe^{x^2}=0,$$

所以 y_2 也是该方程的解，且

$$\frac{y_1}{y_2}=\frac{e^{x^2}}{xe^{x^2}}=\frac{1}{x}\neq k(\text{常数}),$$

故 y_1 与 y_2 线性无关，该方程的通解为

$$y=C_1\mathrm{e}^{x^2}+C_2x\mathrm{e}^{x^2}=(C_1+C_2x)\mathrm{e}^{x^2}.$$

4. 已知 $y_1=3$，$y_2=3+x^2$，$y_3=3+x^2+\mathrm{e}^x$ 都是微分方程

$$(x^2-2x)y''-(x^2-2)y'+(2x-2)y=6x-6$$

的解，求此方程的通解.

解　$y_3-y_2=\mathrm{e}^x$，$y_2-y_1=x^2$ 均为对应齐次方程的解，且 $\frac{\mathrm{e}^x}{x^2}\neq$常数. 所以，

$$y=C_1\mathrm{e}^x+C_2x^2$$

为对应齐次方程的通解，故已知方程的通解为

$$y=C_1\mathrm{e}^x+C_2x^2+3.$$

5. 验证 $y=C_1\mathrm{e}^{C_2-3x}-1$ 是 $y''-9y=9$ 的解，说明它不是通解，其中 C_1，C_2 是两个任意常数.

证　$\because y=C_1\mathrm{e}^{C_2-3x}-1=(C_1\mathrm{e}^{C_2})\cdot\mathrm{e}^{-3x}-1=C\mathrm{e}^{-3x}-1$，

$\therefore y$ 中真正只含一个任意常数，而方程为 2 阶方程，故 y 不可以为通解.

另一方面

$\because y'=-3C\mathrm{e}^{-3x}$，$y''=9C\mathrm{e}^{-3x}$，

$\therefore y''-9y=9C\mathrm{e}^{-3x}-9(C\mathrm{e}^{-3x}-1)=9$，

故 $y=C\mathrm{e}^{-3x}-1$ 是方程的解.

§8.6　二阶常系数齐次线性微分方程

一、主要知识归纳

表 8—6—1　　　　**二阶常系数齐次线性微分方程**

定义	方程 $y''+py'+qy=0$，其中 p，q 为常数　① 称为二阶常系数齐次线性微分方程，对应的代数方程 $r^2+pr+q=0$　② 称为方程 ① 的特征方程.
解法	1° 当 ② 有两个不相等的实根 r_1，r_2 时，① 的通解为 $y=C_1\mathrm{e}^{r_1x}+C_2\mathrm{e}^{r_2x}$；
	2° 当 ② 有两个相等的实根 $r_1=r_2=r$ 时，① 的通解为 $y=(C_1+C_2x)\mathrm{e}^{rx}$；
	3° 当 ② 有一对共轭复根 $\alpha\pm\mathrm{i}\beta$ 时，① 的通解为 $y=\mathrm{e}^{\alpha x}(C_1\cos\beta x+C_2\sin\beta x)$.

二、典型例题分析

例 1　(1) 已知二阶常数系数齐次线性微分方程的两个特征根为 0 和 1，写出方程通解.

(2) 已知二阶常系数齐次线性微分方程的特征根为$\pm \mathrm{i}$，写出此方程的通解.

(3) 已知二阶常系数齐次线性微分方程的两个特征根均为 1，写出此方程的通解.

解　(1) $y=C_1+C_2\mathrm{e}^x$. (2) $y=C_1\cos x+C_2\sin x$. (3) $y=\mathrm{e}^x(C_1+C_2x)$.

例 2　求微分方程 $x'''+kx=0$ 的通解.

解　特征方程为 $\lambda^3+k=0$.

当 $k=0$ 时，有通解为：$x=C_1+C_2t+C_3t^2$，

当 $k\neq 0$ 时，特征根分别为 $\lambda_1=-k^{\frac{1}{3}}$，$\lambda_2=\frac{1}{2}k^{\frac{1}{3}}+\frac{\sqrt{3}}{2}k^{\frac{1}{3}}\mathrm{i}$，$\lambda_3=\frac{1}{2}k^{\frac{1}{3}}-\frac{\sqrt{3}}{2}k^{\frac{1}{3}}\mathrm{i}$，

通解为：$x=C_1\mathrm{e}^{-k^{\frac{1}{3}}\cdot t}+\mathrm{e}^{\frac{1}{2}k^{\frac{1}{3}}\cdot t}\left[C_2\cos\left(\frac{\sqrt{3}}{2}k^{\frac{1}{3}}t\right)+C_3\sin\left(\frac{\sqrt{3}}{2}k^{\frac{1}{3}}t\right)\right]$.

三、习题 8—6 解答

1. 求下列微分方程的通解：

(1) $y''+5y'+6y=0$.

解　题设方程的特征方程为

$$r^2+5r+6=0.$$

解得 $r_1=-2$，$r_2=-3$，故题设方程的通解为

$$y=C_1\mathrm{e}^{-2x}+C_2\mathrm{e}^{-3x}.$$

(2) $16y''-24y'+9y=0$.

解　题设方程的特征方程为

$$16r^2-24r+9=0，即\ (4r-3)^2=0.$$

有重根 $r_1=r_2=3/4$，故题设方程的通解为

$$y=(C_1+C_2x)\mathrm{e}^{3x/4}.$$

(3) $y''+y'=0$.

解　特征方程　$r^2+1=0$，

特征根为　$r=\pm\mathrm{i}$，$\alpha=0$，$\beta=1$，

故方程的通解为

$$y=C_1\cos x+C_2\sin x.$$

(4) $y''+8y'+25y=0$.

解 方程 $y''+8y'+25y=0$ 的特征方程为

$$r^2+8r+25=0.$$

解得 $r_{1,2}=-4\pm 3\mathrm{i}$，故题设方程的通解为

$$y=\mathrm{e}^{-4x}(C_1\cos 3x+C_2\sin 3x).$$

(5) $4\dfrac{\mathrm{d}^2x}{\mathrm{d}t^2}-20\dfrac{\mathrm{d}x}{\mathrm{d}t}+25x=0$.

解 特征方程为

$$4r^2-20r+25=0,\ \text{即}\ (2r-5)^2=0,$$

特征根 $r_{1,2}=2.5$，故方程的通解为

$$x=(C_1+C_2t)\mathrm{e}^{2.5t}.$$

(6) $y''-4y'+5y=0$.

解 特征方程为

$$r^2-4r+5=0,\ \text{即}\ (r-2)^2=-1,$$

特征根 $r=2\pm i$，故方程的通解为

$$y=\mathrm{e}^{2x}(C_1\cos x+C_2\sin x).$$

(7) $y^{(4)}+5y''-36y=0$.

解 特征方程为

$$r^4+5r^2-36=0,\ (r^2+9)(r^2-4)=0,$$
$$r_{1,2}=\pm 2,\ r_{3,4}=\pm 3\mathrm{i},$$
$$y=C_1\mathrm{e}^{2x}+C_2\mathrm{e}^{-2x}+(C_3\cos 3x+C_4\sin 3x).$$

(8) $y'''-4y''+y'+6y=0$.

解 特征方程为

$$r^3-4r^2+r+6=0,\ \text{即}\ (r+1)(r-2)(r-3)=0,$$

特征根 $r_1=-1$，$r_2=2$，$r_3=3$，故方程的通解为

$$y=C_1\mathrm{e}^{-x}+C_2\mathrm{e}^{2x}+C_3\mathrm{e}^{3x}.$$

(9) $y^{(5)}+2y'''+y'=0$.

解 特征方程为

$$r^5+2r^3+r=0，即\ r(r^2+1)^2=0,$$

特征根 $r_1=0$，$r_{2,3}=\mathrm{i}$，$r_{4,5}=-\mathrm{i}$，故方程的通解为

$$y=C_1+(C_2+C_3x)\cos x+(C_4+C_5x)\sin x.$$

2. 求下列微分方程满足所给初始条件的特解：

(1) $4y''+4y'+y=0$，$y|_{x=0}=2$，$y'|_{x=0}=0$；

(2) $y''+4y'+29y=0$，$y|_{x=0}=0$，$y'|_{x=0}=15$.

解　(1) 特征方程为

$$4r^2+4r+1=0，(2r+1)^2=0，r_{1,2}=-\frac{1}{2}.$$

通解为　$y=(C_1+C_2x)\mathrm{e}^{-\frac{x}{2}}$，$y'=\left(-\frac{1}{2}C_1+C_2-\frac{1}{2}C_2x\right)\mathrm{e}^{-\frac{x}{2}}$.

由初始条件 $y(0)=2$，$y'(0)=0$，得

$$\begin{cases}C_1=2\\-\frac{1}{2}C_1+C_2=0\end{cases}\Rightarrow\begin{cases}C_1=2\\C_2=1\end{cases},$$

故所求特解为

$$y=(2+x)\mathrm{e}^{-\frac{x}{2}}.$$

(2) 特征方程为 $r^2+4r+29=0$，

特征根为　$r=-2\pm\sqrt{4-29}=-2\pm5\mathrm{i}$，

故通解为　$y=\mathrm{e}^{-2x}(C_1\cos5x+C_2\sin5x)$，

求导得　$y'=\mathrm{e}^{-2x}[(5C_2-2C_1)\cos5x-(5C_1+2C_2)\sin5x]$，

代入　$y(0)=0,\ y'(0)=15\Rightarrow\begin{cases}C_1=0\\5C_2-2C_1=15\end{cases}\Rightarrow\begin{cases}C_1=0\\C_2=3\end{cases}$，

故所求特解为　$y=3\mathrm{e}^{-2x}\sin5x$.

3. 求微分方程 $yy''-(y')^2=y^2\ln y$ 的通解.

解　$\because y\neq0$，故题设方程可化为

$$\frac{yy''-(y')^2}{y^2}=\ln y，即\left(\frac{y'}{y}\right)'=\ln y,$$

注意到 $(\ln y)'=\frac{y'}{y}$，上述方程化为 $(\ln y)''=\ln y$.

令 $z=\ln y$，则原方程又化为 $z''-z=0$.

利用特征方程法，因其特征根 $\lambda=\pm1$，故得其通解为

$z=C_1e^x+C_2e^{-x}$.

从而所求通解为 $\ln y=C_1e^x+C_2e^{-x}$.

§8.7 二阶常系数非齐次线性微分方程

一、主要知识归纳

表 8—7—1 二阶常系数非齐次线性微分方程

<table>
<tr><td>定义</td><td>方程
$y''+py'+qy=f(x)$，其中 p，q 是常数，$f(x)\neq 0$ ①
称为二阶常系数非齐次线性微分方程.</td></tr>
<tr><td rowspan="3">特解构造法</td><td>1° $f(x)=e^{\lambda x}p_m(x)$ 型，则可用待定系数法构造特解为 $y^*=x^kQ_m(x)e^{\lambda x}$，
其中 $k=\begin{cases}0, & \lambda \text{不是特征根}\\ 1, & \lambda \text{是单重特征根},\\ 2, & \lambda \text{是两重特征根}\end{cases}$
$Q_m(x)$ 是与 $P_m(x)$ 同次的多项式.</td></tr>
<tr><td>2° $f(x)=e^{\lambda x}[P_l(x)\cos wx+P_n(x)\sin wx]$ 型，则构造特解为
$y^*=x^ke^{\lambda x}[R_m^{(1)}(x)\cos wx+R_m^{(2)}(x)\sin wx]$，
其中 $k=\begin{cases}0, & \lambda+iw \text{不是特征根}\\ 1, & \lambda+iw \text{是特征根}\end{cases}$，
$P_m^{(1)}(x)$，$P_m^{(2)}(x)$ 是 m 次多项式，$m=\max(l, n)$.</td></tr>
<tr><td>3° 对 $f(x)$ 为其他情形可用常数变易法求解，若
$\overline{Y}(x)=C_1y_1(x)+C_2y_2(x)$ 为 $y''+py'+qy=0$ 的通解，则令 ① 的解为
$y=v_1y_1(x)+v_2y_2(x)$，其中 v_1，v_2 为待定函数，满足：
$\begin{cases}y_1v_1'+y_2v_2'=0\\ y_1'v_1'+y_2'v_2'=f(x)\end{cases}$.</td></tr>
</table>

二、典型例题分析

例 1 求微分方程 $y''+y=x+e^x$ 的通解.

解 特征方程为 $r^2+1=0$，特征根 $r_1=i$，$r_2=-i$，

故对应齐次方程的通解为 $Y=C_1\cos x+C_2\sin x$，

观察可得，$y''+y=x$ 的一个特解为 $y_1^*=x$，$y''+y=e^x$ 的一个特解为 $y_2^*=\frac{1}{2}e^x$.

由非齐次线性微分方程解的叠加原理知

$$y^*=y_1^*+y_2^*=x+\frac{1}{2}e^x \text{ 是原方程的一个特解，}$$

从而原方程的通解为　$Y=C_1\cos x+C_2\sin x+x+\dfrac{1}{2}e^x$.

例 2　求方程 $y''-2y'+y=(6x^2-4)e^x+x+1$ 的特解.

解　对应齐次方程的特征方程为 $r^2-2r+1=0$，解得特征根为 $r_1=r_2=1$. 由§8.5 定理 4 知，题设方程的特解是下列两个方程特解的和：

$$y''-2y'+y=(6x^2-4)e^x, \qquad ①$$

$$y''-2y'+y=x+1. \qquad ②$$

因特征方程有重根 $r=1$，所以设方程 ① 的特解为

$$y_1^*=(b_0x^2+b_1x+b_2)x^2e^x,$$

将其代入方程 ①，并消去 e^x，整理后得 $12b_0x^2+6b_1x+2b_2=6x^2-4$，

即 $b_0=\dfrac{1}{2}$，$b_1=0$，$b_2=-2$，于是得特解 $y_1^*=\left(\dfrac{1}{2}x^2-2\right)x^2e^x$.

又因特征方程有重根 $r=1$，所以设方程 ② 的特解为

$$y_2^*=Ax+B.$$

求导后代入方程，解出 $A=1$，$B=3$，得特解 $y_2^*=x+3$.

所以题设方程的特解为：$y^*=y_1^*+y_2^*=\left(\dfrac{1}{2}x^2-2\right)x^2e^x+x+3$.

例3　设函数 $y(x)$ 满足 $y'(x)=1+\int_0^x[6\sin^2t-y(t)]dt$，$y(0)=1$，求 $y(x)$.

解　将方程两端对 x 求导，得微分方程

$$y''+y=6\sin^2x，即\ y''+y=3(1-\cos 2x),$$

特征方程为 $r^2+1=0$，特征根为 $r_1=i$，$r_2=-i$，

对应齐次方程的通解为 $Y=C_1\cos x+C_2\sin x$，

注意到方程的右端 $f(x)=3-3\cos 2x=f_1(x)+f_2(x)$，且 $\alpha\pm i\beta=\pm 2i$ 不是特征根，

根据非齐次方程解的叠加原理，可设特解

$$y^*=y_1^*+y_2^*=a+b\cos 2x+c\sin 2x,$$

代入方程得出 $a=3$，$b=1$，$c=0$，从而原方程的通解为

$$y=C_1\cos x+C_2\sin x+\cos 2x+3.$$

又在原方程的两端令 $x=0$，得 $y'(0)=1$.

由 $y(0)=1$，$y'(0)=1$，

得到　　$C_1=-3$，$C_2=1$，

从而所求函数为　$y(x)=\sin x-3\cos x+\cos 2x+3$.

例 4 利用代换 $y=\dfrac{u}{\cos x}$，将方程

$$y''\cos x-2y'\sin x+3y\cos x=\mathrm{e}^x$$

化简，并求原方程的通解.

解 由于 $u=y\cos x$，则两边对 x 求导得

$$u'=y'\cos x-y\sin x,$$
$$u''=y''\cos x-2y'\sin x-y\cos x,$$

从而方程化为

$$u''+4u=\mathrm{e}^x,$$

这是二阶常系数非齐次线性方程，易得其通解为

$$u=C_1\cos 2x+C_2\sin 2x+\frac{1}{5}\mathrm{e}^x \quad (C_1,C_2\text{ 为任意常数})$$

故原方程的通解为

$$y=C_1\frac{\cos 2x}{\cos x}+2C_2\sin x+\frac{\mathrm{e}^x}{5\cos x}.$$

三、习题 8—7 解答

1. 下列微分方程具有何种形式的特解：

(1) $y''+4y'-5y=x$； (2) $y''+4y'=x$；

(3) $y''+y=2\mathrm{e}^x$； (4) $y''+y=x^2\mathrm{e}^x$；

(5) $y''+y=\sin 2x$； (6) $y''+y=3\sin x$.

解 根据各微分方程右端的非齐次项和该方程特征根的情况，易写出本题各方程的特解形式：

(1) $y^*=b_0x+b_1$； (2) $y^*=b_0x^2+b_1x$；

(3) $y^*=b_0\mathrm{e}^x$； (4) $y^*=(b_0x^2+b_1x+b_2)\mathrm{e}^x$；

(5) $y^*=b_0\cos 2x+b_1\sin 2x$； (6) $y^*=x(b_0\cos x+b_1\sin x)$.

2. 求下列各题所给微分方程的通解：

(1) $y''+y'+2y=x^2-3$.

解　由对应齐次方程的特征方程 $r^2+r+2=0$ 的特征根为

$$r_{1,2}=\frac{-1\pm\sqrt{7}\mathrm{i}}{2},$$

得对应齐次方程的通解为

$$\bar{y}=\mathrm{e}^{-\frac{x}{2}}\left(C_1\cos\frac{\sqrt{7}}{2}x+C_2\sin\frac{\sqrt{7}}{2}x\right).$$

又因自由项 $f(x)=x^2-3$，0 不是特征值，故题设方程的特解形式为

$$y^*=b_0x^2+b_1x+b_2.$$

将 $y^{*\prime}=2b_0x+b_1$，$y^{*\prime\prime}=2b_0$ 代入题设方程，得

$$2b_0x^2+(2b_0+2b_1)x+(2b_0+b_1+2b_2)=x^2-3,$$

比较同次幂系数，得

$$2b_0=1,\ 2b_0+2b_1=0,\ 2b_0+b_1+2b_2=-3,$$

解得 $b_0=1/2$，$b_1=-1/2$，$b_2=-7/4$，所以特解为

$$y^*=\frac{1}{2}x^2-\frac{1}{2}x-\frac{7}{4}.$$

故所求题设方程的通解为

$$y=\mathrm{e}^{-\frac{x}{2}}\left(C_1\cos\frac{\sqrt{7}}{2}x+C_2\sin\frac{\sqrt{7}}{2}x\right)+\frac{1}{2}x^2-\frac{1}{2}x-\frac{7}{4}.$$

(2) $y''+a^2y=\mathrm{e}^x$.

解　$r^2+a^2=0$，$r_{1,2}=\pm a\mathrm{i}$（不妨设 $a>0$），

$$\bar{y}=C_1\cos ax+C_2\sin ax.$$

这里 $\lambda=1$ 不是特征根，取 $k=0$，$p_0(x)=1$ 是常数，故设

$$y^*=x^k\mathrm{e}^xQ_0(x)=b\mathrm{e}^x,$$

则　$y^{*\prime}=b\mathrm{e}^x$，$y^{*\prime\prime}=b\mathrm{e}^x$，

代入方程得　$b\mathrm{e}^x+a^2b\mathrm{e}^x=\mathrm{e}^x\Rightarrow b=\dfrac{1}{1+a^2}$，

$$\therefore\ y^*=\frac{\mathrm{e}^x}{1+a^2},$$

故所求通解为

$$y=C_1\cos ax+C_2\sin ax+\frac{e^x}{1+a^2}.$$

(3) $y''+y'=2x^2e^x$.

解 特征方程 $r^2+r=0$ 的根为 $r=0$，-1.

∴ 对应齐次方程的通解为

$$\overline{y}=C_1+C_2e^{-x}.$$

再求出非齐次方程的一个特解 y^*. 因为 1 不是特征根，故 y^* 应取如下形式

$$y^*=e^x(Ax^2+Bx+C),$$

将其代入原方程，得

$$2Ax^2+(6A+2B)x+2A+3B+2C=2x^2,$$

比较同次幂系数得 $A=1$，$B=-3$，$C=7/2$，故所求特解为

$$y=e^x(x^2-3x+7/2).$$

所以原方程的通解为

$$y=C_1+C_2e^{-x}+e^x(x^2-3x+7/2).$$

(4) $y''+y=(x-2)e^{3x}$.

解 由特征方程 $r^2+1=0$ 的特征根为 $r=\pm i$，可得对应齐次方程的通解为

$$Y=C_1\cos x+C_2\sin x.$$

由于 3 不是特征方程的根，而自由项为一次多项式，可设原方程的特解形式为

$$y^*=(b_0x+b_1)e^{3x},$$

将 $y^{*''}=(9b_0x+9b_1+6b_0)e^{3x}$ 代入原方程化简，得

$$10b_0x+10b_1+6b_0=x-2,$$

比较两边 x 的同次幂的系数，有

$$10b_0=1,\ 10b_1+6b_0=-2\Rightarrow b_0=1/10,\ b_1=-13/50.$$

于是，得到原方程的一个特解为

$$y^*=\left(\frac{1}{10}x-\frac{13}{50}\right)e^{3x}.$$

从而原方程的通解是

$$y=C_1\cos x+C_2\sin x+\left(\frac{1}{10}x-\frac{13}{50}\right)e^{3x}.$$

(5) $y''-6y'+9y=e^x\cos x$.

解　对应的齐次方程的特征方程为

$$r^2-6r+9=0,$$

特征根为 $r_1=r_2=3$，故该齐次方程的通解为

$$Y=e^{3x}(C_1+C_2x).$$

因 $\lambda=1$，$\omega=1$，而 $\lambda+\omega i=1+i$ 不是特征根，故可设原方程的特解形式为

$$y^*=e^x(A\cos x+B\sin x),$$

则求出 $y^{*\prime}$，$y^{*\prime\prime}$并代入原方程，化简、整理后可得

$$(4A+3B)\sin x+(3A-4B)\cos x=\cos x,$$

即　$$4A+3B=0,\ 3A-4B=1\Rightarrow A=\frac{3}{25},\ B=-\frac{4}{25}.$$

于是 $y^*=e^x\left(\frac{3}{25}\cos x-\frac{4}{25}\sin x\right)$，故所求通解为

$$y=Y+y^*=e^{3x}(C_1+C_2x)+e^x\left(\frac{3}{25}\cos x-\frac{4}{25}\sin x\right).$$

(6) $y''+y'=e^x+\cos x$.

解　$r^2+r=0$，$r_1=0$，$r_2=-1$，对应齐次方程的通解为 $y=C_1+C_2e^{-x}$.

分别求 $y''+y'=e^x$ 与 $y''+y'=\cos x$ 的特解 y_1^* 与 y_2^*.

由观察法易知，方程有特解 $y_1^*=\frac{e^x}{2}$；

设方程 $y''+y'=\cos x$ 的特解为 $y_2^*=a\cos x+b\sin x$，

代人原方程比较系数，得

$$a=-\frac{1}{2},\ b=\frac{1}{2}$$

所以 $y_2^*=-\frac{1}{2}\cos x+\frac{1}{2}\sin x$，$y^*=\frac{1}{2}e^x-\frac{1}{2}\cos x+\frac{1}{2}\sin x$

$$y=C_1+C_2e^{-x}+\frac{1}{2}e^x-\frac{1}{2}\cos x+\frac{1}{2}\sin x.$$

3. 求下列微分方程满足所给初始条件的特解：

(1) $y''-3y'+2y=5$，$y|_{x=0}=1$，$y'|_{x=0}=2$.

解　$r^2-3r+2=0$，$(r-1)(r-2)=0$，$r_1=1$，$r_2=2$. $\bar{y}=C_1e^x+C_2e^{2x}$.

由观察法易知，原方程有特解 $y^*=5/2$，故原方程通解为

$$y=C_1e^x+C_2e^{2x}+5/2.$$

而　$$y'=C_1e^x+2C_2e^{2x}.$$

代入初始条件 $y(0)=1$，$y'(0)=2$，得

$$\begin{cases}C_1+C_2+\dfrac{5}{2}=1\\C_1+2C_2=2\end{cases}\Rightarrow\begin{cases}C_1=-5\\C_2=\dfrac{7}{2}\end{cases},$$

故所求特解为

$$\tilde{y}=-5e^x+\frac{7}{2}e^{2x}+\frac{5}{2}.$$

(2) $y''-y=4xe^x$，$y|_{x=0}=0$，$y'|_{x=0}=1$.

解 $r^2-1=0$，$r_1=1$，$r_2=-1$. $\bar{y}=C_1e^x+C_2e^{-x}$.

这里 $\lambda=1$ 是单特征根，故设特解

$$y^*=x(ax+b)e^x=(ax^2+bx)e^x,$$

演算 $y^{*\prime}$及 $y^{*\prime\prime}$，代入原方程比较系数得 $a=1$，$b=-1$，

$\therefore y^*=(x^2-x)e^x$，

故原方程通解为

$$y=C_1e^x+C_2e^{-x}+x(x-1)e^x.$$

而 $$y'=C_1e^x-C_2e^{-x}+(2x-1)e^x.$$

代入初始条件 $y(0)=0$，$y'(0)=1$，得

$$\begin{cases}C_1+C_2=0\\C_1-C_2-1=1\end{cases}\Rightarrow C_1=1,\ C_2=-1,$$

故所求特解为 $\tilde{y}=e^x-e^{-x}+x(x-1)e^x$.

4. 设二阶常系数线性微分方程

$$y''+\alpha y'+\beta y=\gamma e^x$$

的一个特解为 $y=e^{2x}+(1+x)e^x$，试确定 α，β，γ，并求该方程的通解.

解 由题设知原方程的特征根为 1 和 2.

$\therefore$ 特征方程为 $(\lambda-1)(\lambda-2)=0$，即 $\lambda^2-3\lambda+2=0$，故 $\alpha=-3$，$\beta=2$.

为确定 γ，将 $y_1=xe^x$ 代入得

$$(x+2)e^x-3(x+1)e^x+2xe^x=\gamma e^x\Rightarrow\gamma=-1.$$

$\therefore$ 通解为

$$y=C_1e^x+C_2e^{2x}+xe^x.$$

§8.8　数学建模——微分方程的应用举例

主要知识归纳

表 8—8—1　　微分方程的应用举例

应用问题	应用原理	
衰变问题	$\frac{dx}{dt}=-kx$（x 表示该放射性物质在时刻 t 的质量）.	
追迹问题	$(1-x)y''=\frac{1}{n}\sqrt{1+y'^2}$（$y$ 表示追赶者的轨迹方程）.	
自由落体运动	$\frac{d^2y}{dt^2}=-\frac{gR^2}{y^2}$（$y=y(t)$ 表示在时刻 t 物质所在位置，R 为地球的半径）.	
无阻尼自由振动	$\frac{d^2x}{dt^2}+\omega^2x=0$	$\left(x\right.$ 表示方向位移，ω 表示系统的固有频率，$2v$ 表示阻尼系数与物体质量的比值 $\left.\frac{\mu}{m}\right)$.
有阻尼自由振动	$\frac{d^2x}{dt^2}+2v\frac{dx}{dt}+\omega^2x=0$	
串联电路问题	$L\frac{dI}{dt}+RI+\frac{Q}{C}=E(t)$（$I(t)$ 是电路中任意时刻的电流；L 是电感；C 是电容；$E(t)$ 是电源电动势；R 是电阻；Q 是电容器两极板间的电量）.	

§8.9　差分方程

一、主要知识归纳

表 8—9—1　　差分的概念与性质

差分的概念	设函数 $y_t=y(t)$. 称变量 $y_{t+1}-y_t$ 为函数的差分，也称为函数 y_t 的一阶差分，记作 Δy_t.
差分的性质	(1) $\Delta(Cy_t)=C\Delta y_t$（C 为常数）；　(2) $\Delta(y_t\pm z_t)=\Delta y_t\pm\Delta z_t$； (3) $\Delta(y_t\cdot z_t)=z_t\Delta y_t+y_{t+1}\Delta z_t$；　(4) $\Delta\left(\frac{y_t}{z_t}\right)=\frac{z_t\Delta y_t-y_t\Delta z_t}{z_{t+1}\cdot z_t}(z_t\neq0)$.

表 8—9—2　　差分方程的概念

定义	含有未知函数 y_t 的差分的方程称为差分方程.
差分方程的解	满足差分方程的函数称为该差分方程的解.
通解	如果差分方程的解中含有相互独立的任意常数的个数恰好等于方程的阶数，则称这个解为该差分方程的通解.

续前表

特解	在实际应用中，我们要根据系统在初始时刻所处的状态对差分方程附加一定的条件，这种附加条件称为初始条件，满足初始条件的解称为特解.
线性差分方程	若差分方程中所含未知函数及未知函数的各阶差分均为一次的，则称该差分方程为线性差分方程.

表 8—9—3　　一阶常系数线性差分方程

方程形式	(1) 一阶常系数线性齐次差分方程：$y_{t+1}-Py_t=0$. P 为非零常数. (2) 一阶常系数线性非齐次差分方程：$y_{t+1}-Py_t=f(t)$. $f(t)$ 为已知函数，P 为非零常数.
一阶常系数线性齐次差分方程的通解	$y_t=AP^t$，A 为任意常数.
一阶常系数线性非齐次差分方程的通解	设 $\bar{y}_t$ 为方程 $y_{t+1}-Py_t=0$ 的通解，y_t^* 为方程 $y_{t+1}-Py_t=f(t)$ 的一个特解，则 $y_t=\bar{y}_t+y_t^*$ 为 $y_{t+1}-Py_t=f(t)$ 的通解.

表 8—9—4　　二阶常系数线性差分方程

方程形式	(1) 二阶常系数线性齐次差分方程：$y_{t+2}+ay_{t+1}+by_t=0$. a，b 为常数，且 $b\neq 0$. (2) 二阶常系数线性非齐次差分方程：$y_{t+2}+ay_{t+1}+by_t=f(t)$. a，b 为常数，且 $b\neq 0$，$f(t)$ 为已知函数.
二阶线性差分方程的解的结构定理	设 $\bar{y}_t$ 为方程 $y_{t+2}+ay_{t+1}+by_t=0$ 的通解，y_t^* 为方程 $y_{t+2}+ay_{t+1}+by_t=f(t)$ 的一个特解，则 $y_t=\bar{y}_t+y_t^*$ 为方程 $y_{t+2}+ay_{t+1}+by_t=f(t)$ 的通解.
二阶常系数线性齐次差分方程的通解	特征方程：$\lambda^2+a\lambda+b=0$， (1) 特征方程有两个相异实特征根 λ_1，λ_2，则通解的形式为 $Y_t=A_1\lambda_1^t+A_2\lambda_2^t$($A_1$，$A_2$ 为任意常数)； (2) 特征方程有二重根 $\lambda_1=\lambda_2=-\frac{a}{2}$，则通解的形式为 $Y=(A_1+A_2t)\left(-\frac{a}{2}\right)^t$($A_1$，$A_2$ 为任意常数)； (3) 特征方程有两个共轭复特征根：$\lambda_{1,2}=\alpha\pm i\beta$，此时通解的形式为 $Y_t=A_1(\alpha\pm i\beta)^t+A_2(\alpha\pm i\beta)^t$， 或实数形式 $Y_t=r^t(A_1\cos\theta t+A_2\sin\theta t)$，($A_1$，$A_2$ 为任意常数，$r=\sqrt{\alpha^2+\beta^2}$，$\tan\theta=\frac{\beta}{\alpha}$).

二、典型例题分析

例　求差分方程 $y_{t+1}-y_t=t^2$ 的通解.

解　设 $y_t^*=t(B_0+B_1t+B_2t^2)$ 为题设方程的一个特解，则

$$(B_0+B_1+B_2)+(2B_1+3B_2)t+3B_2t^2=t^2,$$

可得 $\quad B_0+B_1+B_2=0,\ 2B_1+3B_2=0,\ 3B_2=1$

$$B_0=\frac{1}{6},\ B_1=-\frac{1}{2},\ B_2=\frac{1}{3},$$

故 $\quad y_t^*=t\left(\frac{1}{6}-\frac{1}{2}t+\frac{1}{3}t^2\right).$

又题设方程对应的齐次方程的通解为

$$\bar{y}_t=A.$$

从而题设方程的通解为

$$y_t=A+t\left(\frac{1}{6}-\frac{1}{2}t+\frac{1}{3}t^2\right)$$

三、习题 8—9 解答

1. 求下列函数的一阶差分和二阶差分：

(1) $y=1-2t^2$.

解　$\Delta y_t=[1-2(t+1)^2]-(1-2t^2)=-4t-2$;

$\Delta^2 y_t=[1-2(t+1)^2]-2[1-2(t+1)^2]+(1-2t^2)=-4.$

(2) $y=\dfrac{1}{t^2}$.

解　$\Delta y_t=\dfrac{1}{(t+1)^2}-\dfrac{1}{t^2}=\dfrac{-2t-1}{t^2(t+1)^2}$;

$\Delta^2 y_t=\dfrac{1}{(t+2)^2}-2\dfrac{1}{(t+1)^2}+\dfrac{1}{t^2}=\dfrac{6t^2+12t+4}{t^2(t+1)^2(t+2)^2}$;

(3) $y=3t^2-t+2$.

解　$\Delta y_t=[3(t+1)^2-(t+1)+2]-(3t^2-t+2)=6t+2$;

$\Delta^2 y_t=[3(t+2)^2-(t+2)-2]-2[3(t+1)^2-(t+1)+2]+3t^2-t+2=6.$

(4) $y=t^2(2t-1)$.

解　$\Delta y_t=(t+1)^2[2(t+1)-1]-t^2(2t-1)=6t^2+4t+1$;

$\Delta^2 y_t=(t+2)^2[2(t+2)-1]-2(t+1)[2(t+1)-1]+t^2(2t-1)=12t+10.$

(5) $y=e^{2t}$.

解　$\Delta y_t=e^{2(t+1)}-e^{2t}=e^{2t}(e^2-1)$;

$\Delta^2 y_t=e^{2(t+2)}-2e^{2(t+1)}+e^{2t}=e^{2t}(e^2-1)^2.$

2. 确定下列方程的阶：

(1) $y_{x+3}-x^2y_{x+1}+3y_x=2$;　　　(2) $y_{x-2}-y_{x-4}=y_{x+2}$.

解 (1) 3 阶 ($x+3-x=3$);

(2) 6 阶 ($x+2-(x-4)=6$).

3. 设 Y_x, Z_x, U_x 分别是下列差分方程的解:

$$y_{x+1}+ay_x=f_1(x),\ y_{x+1}+ay_x=f_2(x),\ y_{x+1}+ay_x=f_3(x),$$

求证: $X_x=Y_x+Z_x+U_x$ 是差分方程 $y_{x+1}+ay_x=f_1(x)+f_2(x)+f_3(x)$ 的解.

证 由题意得

$$Y_{x+1}+aY_x=f_1(x),\ Z_{x+1}+aZ_x=f_2(x),\ U_{x+1}+aU_x=f_3(x),$$

所以
$$\begin{aligned}X_{x+1}+aX_x&=(Y_{x+1}+Z_{x+1}+U_{x+1})+a(Y_x+Z_x+U_x)\\&=(Y_{x+1}+aY_x)+(Z_{x+1}+aZ_x)+(U_{x+1}+aU_x)\\&=f_1(x)+f_2(x)+f_3(x).\end{aligned}$$
证毕.

4. 证明下列各等式:

(1) $\Delta(u_tv_t)=u_{t+1}\Delta v_t+v_t\Delta u_t$.

证
$$\begin{aligned}\Delta(u_tv_t)&=u_{t+1}v_{t+1}-u_tv_t=(u_{t+1}v_{t+1}-u_{t+1}v_t)+(u_{t+1}v_t-u_tv_t)\\&=u_{t+1}\Delta v_t+v_t\Delta u_t;\end{aligned}$$

(2) $\Delta\left(\dfrac{u_t}{v_t}\right)=\dfrac{v_t\Delta u_t-u_t\Delta v_t}{v_tv_{t+1}}$.

证
$$\begin{aligned}\Delta\left(\frac{u_t}{v_t}\right)&=\frac{u_{t+1}}{v_{t+1}}-\frac{u_t}{v_t}=\frac{u_{t+1}v_t-v_{t+1}u_t}{v_tv_{t+1}}\\&=\frac{(u_{t+1}v_t-u_tv_t)+(u_tv_t-v_{t+1}u_t)}{v_tv_{t+1}}=\frac{v_t\Delta u_t-u_t\Delta v_t}{v_tv_{t+1}}.\end{aligned}$$

5. 求解下列差分方程的通解:

(1) $y_{t+1}-2y_t=0$.

解 由一阶齐次差分方程的通解公式, 易知 $y_{t+1}-2y_t=0$ 的通解为

$$y_t=C2^t.$$

(2) $y_{t+1}+y_t=0$.

解 由一阶齐次差分方程的通解公式, 易知 $y_{t+1}+y_t=0$ 的通解为

$$y_t=C(-1)^t.$$

(3) $y_{t+1}-2y_t=6t^2$.

解 对应齐次方程的通解: $\bar{y}_t=C2^t$.

$\because a=-2\neq-1$ 且 $f(t)=6t^2$, 故可设非齐次方程的特解为

$$y_t^*=At^2+Bt+D,$$

代入原方程得

$$A(t+1)^2+B(t+1)+D-2At^2-2Bt-2D=6t^2$$
$$\Rightarrow A=-6,\ B=-12,\ D=-18,$$

故所求原方程的通解为

$$y_t=C2^t-6(t^2+2t+3).$$

(4) $y_{t+1}+y_t=2^t$.

解　对应齐次方程的通解为 $\tilde{y}_t=C(-1)^t$.

∵ $a+2\neq 0$ 且 $f(t)=2^t$,

故可设非齐次方程的特解为 $y_t^*=A2^t$，代入原方程得

$$A2^{t+1}+A2^t=2^t\Rightarrow A=\frac{1}{3},$$

从而原方程的通解为

$$y_t=C(-1)^t+\frac{1}{3}2^t.$$

(5) $y_{t+1}-y_t=t$.

解　对应齐次方程的通解为 $\tilde{y}_t=C$.

∵ $a=-1,\ f(t)=t$,

故可设非齐次方程的特解为

$$y_t^*=At^2+Bt.$$

代入原方程得

$$A(t+1)^2+B(t+1)-At^2-Bt=t\Rightarrow A=\frac{1}{2},\ B=-\frac{1}{2},$$

从而原方程的通解为

$$y_t=C+\frac{1}{2}t^2-\frac{1}{2}t.$$

(6) $y_{t+1}-\alpha y_t=e^{\beta t}$（$\alpha$，$\beta$ 为非零常数）.

解　对应齐次方程的通解为 $\tilde{y}_t=C\alpha^t$,

$$f(t)=e^{\beta t}=(e^{\beta})^t.$$

下面分情况讨论：

① 当 $-\alpha+e^{\beta}\neq 0$ 时，即 $\alpha\neq e^{\beta}$ 时，可设非齐次方程的特解为 $y_t^*=Ae^{\beta t}$，代入原方程得

$$Ae^{\beta(t+1)}-\alpha Ae^{\beta t}=e^{\beta t}\Rightarrow A(e^{\beta}-\alpha)=1\Rightarrow A=\frac{1}{e^{\beta}-\alpha},$$

故所求原方程的通解为

$$y_t=C\alpha^t+\frac{1}{e^\beta-\alpha}e^{\beta t}.$$

② 当 $\alpha=e^\beta$ 时，则可设非齐次方程的特解为

$$y_t^*=Ate^{\beta t}.$$

代入原方程得

$$A(t+1)e^{\beta(t+1)}-\alpha Ate^{\beta t}=e^{\beta t},$$

即 $$A(t+1)e^{\beta(t+1)}-e^\beta Ate^{\beta t}=e^{\beta t}\Rightarrow A=e^{-\beta}.$$

故所求原方程的通解为

$$y_t=C\alpha^t+e^{-\beta}\cdot te^{\beta t}=C\alpha^t+te^{\beta(t-1)}.$$

6. 求下列差分方程在给定初始条件下的特解：

(1) $4y_{t+1}+2y_t=1$，$y_0=1$.

解 原方程为

$$y_{t+1}+\frac{1}{2}y_t=\frac{1}{4},$$

则对应齐次方程的通解为 $\bar{y}_t=C\left(-\frac{1}{2}\right)^t$.

$$\because a=\frac{1}{2}\neq 1,\ f(t)=\frac{1}{4}.$$

故可设非齐次差分方程的特解为 $y_t^*=A$（A 待定）.

代入原方程得

$$A+\frac{1}{2}A=\frac{1}{4}\Rightarrow A=\frac{1}{6},$$

从而所求非齐次方程的通解为

$$y_t=C\left(-\frac{1}{2}\right)^t+\frac{1}{6}.$$

代入初始条件 $y_0=1\Rightarrow C=\frac{5}{6}$，

故所求特解为

$$y_t=\frac{5}{6}\left(-\frac{1}{2}\right)^t+\frac{1}{6}.$$

(2) $y_{t+1}-y_t=3$，$y_0=2$.

解 对应齐次方程的通解为 $\tilde{y}_t=C$（C 任意常数）.

∵ $a=-1$ 且 $f(t)=3$，

故可设非齐次方程的特解为 $y_t^*=At$. 代入原方程得

$$A(t+1)-At=3\Rightarrow A=3.$$

从而所求非齐次方程的通解为

$$y_t=C+3t.$$

代入初始条件 $y_0=2\Rightarrow C=2$.

故所求特解为 $y_t=2+3t$.

(3) $2y_{t+1}+y_t=0$，$y_0=3$.

解 题设差分方程的通解为：

$$y_t=C\left(-\frac{1}{2}\right)^t,$$

由 $y_0=3\Rightarrow 3=C\left(-\frac{1}{2}\right)^0=C$.

故所求特定的初始条件下的特解为

$$y_t=3\left(-\frac{1}{2}\right)^t.$$

(4) $y_t=-7y_{t-1}+16$，$y_0=5$.

解 对应齐次方程的通解为：$\tilde{y}_t=C(-7)^t$.

因 $f(t)=16$（为常数），且 $a=7\neq-1$，故设非齐次方程的特解形式为

$$y_t^*=A\ (A\text{ 待定}),$$

代入方程

$$y_t^*+7y_{t-1}^*=16\Rightarrow A+7A=16\Rightarrow A=2.$$

从而所求非齐次方程的通解为

$$y_t=C(-7)^t+2.$$

又代入初始条件

$$y_0=5\Rightarrow C=3,$$

故所求在给定的初始条件下的特解为

$$y_t=3(-7)^t+2.$$

7. 设某产品在时期 t 的价格、总供给与总需求分别为 P_t，S_t 与 D_t，并设对

于$t=0, 1, 2, \cdots$，有

(1) $S_t=2P_t+1$；　　(2) $D_t=-4P_{t-1}+5$；　　(3) $S_t=D_t$.

（Ⅰ）求证：由（1）、（2）、（3）能推出差分方程 $P_{t+1}+2P_t=2$；

（Ⅱ）已知 P_0 时，求上述方程的解.

证 （Ⅰ）由 $S_t=D_t=-4P_{t-1}+5=2P_t+1$，有 $2P_t+4P_{t-1}=4$，从而 $P_t+2P_{t-1}=2$，即 $P_{t+1}+2P_t=2$.

解 （Ⅱ）由 $a=-2\neq 1$，$c=2$ 知通解为

$$P_t=\frac{c}{1-a}+A\cdot a^t=\frac{2}{3}+A(-2)^t.$$

由 $P_0=\frac{2}{3}+A$，得 $A=P_0-\frac{2}{3}$，故解为

$$P_t=\left(P_0-\frac{2}{3}\right)(-2)^t+\frac{2}{3}.$$

8. 求下列二阶差分方程的通解及特解：

(1) $y_{t+2}+3y_{t+1}-\frac{7}{4}y_t=9(y_0=6, y_1=3)$.

解 特征方程为 $\lambda^2+3\lambda-\frac{7}{4}=0$，特征根 $\lambda_1=\frac{1}{2}$，$\lambda_2=-\frac{7}{2}$.

从而对应齐次方程的通解为

$$y_t^*=A_1\left(\frac{1}{2}\right)^t+A_2\left(-\frac{7}{2}\right)^t,$$

又 $1+a+b=1+3-7/4\neq 0$，故特解为

$$\overline{y}_t=\frac{c}{1+a+b}=\frac{9}{1+3-7/4}=4,$$

从而原方程的通解为

$$y_t=4+A_1\left(\frac{1}{2}\right)^t+A_2\left(-\frac{7}{2}\right)^t.$$

由

$$\left.\begin{array}{l} y_0=4+A_1+A_2=6 \qquad \Rightarrow A_1+A_2=2 \\ y_1=4+\frac{1}{2}A_1-\frac{7}{2}A_2=3\Rightarrow 7A_2-A_1=2 \end{array}\right\}\Rightarrow\begin{cases}A_1=3/2\\A_2=1/2\end{cases},$$

故所求特解为

$$y_t=4+\frac{3}{2}\left(\frac{1}{2}\right)^t+\frac{1}{2}\left(-\frac{7}{2}\right)^t.$$

(2) $y_{t+2}-2y_{t+1}+2y_t=0$ ($y_0=2$, $y_1=2$).

解　$\lambda^2-2\lambda+2=0$，$\lambda_1=1+i$，$\lambda_2=1-i$.

于是
$$r=\sqrt{\alpha^2+\beta^2}=\sqrt{2},\ \tan\theta=\frac{\beta}{\alpha}=1\Rightarrow\theta=\frac{\pi}{4}.$$

从而通解为

$$y_t=(\sqrt{2})^t\left(A_1\cos\frac{\pi}{4}t+A_2\sin\frac{\pi}{4}t\right).$$

由　$y_0=A_1\Rightarrow A_1=2$.

$$y_1=\sqrt{2}\left(2\cdot\frac{\sqrt{2}}{2}+A_2\cdot\frac{\sqrt{2}}{2}\right)\Rightarrow A_2=0.$$

故所求特解为　$y_t=(\sqrt{2})^t\cdot 2\cos\frac{\pi}{4}t$.

(3) $y_{t+2}+y_{t+1}-2y_t=12(y_0=0,\ y_1=0)$.

解　$\lambda^2+\lambda-2=0$，即 $(\lambda+2)(\lambda-1)=0$，
得到 $\lambda_1=-2$，$\lambda_2=1$，故 $y_t^*=A_1(-2)^t+A_2$.

因为 $1+a+b=1+1-2=0$，但 $a=1\neq-2$，所以

$$\tilde{y}_t=\frac{12t}{2+1}=4t,$$

故所给方程的通解为

$$y_t=4t+A_1(-2)^t+A_2.$$

由 $y_0=A_1+A_2$，即 $A_1+A_2=0$，

$y_1=4-2A_1+A_2$，即 $2A_1-A_2=4$，

可得 $A_1=\frac{4}{3}$，$A_2=-\frac{4}{3}$，故此时特解为

$$\tilde{y}_t=4t+\frac{4}{3}(-2)^t-\frac{4}{3}.$$

(4) $y_{t+2}+5y_{t+1}+4y_t=t$.

解　$1+a+b=1+5+4=10\neq0$，
有　$\tilde{y}_t=B_0+B_1t$，
代入方程得

$$B_0+B_1(t+2)+5B_0+5B_1(t+1)+4B_0+4B_1t=t.$$

比较两端同次项系数有

$$10B_0+7B_1=0,\ 10B_1=1,$$

所以 $B_0=-\frac{7}{100}$，$B_1=\frac{1}{10}$，则

$$\tilde{y}_t=-\frac{7}{100}+\frac{1}{10}t,$$

故通解为

$$y_t=-\frac{7}{100}+\frac{1}{10}t+A_1(-1)^t+A_2(-4)^t.$$

本章小结

一、本章知识点网络图

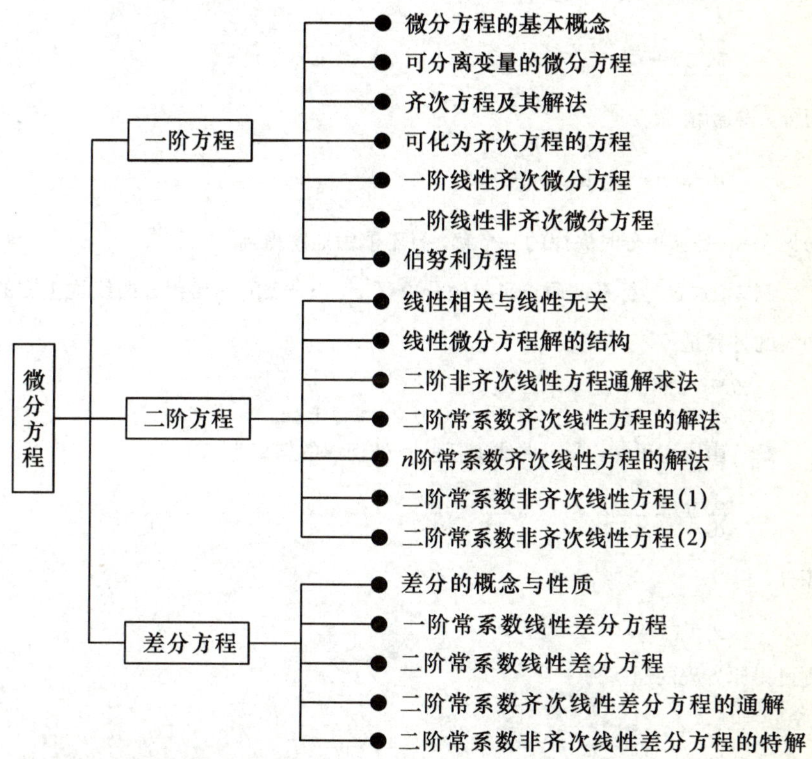

二、题型分析

题型 1　可分离变量方程

解题思路　(1) 可分离变量方程，是最基本的微分方程类型，求解方法是：

将所给微分方程作变量分离后，在方程两边直接求不定积分，从而得到所给方程的通解，求解过程中注意不要遗失方程的平凡解（如例 1～例 2）；

(2) 利用变量代换可化为可分离变量方程的情形（见总习题八题 1(5)(6)）；

(3) 一阶齐次方程$\frac{dy}{dx}=\phi\left(\frac{y}{x}\right)$，其特点是：方程右端为$\frac{y}{x}$或$\frac{x}{y}$的函数，或方程右端分子、分母各项均是由 x，y 的同次幂构成，此类方程可通过变量代换$u=\frac{y}{x}\left(或\frac{x}{y}\right)$化为可分离变量方程（如例 3，又见总习题八题 3）；

(4) 利用变量代换可化为一阶齐次方程的情形（见总习题八题 4，题 5）.

例 1　解微分方程 $x^2y\mathrm{d}x=(1-y^2+x^2-x^2y^2)\mathrm{d}y$.

解　将原方程分离变量得

$$\frac{x^2}{1+x^2}\mathrm{d}x=\frac{1-y^2}{y}\mathrm{d}y,$$

积分，得通解

$$x-\arctan x=\ln y-\frac{y^2}{2}+c.$$

易见 $y=0$ 是求积分时失掉的一个解，且不能由通解得到.

例 2　通过坐标系的原点且与微分方程$\frac{\mathrm{d}y}{\mathrm{d}x}=x+1$ 的一切积分曲线均正交的曲线的方程是（　　）.

(A) $\mathrm{e}^{-y}=x+1$；　　(B) $\mathrm{e}^{y}+x+1=0$；

(C) $\mathrm{e}^{y}=x+1$；　　(D) $2y=x^2+2x$.

解　由题意可知，所求曲线上任一点处切线的斜率为

$$\frac{\mathrm{d}y}{\mathrm{d}x}=-\frac{1}{x+1},$$

积分，得

$$y=-\ln(1+x)+\ln C,$$

则可得原方程的通解为

$$1+x=C\mathrm{e}^{-y}.$$

又因该曲线过原点，故可得 $C=1$，所以曲线的方程是

$$\mathrm{e}^{-y}=x+1.$$

故应选 (A).

例 3 求通解：$y\left(x\cos\frac{y}{x}+y\sin\frac{y}{x}\right)\mathrm{d}x=x\left(y\sin\frac{y}{x}-x\cos\frac{y}{x}\right)\mathrm{d}y.$

解 原方程可化为

$$\frac{\mathrm{d}y}{\mathrm{d}x}=\frac{y}{x}\left(\frac{\cos\frac{y}{x}+\frac{y}{x}\sin\frac{y}{x}}{\frac{y}{x}\sin\frac{y}{x}-\cos\frac{y}{x}}\right),$$

令 $u=\frac{y}{x}$，$y=ux$，$y'=u+xu'$，代入原方程，得

$$u+xu'=u\left(\frac{\cos u+u\sin u}{u\sin u-\cos u}\right)\xrightarrow{\text{分离变量}}\frac{u\sin u-\cos u}{2u\cos u}\mathrm{d}u=\frac{\mathrm{d}x}{x},$$

两边积分，得

$$\ln(u\cos u)=\ln x^{-2}+\ln C,$$

$\therefore$ $u\cos u=\frac{C}{x^2}$，即

$$\frac{y}{x}\cos\frac{y}{x}=\frac{C}{x^2},$$

故所求通解为

$$xy\cos\frac{y}{x}=C.$$

题型 2 一阶线性微分方程

解题思路 (1) 一阶线性微分方程的标准形式：

$$\frac{\mathrm{d}y}{\mathrm{d}x}+P(x)y=Q(x),$$

A. 直接利用公式求解（见总习题八题 8(1)）；

B. 按基本步骤求解（见总习题八题 8(3)）；

C. 将题中自变量和因变量地位交换可化简求解（见总习题八题 8(4)).

(2) 伯努利方程：通过变量替换易化为一阶线性微分方程进行求解（见总习题八题 8(5)），注意部分题目可通过变量替换化为伯努利方程来求解（如例 1).

例 1 求通解：$\cos y\frac{\mathrm{d}y}{\mathrm{d}x}-\frac{1}{x}\sin y=\mathrm{e}^x\sin^2 y.$

解 原方程化为$\frac{\mathrm{d}(\sin y)}{\mathrm{d}x}-\frac{1}{x}\sin y=\mathrm{e}^x\sin^2 y$，

令 $z=\sin y$，则

$$\frac{\mathrm{d}z}{\mathrm{d}x}-\frac{1}{x}z=\mathrm{e}^{x}z^{2}\Rightarrow\frac{1}{z^{2}}\frac{\mathrm{d}z}{\mathrm{d}x}-\frac{1}{x}z^{-1}=\mathrm{e}^{x}\Rightarrow-\frac{\mathrm{d}}{\mathrm{d}x}(z^{-1})-\frac{1}{x}z^{-1}=\mathrm{e}^{x}.$$

令 $z^{-1}=u$，则方程变为

$$\frac{\mathrm{d}u}{\mathrm{d}x}+\frac{1}{x}u=-\mathrm{e}^{x}. \tag{$*$}$$

①其对应齐次方程为

$$\frac{\mathrm{d}u}{\mathrm{d}x}=-\frac{1}{x}u\Rightarrow\frac{\mathrm{d}u}{u}=-\frac{1}{x}\mathrm{d}x\Rightarrow\ln u=-\ln x+\ln C\Rightarrow u=\frac{C}{x}.$$

②令 $u=\frac{C(x)}{x}$ 为（$*$）式的解，代入并整理，得

$$\frac{C'(x)}{x}=-\mathrm{e}^{x}\Rightarrow C'(x)=-x\mathrm{e}^{x}\Rightarrow C(x)=(1-x)\mathrm{e}^{x}+\tilde{C},$$

则方程（$*$）的通解为：

$$u=\frac{1}{x}[(1-x)\mathrm{e}^{x}+\tilde{C}],$$

故原方程的通解为：

$$(\sin y)^{-1}=\frac{1}{x}[(1-x)\mathrm{e}^{x}+\tilde{C}].$$

题型 3　高阶线性微分方程

解题思路　(1) 可降阶的高阶线性微分方程，主要指一些特殊的高阶线性微分方程，如方程不显含 x 或不显含 y 等，此类方程可通过变量替换降低方程的阶(见总习题八题 11(3) (4))；此外，若能观察得到方程的一个特解，则可利用此特解降低方程的阶（如例 1)；

(2) 高阶常系数线性微分方程，重点是二阶常系数线性微分方程，难点是二阶常系数线性非齐次微分方程，其中右端非齐次项主要形式为：a. 多项式与指数函数的乘积；b. 多项式与正弦或余弦函数的乘积(见总习题八题 14 及题 13 (5))；

例 1　用降阶法求解方程：$(1+x)y''-y'-xy=0$.

解　易见 $y_1=\mathrm{e}^{x}$ 是 $(1+x)y''-y'-xy=0$ 的解.

令 $y=c(x)y_1$，则

$$y=c(x)\mathrm{e}^{x},\ y'=(c+c')\mathrm{e}^{x},\ y''=(c+2c'+c'')\mathrm{e}^{x},$$

代入原方程，得

$$[(1+x)(c+2c'+c'')-(c+c')-cx]\mathrm{e}^{x}=0$$

$$\Rightarrow (1+x)c''+(2x+1)c'=0,$$

即

$$\frac{\mathrm{d}c'}{c'}=\left(\frac{1}{1+x}-2\right)\mathrm{d}x,$$

解得 $c'=c_3(1+x)\mathrm{e}^{-2x}$，

$$c=c_3\int(1+x)\mathrm{e}^{-2x}\mathrm{d}x+c_2=-\frac{c_3}{4}(3+2x)\mathrm{e}^{-2x}+c_2,$$

因此 $(1+x)y''-y'-xy=0$ 的通解是

$$y=c\mathrm{e}^x=[c_1(3+2x)\mathrm{e}^{-2x}+c_2]\mathrm{e}^x\left(c_1=-\frac{c_3}{4}\right),$$

故所求通解为 $y=c_1(3+2x)\mathrm{e}^{-x}+c_2\mathrm{e}^x$.

题型 4　差分方程的应用题

解题思路　理解差分概念，与利用导数概念刻画连续变量的变化速度相对应，人们利用差分概念刻画变量离散变化时的变化速度. 差分方程与微分方程在解的结构与形式上有许多类似的地方.

(1) 利用差分与差分方程的概念解题（见总习题八题 19）；

(2) 已知差分方程的特解求其通题（见总习题八题 20）；

(3) 求解一阶差分方程（见总习题八题 21）；

(4) 求解二阶常系数线性齐次差分方程（见总习题八题 22）；

(5) 求解二阶常系数线性非齐次差分方程（见总习题八题 23）；

(6) 求二阶常系数线性非齐次差分方程的特解（见总习题八题 24）.

题型 5　有关微分方程的综合题

解题思路　(1) 已知通解反求通解满足的微分方程（见总习题八题 15）；

(2) 已知微分方程的一个特解求其通解或另一个特解（见总习题八题 16）；

(3) 含积分上限函数的方程，此类方程在方程两端求导即可化为微分方程（见总习题八题 25）；

(4) 由自变量与因变量增量导出的方程（见总习题八题 17）；

(5) 某些偏导数满足的方程，可通过变量替换转化为线性微分方程进行求解（如例 1）；

(6) 某些函数方程，可转化为微分方程进行求解（见总习题八题 26）；

例 1　设 $u=f(r)$，$r=\sqrt{x^2+y^2+z^2}$ 在 $r>0$ 内满足拉普拉斯方程

$$\frac{\partial^2 u}{\partial x^2}+\frac{\partial^2 u}{\partial y^2}+\frac{\partial^2 u}{\partial z^2}=0,$$

其中 $f(r)$ 二阶可导，且 $f(1)=f'(1)=1$，试将该方程化为以 r 为自变量的常微分方程，并求 $f(r)$.

解　$\frac{\partial u}{\partial x}=\frac{\mathrm{d}f}{\mathrm{d}r}\cdot\frac{\partial r}{\partial x}=f'\cdot\frac{x}{\sqrt{x^2+y^2+z^2}}$,

$$\frac{\partial^2 u}{\partial x^2}=f''\cdot\frac{x^2}{x^2+y^2+z^2}+f'\cdot\frac{y^2+z^2}{(x^2+y^2+z^2)^{3/2}}. \quad ①$$

同理

$$\frac{\partial^2 u}{\partial y^2}=f''\cdot\frac{y^2}{x^2+y^2+z^2}+f'\cdot\frac{x^2+z^2}{(x^2+y^2+z^2)^{3/2}}, \quad ②$$

$$\frac{\partial^2 u}{\partial z^2}=f''\cdot\frac{z^2}{x^2+y^2+z^2}+f'\cdot\frac{x^2+y^2}{(x^2+y^2+z^2)^{3/2}}. \quad ③$$

将 ①，②，③ 代入拉普拉斯方程得所求微分方程

$$f''(r)+\frac{2}{r}f'(r)=0, \quad ④$$

令 $p=f'(r)$，则 $p'=f''(r)$，代入 ④，得

$$\frac{\mathrm{d}p}{\mathrm{d}r}+\frac{2}{r}p=0\Rightarrow p=C_1\cdot\frac{1}{r^2},$$

即 $\frac{\mathrm{d}f}{\mathrm{d}r}=C_1\cdot\frac{1}{r^2}$.

$\because$ $f'(1)=1$，$\therefore$ $C_1=1\Rightarrow\frac{\mathrm{d}f}{\mathrm{d}r}=\frac{1}{r^2}$,

$\therefore$ $f=-\frac{1}{r}+C_2$,

$\because$ $f(1)=1$，$\therefore$ $C_2=2$，故 $f(r)=2-\frac{1}{r}$.

三、总习题八解答

1. 求下列微分方程的通解：

(1) $(xy^2+x)\mathrm{d}x+(y-x^2y)\mathrm{d}y=0$.

解　$x(y^2+1)\mathrm{d}x=y(x^2-1)\mathrm{d}y$，于是

$$\int\frac{y\mathrm{d}y}{1+y^2}=\int\frac{x\mathrm{d}x}{x^2-1},\ \frac{1}{2}\ln(1+y^2)=\frac{1}{2}\ln(x^2-1)+\frac{1}{2}C',$$

故通解为　$1+y^2=C(x^2-1)$.

(2) $(\mathrm{e}^{x+y}-\mathrm{e}^x)\mathrm{d}x+(\mathrm{e}^{x+y}+\mathrm{e}^y)\mathrm{d}y=0$.

解　$\mathrm{e}^x(\mathrm{e}^y-1)\mathrm{d}x=-\mathrm{e}^y(\mathrm{e}^x+1)\mathrm{d}y$,

$$\frac{e^x}{e^x+1}dx=\frac{e^y}{1-e^y}dy,\int\frac{d(e^x)}{e^x+1}=\int\frac{d(e^y)}{1-e^y},$$

$\therefore$ $\ln(1+e^x)=-\ln(1-e^y)+\ln C'$,

$\therefore$ $(1+e^x)(1-e^y)=C.$

(3) $\frac{dy}{dx}=-\frac{4x+3y}{x+y}.$

解 $\frac{dy}{dx}=-\frac{4x+3y}{x+y}=-\frac{4+3\frac{y}{x}}{1+\frac{y}{x}}$，齐次方程

令 $u=\frac{y}{x}$，则

$$u+x\frac{du}{dx}=-\frac{4+3u}{1+u}\Rightarrow x\frac{du}{dx}=-\frac{(u+2)^2}{1+u},$$

$$\int\frac{dx}{x}=-\int\frac{1+u}{(u+2)^2}du\Rightarrow \ln x+\ln C=-\left[\ln(u+2)+\frac{1}{u+2}\right],$$

从而 $\quad\ln Cx(u+2)=-\frac{1}{u+2}$,

故所求的通解为

$$\ln C(y+2x)+\frac{x}{y+2x}=0.$$

(4) $(1+2e^{\frac{x}{y}})dx+2e^{\frac{x}{y}}\left(1-\frac{x}{y}\right)dy=0.$

解 令 $\frac{x}{y}=u$，即 $x=yu\Rightarrow x'_y=u+yu'_y$，原方程变为

$$\frac{dx}{dy}=-\frac{2e^u(1-u)}{1+2e^u}\Rightarrow u+y\frac{du}{dy}=\frac{2e^u(u-1)}{2e^u+1}$$

$$\Rightarrow y\frac{du}{dy}=-\frac{2e^u+u}{2e^u+1}\Rightarrow\frac{2e^u+1}{2e^u+u}du=-\frac{dy}{y},$$

两边积分得 $\quad\ln(2e^u+u)=-\ln y+\ln C.$

$2e^u+u=\frac{C}{y}$，$2ye^{\frac{x}{y}}+x=C$ 为所求.

(5) $y'=\frac{y}{2x}+\frac{1}{2y}\tan\frac{y^2}{x}.$

解 令 $u=\frac{y^2}{x}$，则

$$u'=\frac{2yy'}{x}-\frac{y^2}{x^2}=\frac{2y}{x}\left(\frac{y}{2x}+\frac{1}{2y}\tan u\right)-\frac{y^2}{x^2}=\frac{1}{x}\tan u.$$

这也是一个可分离变量的方程，即

$$\frac{\mathrm{d}u}{\tan u}=\frac{\mathrm{d}x}{x}.$$

两边求积分，可知其通解为

$$\sin\frac{y^2}{x}=Cx.$$

(6) $\dfrac{\mathrm{d}y}{\mathrm{d}x}=\dfrac{1}{x^2+y^2+2xy}$.

解　原方程变形为

$$\frac{\mathrm{d}y}{\mathrm{d}x}=\frac{1}{(x+y)^2},$$

令 $u=x+y$，则 $u'_x=1+y'_x$，代入方程，得

$$y'_x=u'_x-1=\frac{1}{u^2}\Rightarrow\frac{\mathrm{d}u}{\mathrm{d}x}=\frac{u^2+1}{u^2}\Rightarrow\frac{u^2}{u^2+1}\mathrm{d}u=\mathrm{d}x\Rightarrow u-\arctan u=x+C,$$

故原方程的解为

$$x+y-\arctan(x+y)=x+C,\ \text{即}\ y=\arctan(x+y)+C.$$

2. 求下列初值问题的解：

(1) $\cos y\mathrm{d}x+(1+\mathrm{e}^{-x})\sin y\mathrm{d}y=0$，$y|_{x=0}=\dfrac{\pi}{4}$；

(2) $(x^2+2xy-y^2)\mathrm{d}x+(y^2+2xy-x^2)\mathrm{d}y=0$，$y|_{x=1}=1$.

解　(1) $\dfrac{\sin y}{\cos y}\mathrm{d}y=-\dfrac{\mathrm{d}x}{1+\mathrm{e}^{-x}}$，$\dfrac{\mathrm{d}(\cos y)}{\cos y}=\dfrac{\mathrm{d}(\mathrm{e}^x)}{\mathrm{e}^x+1}$，

∴　$\ln\cos y=\ln(\mathrm{e}^x+1)+\ln C$，$\cos y=C(\mathrm{e}^x+1)$.

代入　$y(0)=\dfrac{\pi}{4}\Rightarrow C=\dfrac{1}{2\sqrt{2}}$，

故所求特解为

$$1+\mathrm{e}^x=2\sqrt{2}\cos y\ \text{或}\ (1+\mathrm{e}^x)\sec y=2\sqrt{2}.$$

(2) $\dfrac{\mathrm{d}y}{\mathrm{d}x}=-\dfrac{x^2+2xy-y^2}{y^2+2xy-x^2}\overset{y=xu}{\Longrightarrow}u+x\dfrac{\mathrm{d}u}{\mathrm{d}x}=\dfrac{1+2u-u^2}{1-2u-u^2}$

$$\Rightarrow x\frac{\mathrm{d}u}{\mathrm{d}x}=\frac{u^3+u^2+u+1}{-(u^2+2u-1)}\Rightarrow\frac{u^2+2u-1}{u^3+u^2+u+1}\mathrm{d}u=-\frac{\mathrm{d}x}{x},$$

两边积分得

$$\ln x=-\int\left(\frac{-1}{u+1}+\frac{2u}{u^2+1}\right)du+\ln C=\ln(u+1)-\ln(u^2+1)+\ln C,$$

$\therefore \dfrac{x(u^2+1)}{u+1}=C$，即$\dfrac{x^2+y^2}{x+y}=C$，

代入 $y(1)=1$，得 $C=1$，故所求特解为 $x^2+y^2=x+y$.

3. 已知函数 $y(x)$ 满足微分方程 $xy'=y\ln\dfrac{y}{x}$，且在 $x=1$ 时，$y=e^2$，则当 $x=-1$时，$y=$(　　).

(A) -1；　　(B) 0；　　(C) 1；　　(D) e^{-1}.

解　所给方程是一阶齐次微分方程，令 $u=\dfrac{y}{x}$，即 $y=xu$，可将方程化为

$$u+x\frac{du}{dx}=u\ln u\Rightarrow\frac{du}{u(\ln u-1)}=\frac{dx}{x},$$

积分，得

$$\ln(\ln u-1)=\ln|x|+\ln c\Rightarrow\ln u=cx+1,$$

故方程的通解为　$y=xe^{cx+1}$.

又因 $x=1$ 时，$y=e^2$，可得 $c=1$，于是 $y=xe^{x+1}$.

易见当 $x=-1$ 时，$y=-1$. 故应选(A).

注：题设微分方程 $xy'=y\ln\dfrac{y}{x}$，仅在 $x\neq0$ 且$\dfrac{y}{x}>0$（即 x 与 y 同号）时才有意义，现 $x=-1<0\Rightarrow y<0$，故应选（A）.

4. 求方程 $y'=2\left(\dfrac{y+2}{x+y-1}\right)^2$ 的通解.

解　本方程属于$\dfrac{dy}{dx}=f\left(\dfrac{a_1x+b_1+c_1}{a_2x+b_2+c_2}\right)$，$\begin{vmatrix}a_1 & b_1\\ a_2 & b_2\end{vmatrix}\neq0$ 的情形.

由 $\begin{cases}y+2=0\\ x+y-1=0\end{cases}\Rightarrow\begin{cases}x=3\\ y=-2\end{cases}$. 令 $\begin{cases}u=x-3\\ v=y+2\end{cases}$，则原方程化为齐次方程

$$\frac{dv}{du}=2\left(\frac{v}{u+v}\right)^2.$$

再令 $z=\dfrac{v}{u}$，上述方程又化为

$$\frac{(1+z)^2}{z(1+z^2)}dz=-\frac{du}{u}.$$

两端求积分得　$\ln|z|+2\arctan z=-\ln|u|+C_1$.

故所求通解为　$y=Ce^{-2\arctan\frac{y+2}{x-3}}-2$.

5. 求方程 $2x^4y\dfrac{dy}{dx}+y^4=4x^6$ 的通解.

解　作变换 $y=z^m$，其中 m 是待定常数，它使得原方程变为齐次方程，将 y 代入原方程得

$$2mx^4z^{2m-1}\frac{dz}{dx}+z^{4m}=4x^6,$$

要使该方程为齐次方程，即要各项的次数均相等，则要求

$$4+(2m-1)=4m=6,$$

取 $m=\dfrac{3}{2}$ 时满足上式，即作变换 $y=z^{3/2}$，于是得方程

$$3\left(\frac{z}{x}\right)^2\frac{dz}{dx}+\left(\frac{z}{x}\right)^6=4,$$

再作变量代换 $u=\dfrac{z}{x}$，得

$$3u^2\left(x\frac{du}{dx}+u\right)+u^6=4,\ 3u^2x\frac{du}{dx}=4-u^6-3u^3,$$

分离变量解得

$$\frac{u^3+4}{u^3-1}=Cx^5\quad (C\text{ 为任意常数}).$$

另加特解 $u=1$. 即得原方程的通解为

$$y^2=\frac{(4+Cx^5)x^3}{Cx^5-1}\quad (C\text{ 为任意常数}),$$

另加特解 $y^2=x^3$.

6. 若曲线 $y=f(x)(f(x)\geqslant 0)$ 以 $[0, x]$ 为底围成曲边梯形，其面积与纵坐标 y 的 4 次幂成正比，已知 $f(0)=0$，$f(1)=1$，求此曲线方程.

解　依题意知 $\int_0^x y\,dt=ky^4$，其中 k 为常数. 两边对 x 求导得 $y=4ky^3y'$，显然 $y\neq 0$，于是上式可化为

$$\frac{1}{4k}=y^2y'\Rightarrow y^3=\frac{3}{4k}x+C.$$

将 $f(0)=0$，$f(1)=1$ 代入上式得 $k=\dfrac{3}{4}$，$C=0$，从而所求的曲线方程为 $y^3=x$.

7. 设某商品的需求量 D 和供给量 s，各自对价格 p 的函数为 $D(p)=\dfrac{a}{p^2}$，$s(p)=bp$，且 p 是时间 t 的函数并满足方程

$$\frac{\mathrm{d}p}{\mathrm{d}t}=k[D(p)-s(p)]\quad (a,\ b,\ k \text{ 为正常数}).$$

求：(1) 在需求量与供给量相等时的均衡价格 p_e；

(2) 当 $t=0$，$p=1$ 时的价格函数 $p(t)$；

(3) $\lim\limits_{t\to+\infty}p(t)$.

解 (1) $\dfrac{a}{p_e^2}bp_e$，得 $p_e=\sqrt[3]{\dfrac{a}{b}}$.

(2) 将需求函数和供给函数代入方程有

$$\frac{\mathrm{d}p}{\mathrm{d}t}=k\left(\frac{a}{p^2}-bp\right),$$

分离变量并积分，即

$$\int\frac{p^2}{a-bp^3}\mathrm{d}p=\int k\mathrm{d}t,$$

得
$$-\frac{1}{3b}\ln(a-bp^3)=kt+C,$$

由 $p\Big|_{t=0}=1$，解得

$$C=-\frac{1}{3b}\ln(a-b),$$

于是
$$\ln\frac{a-bp^3}{a-b}=-3bkt,$$

即
$$\frac{a-bp^3}{a-b}=\mathrm{e}^{-3bkt}\text{ 或 }p(t)=\left[\frac{a}{b}+\left(1-\frac{a}{b}\right)\mathrm{e}^{-3bkt}\right]^{1/3}.$$

(3) $\lim\limits_{t\to+\infty}p(t)=\lim\limits_{t\to+\infty}\left[\dfrac{a}{b}+\left(1-\dfrac{a}{b}\right)\mathrm{e}^{-3bkt}\right]^{1/3}=\left(\dfrac{a}{b}\right)^{\frac{1}{3}}=p_e$.

8. 求下列微分方程的解：

(1) $xy'\ln x+y=ax(\ln x+1)$.

解 将方程变形为

$$\frac{dy}{dx}+\frac{1}{x\ln x}y=\frac{a(\ln x+1)}{\ln x},$$

于是
$$\begin{aligned}y&=e^{-\int\frac{dx}{x\ln x}}\left(a\int\frac{\ln x+1}{\ln x}e^{\int\frac{dx}{x\ln x}}dx+C\right)\\&=e^{-\ln\ln x}\left(a\int\frac{\ln x+1}{\ln x}e^{\ln\ln x}dx+C\right)\\&=\frac{1}{\ln x}\left[a\int(\ln x+1)dx+C\right]\\&=\frac{1}{\ln x}[a(x\ln x-x+x)+C]=\frac{1}{\ln x}[ax\ln x+C],\end{aligned}$$

故所求通解为 $y=ax+\frac{C}{\ln x}$.

(2) $x dy-[y+xy^3(1+\ln x)]dx=0$.

解 $\frac{dy}{dx}=\frac{y+xy^3(1+\ln x)}{x}$，$\frac{dy}{dx}-\frac{y}{x}=(1+\ln x)y^3$，

$$\frac{1}{y^3}\frac{dy}{dx}-\frac{1}{x}\cdot\frac{1}{y^2}=1+\ln x,$$

$$-\frac{1}{2}(y^{-2})'-\frac{1}{x}\cdot\frac{1}{y^2}=1+\ln x,\ \frac{d(y^{-2})}{dx}+\frac{2}{x}y^{-2}=-2(1+\ln x),$$

$$\begin{aligned}\therefore y^{-2}&=e^{-\int\frac{2}{x}dx}\left[C-2\int(1+\ln x)e^{2\ln x}dx\right]\\&=e^{-2\ln x}\left[C-2\int(1+\ln x)x^2dx\right]\\&=\frac{1}{x^2}\left[C-\frac{2}{3}x^3-\frac{2}{3}\int\ln x\,d(x^3)\right]\\&=\frac{1}{x^2}\left(C-\frac{2}{3}x^3-\frac{2}{3}x^3\ln x+\frac{2}{9}x^3\right).\end{aligned}$$

故所求通解为

$$\frac{1}{y^2}=\frac{C}{x^2}-\frac{2}{3}x\ln x-\frac{4}{9}x\quad\text{或}\quad\frac{x^2}{y^2}=C-\frac{2}{3}x^3\left(\ln x+\frac{2}{3}\right).$$

(3) $(1+x)y'-ny=(x+1)^{n+1}x\sin(x^2)$.

解 化为标准化方程：

$$y'-\frac{n}{x+1}y=(x+1)^n x\sin(x^2).\qquad(*)$$

① 解对应齐次方程：

$$y'=\frac{n}{x+1}y\Rightarrow\frac{dy}{y}=\frac{n}{x+1}dx\Rightarrow\ln y=n\ln(x+1)+\ln C$$

$$\Rightarrow y=C(x+1)^n.$$

② 令 $y=C(x)(x+1)^n$ 为方程（$*$）的解，代入原方程并整理得

$$C'(x)(x+1)^n=(x+1)^n x\sin(x^2)$$
$$\Rightarrow C'(x)=x\sin(x^2)\Rightarrow C(x)=-\frac{1}{2}\cos(x^2)+\widetilde{C},$$

故原方程的通解为

$$y=\left(-\frac{1}{2}\cos x^2+\widetilde{C}\right)(x+1)^n.$$

(4) $\dfrac{\mathrm{d}y}{\mathrm{d}x}=\dfrac{y}{2(\ln y-x)}$.

解 原方程可变形为

$$\frac{\mathrm{d}x}{\mathrm{d}y}=\frac{2\ln y-2x}{y},\text{ 即}\frac{\mathrm{d}x}{\mathrm{d}y}+\frac{2}{y}x=2\frac{\ln y}{y},$$

于是 $$x=\mathrm{e}^{-\int\frac{2}{y}\mathrm{d}y}\left(2\int\frac{\ln y}{y}\cdot\mathrm{e}^{\int\frac{2}{y}\mathrm{d}y}\mathrm{d}y+C\right)=y^{-2}\left(2\int y\ln y\mathrm{d}y+C\right)$$
$$=y^{-2}\left(y^2\ln y-\frac{y^2}{2}+C\right)=\ln y-\frac{1}{2}+Cy^{-2},$$

故所求通解为

$$x=\ln y+Cy^{-2}-\frac{1}{2}.$$

(5) $xy'+2y=3x^3y^{\frac{4}{3}}$.

解 原式可化为

$$y'+\frac{2}{x}y=3x^2y^{\frac{4}{3}}\text{（伯努利方程），即 }y^{-\frac{4}{3}}y'+\frac{2}{x}y^{-\frac{1}{3}}=3x^2,$$

令 $z=y^{-\frac{1}{3}}$，原式变为

$$-3z'+\frac{2}{x}z=3x^2,\text{ 即 }z'-\frac{2}{3x}z=-x^2\text{（一阶线性非齐次方程），}$$

对应齐次方程的通解为

$$z=Cx^{\frac{2}{3}}.$$

利用常数变易法：设 $z=C(x)x^{\frac{2}{3}}$，代入非齐次方程，得

$$C'(x)x^{\frac{2}{3}}=-x^2,$$

$\therefore\quad C(x)=-\frac{3}{7}x^{\frac{7}{3}}+C_1,$

故原方程的通解为

$$y^{-\frac{1}{3}}=-\frac{3}{7}x^3+C_1x^{\frac{2}{3}}.$$

9. 求下列微分方程满足初始条件的特解：

(1) $\frac{\mathrm{d}y}{\mathrm{d}x}+y\cot x=5\mathrm{e}^{\cos x}$，$y|_{x=\frac{\pi}{2}}=-4$.

解　先求出通解，再定特解.

$$\begin{aligned}y&=\mathrm{e}^{-\int\frac{\cos x}{\sin x}\mathrm{d}x}\left(C+\int 5\mathrm{e}^{\cos x}\mathrm{e}^{\int\frac{\cos x}{\sin x}\mathrm{d}x}\mathrm{d}x\right)\\&=\mathrm{e}^{-\ln\sin x}\left(C+5\int\mathrm{e}^{\cos x}\sin x\mathrm{d}x\right)\\&=\frac{1}{\sin x}\left(C-5\int\mathrm{e}^{\cos x}\mathrm{d}(\cos x)\right)=\frac{1}{\sin x}(C-5\mathrm{e}^{\cos x}).\end{aligned}$$

代入 $y(\pi/2)=-4$，得

$$-4=1\cdot(C-5\mathrm{e}^0)\Rightarrow C=1,$$

故所求特解为

$$y=\frac{1-5\mathrm{e}^{\cos x}}{\sin x}\quad 或\quad y\sin x+5\mathrm{e}^{\cos x}=1.$$

(2) $xy'+(1-x)y=\mathrm{e}^{2x}(0<x<+\infty)$，$\lim\limits_{x\to 0^+}y(x)=1$.

解　将题设方程变形为

$$y'+\frac{1-x}{x}y=\frac{\mathrm{e}^{2x}}{x}\ (0<x<+\infty),$$

其通解为 $y=\mathrm{e}^{-\int\frac{1-x}{x}\mathrm{d}x}\left(C+\int\frac{\mathrm{e}^{2x}}{x}\mathrm{e}^{\int\frac{1-x}{x}\mathrm{d}x}\mathrm{d}x\right)=\frac{C\mathrm{e}^x+\mathrm{e}^{2x}}{x}$，

由　$\lim\limits_{x\to 0^+}y(x)=1$，

即　$\lim\limits_{x\to 0^+}\frac{C\mathrm{e}^x+\mathrm{e}^{2x}}{x}=1\Rightarrow\lim\limits_{x\to 0^+}(C\mathrm{e}^x+\mathrm{e}^{2x})=0$，

即　$C+1=0\Rightarrow C=-1$，

故所求的特解为

$$y=\frac{-\mathrm{e}^x+\mathrm{e}^{2x}}{x}=\frac{\mathrm{e}^x}{x}(\mathrm{e}^x-1).$$

10. 已知一曲线通过点（e，1），且在曲线上任一点（x，y）处的法线的斜率等于$\frac{-x\ln x}{x+y\ln x}$，求该曲线的方程.

解 依题意知

$$y'=\frac{x+y\ln x}{x\ln x}，即 y'-\frac{1}{x}y=\frac{1}{\ln x},$$

解此一阶线性微分方程得 $y=x(\ln\ln x+C)$，将 $x=\mathrm{e}$，$y=1$ 代入上式得 $C=\mathrm{e}^{-1}$. 从而所求的曲线方程为

$$y=x(\ln\ln x+\mathrm{e}^{-1}).$$

11. 求下列微分方程的通解：

(1) $y''=1+y'^2$.

解 令 $y'=p$，则 $y''=p'$，原方程成为

$$\frac{\mathrm{d}p}{\mathrm{d}x}=1+p^2\Rightarrow\frac{\mathrm{d}p}{1+p^2}=\mathrm{d}x,$$

积分得

$$\arctan p=x+C_1，y'=\tan(x+C_1).$$

$$\therefore\quad y=\int\tan(x+C_1)\mathrm{d}x=-\ln|\cos(x+C_1)|+C_2.$$

(2) $y''=\frac{1}{\sqrt{y}}$.

解 本题不显含 x，令 $y'=p$，则

$$y''=p\frac{\mathrm{d}p}{\mathrm{d}y},$$

代入，得

$$p\frac{\mathrm{d}p}{\mathrm{d}y}=\frac{1}{\sqrt{y}}，即 p\mathrm{d}p=\frac{\mathrm{d}y}{\sqrt{y}},$$

积分，得

$$\frac{1}{2}p^2=2\sqrt{y}+2C_1\Rightarrow p^2=4(\sqrt{y}+C_1),$$

$$\therefore\quad\frac{\mathrm{d}y}{\mathrm{d}x}=\pm2\sqrt{\sqrt{y}+C_1}.$$

$$x-C_2=\pm\int\frac{\mathrm{d}y}{2\sqrt{\sqrt{y}+C_1}}=\pm\int\frac{\sqrt{y}\mathrm{d}(\sqrt{y})}{\sqrt{\sqrt{y}+C_1}}$$

$$=\pm\left[\int\sqrt{\sqrt{y}+C_1}\,\mathrm{d}(\sqrt{y}+C_1)-\int\frac{C_1\,\mathrm{d}(\sqrt{y}+C_1)}{\sqrt{\sqrt{y}+C_1}}\right]$$

$$=\pm\left[\frac{2}{3}(\sqrt{y}+C_1)^{\frac{3}{2}}-2C_1\sqrt{\sqrt{y}+C_1}\right].$$

故所求通解为

$$x=C_2\pm\left[\frac{2}{3}(\sqrt{y}+C_1)^{\frac{3}{2}}-2C_1\sqrt{\sqrt{y}+C_1}\right].$$

(3) $y''=\dfrac{1+y'^2}{2y}$.

解　方程不显含 x，令 $y'=p$，则 $y''=p\dfrac{\mathrm{d}p}{\mathrm{d}y}$.

代入方程，得

$$p\frac{\mathrm{d}p}{\mathrm{d}y}=\frac{1+p^2}{2y}\Rightarrow\frac{2p\mathrm{d}p}{1+p^2}=\frac{\mathrm{d}y}{y},$$

两边积分，得

$$\ln(1+p^2)=\ln y+\ln C_1\Rightarrow 1+p^2=C_1y\Rightarrow p=\pm\sqrt{C_1y-1},$$

即

$$\frac{\mathrm{d}y}{\mathrm{d}x}=\pm\sqrt{C_1y-1}\Rightarrow\frac{\mathrm{d}y}{\pm\sqrt{C_1y-1}}=\mathrm{d}x,$$

故方程的通解为

$$\frac{2}{C_1}\sqrt{C_1y-1}=\pm x+C_2.$$

(4) $x^2y''=(y')^2+2xy'$.

解　方程不显含 y. 令 $y'=p$，则 $y''=p'$，原方程化为

$$x^2p'=p^2+2xp\Rightarrow p'=\frac{2}{x}p+\frac{1}{x^2}p^2\text{(伯努利方程)}$$

$$\Rightarrow\frac{1}{p^2}p'=\frac{2}{x}p^{-1}+\frac{1}{x^2}\Rightarrow-\frac{\mathrm{d}(p^{-1})}{\mathrm{d}x}=\frac{2}{x}p^{-1}+\frac{1}{x^2}.$$

令 $p^{-1}=z$，则化为

$$\frac{\mathrm{d}z}{\mathrm{d}x}=-\frac{2}{x}z-\frac{1}{x^2}\text{(一阶线性非齐次方程)}.\qquad(*)$$

① 求解对应齐次方程：

$$\frac{dz}{dx}=-\frac{2}{x}z \Rightarrow \frac{dz}{z}=-\frac{2}{x}dx,$$

两边积分，得

$$\ln z=-2\ln x+\ln C，即 z=\frac{C}{x^2}.$$

② 令 $z=\frac{C(x)}{x^2}$ 为方程（$*$）的解，将其代入并整理，得

$$\frac{C'(x)}{x^2}=-\frac{1}{x^2} \Rightarrow C'(x)=-1 \Rightarrow C(x)=-x+\widetilde{C}_1,$$

故方程（$*$），即伯努利方程的通解为

$$p^{-1}=\frac{1}{x^2}(-x+\widetilde{C}_1),$$

即

$$\frac{dy}{dx}=\frac{x^2}{-x+\widetilde{C}_1}=-(\widetilde{C}_1+x)-\frac{\widetilde{C}_1^2}{x-\widetilde{C}_1}$$

$$\Rightarrow y=-\frac{1}{2}(x+\widetilde{C}_1)^2-\widetilde{C}_1^2\ln|x-\widetilde{C}_1|+C_2.$$

12. 求下列微分方程满足所给初始条件的特解：

(1) $y''-3y'-4y=0$，$y|_{x=0}=0$，$y'|_{x=0}=-5$.

解 $r^2-3r-4=0$，$(r+1)(r-4)=0$，$r_1=-1$，$r_2=4$.

$$y=C_1e^{-x}+C_2e^{4x}，y'=-C_1e^{-x}+4C_2e^{4x}.$$

以 $y(0)=0$，$y'(0)=-5$ 代入，得

$$\begin{cases}C_1+C_2=0\\-C_1+4C_2=-5\end{cases} \Rightarrow \begin{cases}C_1=1\\C_2=-1\end{cases},$$

故特解为 $y=e^{-x}-e^{4x}$.

(2) $y''-4y'+13y=0$，$y|_{x=0}=0$，$y'|_{x=0}=3$.

解 $r^2-4r+13=0$，$r=2\pm\sqrt{4-13}=2\pm 3i$，

$$y=e^{2x}(C_1\cos 3x+C_2\sin 3x),$$

$$y'=e^{2x}[(2C_1+3C_2)\cos 3x+(2C_2-3C_1)\sin 3x],$$

以 $y(0)=0$，$y'(0)=3$ 代入，得 $\begin{cases}C_1=0\\C_2=1\end{cases}$，故特解为 $y=e^{2x}\sin 3x$.

13. 求下列微分方程的通解：

(1) $2y''+5y'=5x^2-2x-1$.

解　$2r^2+5r=0$，$r_1=0$，$r_2=-5/2$.

$$\bar{y}=C_1+C_2\mathrm{e}^{-\frac{5}{2}x}.$$

这里原方程右边仅为多项式 $P_m(x)(m=2)$，可看成 $\mathrm{e}^{\lambda x}P_m(x)$ 中 $\lambda=0$ 之特例，这里 $\lambda=0$ 是单特征根，因此所设特解 $x^k\mathrm{e}^{\lambda x}Q_2(x)$ 中，应取 $k=1$，$Q_2(x)=ax^2+bx+c$，于是设

$$y^*=x(ax^2+bx+c)=ax^3+bx^2+cx,$$
$$y^{*\prime}=3ax^2+2bx+c,\ y^{*\prime\prime}=6ax+2b,$$

代入原方程，得

$$2(6ax+2b)+5(3ax^2+2bx+c)=5x^2-2x-1,$$

即　$$15ax^2+(12a+10b)x+(4b+5c)=5x^2-2x-1,$$

比较系数，知 $a=1/3$，且

$$\begin{cases}4+10b=-2\\4b+5c=-1\end{cases}\Rightarrow b=-\frac{3}{5},\ c=\frac{7}{25},$$

$$\therefore\quad y^*=x\left(\frac{1}{3}x^2-\frac{3}{5}x+\frac{7}{25}\right),$$

故所求通解为

$$y=C_1+C_2\mathrm{e}^{-\frac{5}{2}x}+\frac{1}{3}x^3-\frac{3}{5}x^2+\frac{7}{25}x.$$

(2) $y''+3y'+2y=3x\mathrm{e}^{-x}$.

解　$r^2+3r+2=0$，$r_1=-1$，$r_2=-2$.

$$\bar{y}=C_1\mathrm{e}^{-x}+C_2\mathrm{e}^{-2x}.$$

这里 $\lambda=-1$ 是单特征根，$P_1(x)=3x$，故设 $y^*=x(ax+b)\mathrm{e}^{-x}$，则

$$\begin{aligned}y^{*\prime}&=-(ax^2+bx)\mathrm{e}^{-x}+(2ax+b)\mathrm{e}^{-x}\\&=[-ax^2+(2a-b)x+b]\mathrm{e}^{-x},\\y^{*\prime\prime}&=[(-2ax+2a-b)+(ax^2-2ax+bx-b)]\mathrm{e}^{-x}\\&=[ax^2+(b-4a)x+(2a-2b)]\mathrm{e}^{-x}.\end{aligned}$$

代入题设方程，并比较系数，有

$$\begin{aligned}&\{[ax^2+(b-4a)x+(2a-2b)]+3[-ax^2+(2a-b)x+b]\\&\quad+2(ax^2+bx)\}\mathrm{e}^{-x}=3x\mathrm{e}^{-x},\\&\Rightarrow\begin{cases}b-4a+6a-3b+2b=3\\2a-2b+3b=0\end{cases}\Rightarrow\begin{cases}2a=3\\2a+b=0\end{cases},\end{aligned}$$

$$a=3/2,\ b=-3 \Rightarrow y^*=x(3x/2-3)e^{-x},$$

故所求通解为

$$y=C_1e^{-x}+C_2e^{-2x}+3x\left(\frac{1}{2}x-1\right)e^{-x}.$$

(3) $y''-2y'+5y=e^x\sin 2x$.

解 $r^2-2r+5=0$, $(r-1)^2=-4$, $r=1\pm 2i$,

$$\bar{y}=e^x(C_1\cos 2x+C_2\sin 2x).$$

这里 $\lambda\pm iw=1\pm 2i$ 是单特征根，$P_0(x)=1$，故设特解

$$y^*=xe^x(a\cos 2x+b\sin 2x),$$

计算 $y^{*\prime}$ 及 $y^{*\prime\prime}$，并代入原方程比较系数，可得 $a=-\dfrac{1}{4}$，$b=0$，

$$\therefore\quad y^*=xe^x\left(-\frac{1}{4}\right)\cos 2x,$$

故所求通解为

$$y=e^x(C_1\cos 2x+C_2\sin 2x)-\frac{1}{4}xe^x\cos 2x;$$

(4) $y''-y=\sin^2 x$.

解 $r^2-1=0 \Rightarrow r=\pm 1 \Rightarrow \bar{y}=C_1e^x+C_2e^{-x}$.

而 $$f(x)=\frac{1-\cos 2x}{2}=\frac{1}{2}-\frac{1}{2}\cos 2x,$$

用观察法易知方程 $y''-y=\dfrac{1}{2}$ 有特解 $y_1^*=-0\ \dfrac{1}{2}$；

又 $\omega i=2i$ 不是特征根，故设方程 $y''-y=-\dfrac{1}{2}\cos 2x$ 有特解

$$y_2^*=b\cos 2x+c\sin 2x,$$

计算 $y_2^{*\prime}$，$y_2^{*\prime\prime}$，代入并比较系数，算得 $b=\dfrac{1}{10}$，$c=0$，

$$\therefore\quad y_2^*=\frac{1}{10}\cos 2x,\ y^*=-\frac{1}{2}+\frac{1}{10}\cos 2x,$$

故所求通解为

$$y=C_1e^x+C_2e^{-x}-\frac{1}{2}+\frac{1}{10}\cos 2x.$$

(5) $y''+4y=\dfrac{1}{2}(x+\cos 2x)$.

解　特征方程为 $r^2+4=0 \Rightarrow$ 特征根 $r_{1,2}=\pm 2\mathrm{i}$，
对应的齐次方程的通解为

$$Y=C_1\cos 2x+C_2\sin 2x.$$

设原方程的特解为 $y^*=y_1^*+y_2^*$，这里 y_1^*，y_2^* 分别为原方程对应右端两个非齐次项的特解.

① 设 $y_1^*=ax+b$，则 $(y_1^*)'=a$，$(y_1^*)''=0$，代入 $y''+4y=\frac{1}{2}x$，得

$$4ax+4b=\frac{1}{2}x \Rightarrow a=\frac{1}{8},\ b=0,$$

$\therefore y_1^*=\frac{1}{8}x.$

② 设 $y_2^*=x(c\cos 2x+d\sin 2x)$，则

$$(y_2^*)'=(c+2dx)\cos 2x+(d-2cx)\sin 2x,$$
$$(y_2^*)''=(4d-4cx)\cos 2x-(4c+4dx)\sin 2x,$$

代入 $y''+4y=\frac{1}{2}\cos 2x$，得

$$4d\cos 2x-4c\sin 2x=\frac{1}{2}\cos 2x \Rightarrow c=0,\ d=\frac{1}{8},$$

$\therefore\quad y_2^*=\frac{1}{8}x\sin 2x,$

故原方程的通解为

$$y=C_1\cos 2x+C_2\sin 2x+\frac{1}{8}x+\frac{1}{8}x\sin 2x.$$

14. 求微分方程 $y''-2y'+y=x\mathrm{e}^x-\mathrm{e}^x$ 满足初始条件 $y(1)=y'(1)=1$ 的特解.

解　特征方程为 $r^2-2r+1=0 \Rightarrow$ 特征根 $r_1=r_2=1$，
对应的齐次方程的通解为

$$Y=(C_1+C_2x)\mathrm{e}^x.$$

设原方程的特解为 $y^*=x^2(ax+b)\mathrm{e}^x$，则

$$(y^*)'=[ax^3+(3a+b)x^2+2bx]\mathrm{e}^x,$$
$$(y^*)''=[ax^3+(6a+b)x^2+(6a+4b)x+2b]\mathrm{e}^x.$$

将 y^*，$(y^*)'$，$(y^*)''$ 代入原方程比较得 $a=\frac{1}{6}$，$b=-\frac{1}{2}$，

∴ 原方程的一个特解为

$$y^*=\frac{x^3}{6}e^x-\frac{x^2}{2}e^x,$$

故原方程的通解为

$$y=(C_1+C_2x)e^x+\frac{x^3}{6}e^x-\frac{x^2}{2}e^x.$$

∵ $y(1)=1$,

∴ $\left(C_1+C_2-\frac{1}{3}\right)e=1$, ①

$$y'=\left[(C_1+C_2)+(C_2-1)x+\frac{x^3}{6}\right]e^x,$$

∵ $y'(1)=1$,

∴ $\left(C_1+2C_2-\frac{5}{6}\right)e=1$, ②

联立方程 ①, ② 解得 $C_1=\frac{1}{e}-\frac{1}{6}$, $C_2=\frac{1}{2}$, 所以原方程满足初始条件的特解为

$$y=\left[\left(\frac{1}{e}-\frac{1}{6}\right)+\frac{1}{2}x\right]e^x+\frac{x^3}{6}e^x-\frac{x^2}{2}e^x.$$

15. 求以 $(x+C)^2+y^2=1$ (C 为任意常数) 为通解的微分方程.

解 对方程 $(x+C)^2+y^2=1$ 两边求导得:

$$2(x+C)+2yy'=0,$$

∴ $2(1-y^2)^{\frac{1}{2}}+2yy'=0$,

从而 $yy'=-(1-y^2)^{\frac{1}{2}}$, 即 $y^2y'^2=1-y^2$,

故所求微分方程为 $y^2(1+y'^2)=1$.

16. 设方程 $y''+p(x)y'+q(x)y=f(x)$ 的三个解为 $y_1=x$, $y_2=e^x$, $y_3=e^{2x}$, 求此方程满足初始条件 $y(0)=1$, $y'(0)=3$ 的解.

解 由题设知 (e^x-x) 与 $(e^{2x}-x)$ 都是方程

$$y''+p(x)y'+q(x)y=0 \quad ①$$

的解, 又 $\frac{e^{2x}-x}{e^x-x}\neq k$ (常数), 从而它们线性无关, 故 ① 的通解为

$$\bar{y}=C_1(e^x-x)+C_2(e^{2x}-x),$$

从而题设方程的通解为

$$y=C_1(e^x-x)+C_2(e^{2x}-x)+x,$$

而 $$y'=C_1(e^x-1)+C_2(2e^{2x}-1)+1.$$

代入始值条件 $y(0)=1$，$y'(0)=3$，得

$$\begin{cases}C_1+C_2=1\\C_2+1=3\end{cases}\Rightarrow\begin{cases}C_1=-1\\C_2=2\end{cases},$$

故所求特解为

$$y=x-e^x+2e^{2x}-2x+x=2e^{2x}-e^x.$$

17. 当 $\Delta x\to 0$ 时，α 是比 Δx 较高阶的无穷小，函数 $y(x)$ 在任意点处的增量

$$\Delta y=\frac{y\Delta x}{x^2+x+1}+\alpha,$$

且 $y(0)=\pi$，则 $y(1)=$________.

解　由一元函数微分的定义及题设条件知，函数 $y(x)$ 在任意点 x 处的微分

$$dy=\frac{y(x)}{x^2+x+1}\Delta x=\frac{y(x)}{x^2+x+1}dx. \qquad ①$$

这是一个可分离变量的方程，分离变量得

$$\frac{dy}{y}=\frac{dx}{x^2+x+1}\Rightarrow \ln|y|=\frac{2}{\sqrt{3}}\arctan\frac{2x+1}{\sqrt{3}}+C_1.$$

故方程 ① 的通解为

$$y=Ce^{\frac{2}{\sqrt{3}}\arctan\frac{2x+1}{\sqrt{3}}}.$$

代入初始条件

$$y(0)=\pi\Rightarrow C=\pi e^{-\frac{\pi}{3\sqrt{3}}},$$

于是 $$y(1)=\pi e^{-\frac{\pi}{3\sqrt{3}}+\frac{2}{\sqrt{3}}\arctan\sqrt{3}}=\pi e^{\frac{\pi}{3\sqrt{3}}}.$$

18. 设在同一水域中生存着食草鱼与食鱼之鱼（或同一环境中的两种生物），它们的数量分别为 $x(t)$ 与 $y(t)$，不妨设 x 与 y 是连续变化的. 其中鱼数 x 受 y 的影响而减少（大鱼吃了小鱼），减少的速率与 $y(t)$ 成正比；而鱼数 y 也受 x 的影响而减少（小鱼吃了大鱼卵），减少的速率与 $x(t)$ 成正比. 如果 $x(0)=x_0$，$y(0)=y_0$，试建立这一问题的数学模型，并求这两种鱼数量的变化规律.

解　设题中比例系数依次为 $k_1(>0)$，$k_2(>0)$. 依题意，此共生问题的数学模型为：

$$\begin{cases} x'_t=-k_1 y,\ x|_{t=0}=x_0 \\ y'_t=-k_2 x,\ y|_{t=0}=y_0 \end{cases}.$$

在上述方程组中消去 y'_t，得 $x''-k_1k_2x=0$，特征方程为 $r^2-k_1k_2=0$，特征根 $r_{1,2}=\pm\sqrt{k_1k_2}$，故得到方程组的通解为

$$\begin{cases} x(t)=C_1\mathrm{e}^{\sqrt{k_1k_2}t}+C_2\mathrm{e}^{-\sqrt{k_1k_2}t} \\ y(t)=\sqrt{\dfrac{k_2}{k_1}}(-C_1\mathrm{e}^{\sqrt{k_1k_2}t}+C_2\mathrm{e}^{-\sqrt{k_1k_2}t}) \end{cases}.$$

代入始值条件得

$$C_1=\frac{1}{2}\left(x_0-\sqrt{\frac{k_1}{k_2}}y_0\right),\ C_2=\frac{1}{2}\left(x_0+\sqrt{\frac{k_1}{k_2}}y_0\right),$$

故两种鱼数目的变化规律为

$$\begin{cases} x(t)=\dfrac{1}{2}\left[\left(x_0-\sqrt{\dfrac{k_1}{k_2}}y_0\right)\mathrm{e}^{\sqrt{k_1k_2}t}+\left(x_0+\sqrt{\dfrac{k_1}{k_2}}y_0\right)\mathrm{e}^{-\sqrt{k_1k_2}t}\right] \\ y(t)=-\dfrac{1}{2}\sqrt{\dfrac{k_2}{k_1}}\left[\left(x_0-\sqrt{\dfrac{k_1}{k_2}}y_0\right)\mathrm{e}^{\sqrt{k_1k_2}t}-\left(x_0+\sqrt{\dfrac{k_1}{k_2}}y_0\right)\mathrm{e}^{-\sqrt{k_1k_2}t}\right] \end{cases},(*)$$

由（*）式，分析得到如下规律：

(1) 当 $\Delta\triangleq x_0-\sqrt{\dfrac{k_1}{k_2}}y_0>0$ 时，鱼数 $x(t)$ 虽然减少，但最终不会消失；而 $y(t)$ 在足够长时间后，最终将趋向于零（消失）；

(2) 当 $\Delta<0$ 时，$x(t)$ 在足够长时间后，最终将趋向于零，而 $y(t)$ 虽然减少，但不消失；

(3) 当 $\Delta=0$ 时，即 $x_0^2:y_0^2=k_1:k_2$ 时，在足够长时间以后，两种鱼最终都将消失.

19. 下列等式中不是差分方程的是（　　）.

(A) $2\Delta y_t-y_t=2$；　(B) $3\Delta y_t+3y_t=t$；　(C) $\Delta^2 y_t=0$；　(D) $y_t+y_{t-2}=r^2$.

解　应选 (B).

因为按差分方程的定义知，(A)、(C)、(D) 均为差分方程，虽然 (B) 从表面上看也是差分方程，但事实上，

$$3\Delta y_t+3y_t=3(y_{t+1}-y_t)+3y_t=3y_{t+1},$$

从而 (B) 等价于 $3y_{t+1}=t$，故 (B) 不是差分方程.

20. 已知 $y_1=-2^{t-1}t\cos\pi t$，$y_2=(-2)^t-2^{t-1}t\cos\pi t$ 均为差分方程

$$y_{t+1}+2y_t=2^t\cos\pi t$$

的解，试求其通解.

解　因为 $y_{t+1}+2y_t=2^t\cos\pi t$ 是一阶线性非齐次差分方程，所以 $y=y_2-y_1=(-2)^t$ 为对应齐次方程

$$y_{t+1}+2y_t=0$$

的一个解. 从而齐次方程的通解为

$$y=C(-2)^t\text{，其中 } C \text{ 为任意常数.}$$

又由于 $y_1=-2^{t-1}t\cos\pi t$ 是非齐次方程的一个特解，所以非齐次方程的通解为

$$y=C(-2)^t-2^{t-1}t\cos\pi t.$$

21. 求解差分方程：$y_{t+1}+3y_t=t\cdot 2^t$.

解　对应齐次方程 $y_{t+1}+3y_t=0$ 之通解为

$$y_c=C(-3)^t\text{，其中 } C \text{ 为任意常数.}$$

根据原方程的非齐次项，可设它具有特解：

$$y^*=(A+Bt)2^t,$$

代入非齐次方程，得

$$[A+B(t+1)]2^{t+1}+3(A+Bt)2^t=t\cdot 2^t,$$

即　$$(5A+2B)+5Bt=t,$$

比较系数，得

$$5A+2B=0,\ 5B=1\Rightarrow A=-\frac{2}{25},\ B=\frac{1}{5},$$

于是原方程的一个特解为

$$y_t=\left(-\frac{2}{25}+\frac{1}{5}t\right)2^t,$$

故原方程的通解为

$$y=C(-3)^t+\left(-\frac{2}{25}+\frac{1}{5}t\right)2^t.$$

22. 求二阶齐次线性差分方程 $y_{t+2}+2y_{t+1}-3y_t=0$ 的通解.

解　原方程的特征方程为

$$r^2+2r-3=0,$$

解之得特征根 $r_1=-3$，$r_2=1$.

因此差分方程 $y_{t+2}+2y_{t+1}-3y_t=0$ 的通解为

$$y=C_1(-3)^t+C_2 1^t,$$

即 $\quad y=C_1(-3)^2+C_2$，其中 C_1，C_2 为任意常数.

23. 求二阶线性非齐次差分方程

$$y_{t+2}-y_{t+1}-6y_t=3^t(2t+1)$$

的通解.

解 原方程之特征方程为

$$r^2-r-6=0,$$

解之得特征根 $r_1=3$，$r_2=-2$. 因而对应的齐次方程的通解为

$$y_c=C_1\cdot 3^t+C_2(-2)^t.$$

由于原方程中的非齐次项中的 3 为单特征根，故可设该方程具有形如 $y_t=t\cdot 3^t(A+Bt)$ 的特解，代入原方程，得

$$3^{t+2}(t+2)[A+B(t+2)]-3^{t+1}(t+1)[A+B(t+1)]-6t\cdot 3^t(A+Bt)=3^t(2t+1)$$

整理，得

$$30Bt+(33B+15A)=2t+1$$

比较系数，得

$$A=-\frac{2}{25},\ B=\frac{1}{15}\Rightarrow y^*=t\cdot 3^t\left(-\frac{2}{25}+\frac{1}{15}t\right),$$

故原方程之通解为

$$y=y_c+y^*=C_1 3^t+C_2(-2)^t+\left(-\frac{2}{25}+\frac{1}{15}t\right)t\cdot 3^t.$$

24. 求方程 $y_{n+2}-10y_{n+1}+25y_n=3^n$ 满足条件 $y_0=1$，$y_1=0$ 的特解.

解 对应的齐次差分方程的特征方程为

$\lambda^2-10\lambda+25=0$，解得 $\lambda_1=\lambda_2=5$.

于是，对应的齐次差分方程的通解为

$$Y_t=(A_1+A_2t)5^t,$$

而 $C^2+Ca+b=9-30+25=4\neq 0$，取 $k=0$，故设特解 $y_t^*=B_0 3^t$，代入方程后，得 $4B_0=1$，于是 $B_0=\frac{1}{4}$. 得特解 $y_t^*=\frac{1}{4}3^t$. 故所求方程的通解为

$$y_t=(A_1+A_2t)5^t+\frac{1}{4}3^t.$$

又由 $y_0=1$，$y_1=0$，有

$$\frac{1}{4}+A_1=1,\ \frac{1}{4}3+(A_1+A_2)5=0,$$

解得　$A_1=\frac{3}{4}$，$A_2=-\frac{9}{10}$.

于是，方程满足条件的特解为

$$y_t=\left(\frac{3}{4}-\frac{9}{10}t\right)5^t+\frac{1}{4}3^t.$$

25. 设 $x>-1$ 时，可微函数 $f(x)$ 满足条件

$$f'(x)+f(x)-\frac{1}{x+1}\int_0^x f(x)\mathrm{d}x=0,$$

且 $f(0)=1$，试证当 $x\geqslant 0$ 时，有 $\mathrm{e}^{-x}\leqslant f(x)\leqslant 1$.

证　方程两边乘以 $(x+1)$ 后求导，得

$$(x+1)f''(x)+(x+2)f'(x)=0.$$

令 $u=f'(x)$，方程化为

$$(x+1)u'+(x+2)u=0,$$

易解出 $u=\frac{C\mathrm{e}^{-x}}{x+1}$，由

$$u(0)=f'(0)=-f(0)=-1\Rightarrow C=-1,$$

$\therefore u=f'(x)=\frac{-\mathrm{e}^{-x}}{x+1}$，但其已不能积分.

注意 $x\geqslant 0$ 时，有 $f'(x)\geqslant -\mathrm{e}^{-x}$，从 0 到 x 积分，得 $f(x)\geqslant \mathrm{e}^{-x}$，又因为

$$f'(x)<0\Rightarrow f(x)<f(0)=1,\ \text{证毕}.$$

26. 设 $f(x)$ 可微，对任意实数 a，b 满足

$$f(a+b)=\mathrm{e}^a f(b)+\mathrm{e}^b f(a),$$

又 $f'(0)=\mathrm{e}$，试求 $f(x)$.

解　在题设方程两边对 a 求导，得

$$f'(a+b)=\mathrm{e}^a f(b)+\mathrm{e}^b f'(a).$$

令 $a=0$，得 $f'(b)-f(b)=\mathrm{e}^{b+1}$，原式中令 $a=b=0$，则 $f(0)=0$；然后解下面方程：

$$\begin{cases} f'(b)-f(b)=e^{b+1} \\ f(0)=0 \end{cases}.$$

两边乘以 e^{-b}，得

$$\begin{cases} (e^{-b}f(b))'=e \\ f(0)=0 \end{cases}.$$

于是 $f(b)=be^{b+1}$，即 $f(x)=xe^{x+1}$，易验证：

$$f(a+b)=(a+b)e^{a+b+1}=ae^{a+1}e^{b}+be^{b+1}e^{a}=f(a)e^{b}+f(b)e^{a},$$
$$f'(0)=e.$$

故所求函数为 $f(x)=xe^{x+1}$.

图书在版编目（CIP）数据

《微积分（下册）》学习辅导与习题解答（经管类·第四版）/吴赣昌主编.
—北京：中国人民大学出版社，2012.6
21世纪数学教育信息化精品教材　大学数学立体化教材
ISBN 978-7-300-15813-6

Ⅰ.①微…　Ⅱ.①吴…　Ⅲ.①微积分-高等学校-教学参考资料　Ⅳ.①O172

中国版本图书馆CIP数据核字（2012）第102207号

21世纪数学教育信息化精品教材
大学数学立体化教材
《微积分（下册）》学习辅导与习题解答
（经管类·第四版）
吴赣昌　主编
Weijifen Xuexi Fudao yu Xiti Jieda

出版发行	中国人民大学出版社			
社　　址	北京中关村大街31号	邮政编码	100080	
电　　话	010－62511242（总编室）		010－62511398（质管部）	
	010－82501766（邮购部）		010－62514148（门市部）	
	010－62515195（发行公司）		010－62515275（盗版举报）	
网　　址	http：//www.crup.com.cn			
	http：//www.ttrnet.com(人大教研网)			
经　　销	新华书店			
印　　刷	北京东君印刷有限公司			
规　　格	148 mm×210 mm　32开本	版　　次	2012年7月第1版	
印　　张	8.25	印　　次	2016年11月第11次印刷	
字　　数	305 000	定　　价	14.50元	